高等职业教育土建类专业应用型人才培养教材

建筑电工实用教程

何　军　主　编

王长江　官泳华　副主编

王志军　谢大川　唐　铭　参　编

唐　林　主　审

電子工業出版社

Publishing House of Electronics Industry

北京 • BEIJING

内 容 简 介

本书是在高等职业教育多年教学改革与实践的基础上，依据高职高专土建类专业就业岗位的能力需求，按照“项目导向、任务驱动”原则，遵循“做中学，学中做”教学理念，为高职高专土建类专业编写的建筑电工实用教程。

本书共有七个学习项目，二十八个学习任务，涵盖了电工学基础知识、常用低压电器与电动机控制电路、建筑供配电系统、建筑电气照明、接地和防雷、智能建筑系统、建筑电气施工图识读的内容。

本书遵循“适用、够用、会用”原则，突出基础性、专业性和应用性，强调基础知识和基本能力的有机融合，教材力求简明、图文并茂。

为了便于学生及时掌握学习状况，每个项目设计了自评表，学生自我评价学习中存在的问题，并及时解决，从而提高学习质量，完成学习要求。

本书可作为高职高专土建类专业电工基础课程的教材或参考书，也可供相关专业工程技术人员参考使用。

图书在版编目（CIP）数据

建筑电工实用教程/何军主编. —北京：电子工业出版社，2015.5
全国高等职业教育土建类专业应用型人才培养规划教材
ISBN 978-7-121-25884-8

Ⅰ. ①建…　Ⅱ. ①何…　Ⅲ. ①建筑工程－电工技术－高等职业教育－教材　Ⅳ. ①TU85

中国版本图书馆 CIP 数据核字（2015）第 074535 号

策划编辑：王昭松（wangzs@phei.com.cn）
责任编辑：郝黎明
印　　刷：北京捷迅佳彩印刷有限公司
装　　订：北京捷迅佳彩印刷有限公司
出版发行：电子工业出版社
　　　　　北京市海淀区万寿路 173 信箱　邮编 100036
开　　本：787×1 092　1/16　印张：12.75　字数：326.4 千字
版　　次：2015 年 5 月第 1 版
印　　次：2021 年 7 月第 4 次印刷
定　　价：32.00 元

凡所购买电子工业出版社图书有缺损问题，请向购买书店调换。若书店售缺，请与本社发行部联系，联系及邮购电话：（010）88254888，88258888。

质量投诉请发邮件至 zlts@phei.com.cn，盗版侵权举报请发邮件至 dbqq@phei.com.cn。

本书咨询联系方式：（010）88254015　wangzs@phei.com.cn　QQ：83169290。

前　言

建筑电工是土建类专业学生必备的专业基础知识和基本能力。本教材践行现代职教理论，坚持以“学生为中心，能力培养为本位”的职教思想，倡导 “做中学，学中做”的教学理念，遵循“适用、够用、会用”的原则，突出了基础性、专业性和应用性，强调培养学生的“基本计算、基本分析、基本应用”能力。

本书具有如下特色：

1. 按岗位需求设计教学项目，针对性更强；
2. 按任务驱动选择教学内容，目的性更明；
3. 按培养目标开展学习自测，质量会更优；
4. 按课程要求开发教学课件，效果会更好。

全书共有七个学习项目、二十八个学习任务，涵盖了电工学基础知识、常用低压电器与电动机控制电路、建筑供配电系统、建筑电气照明、接地和防雷、智能建筑系统和建筑电气施工图识读的内容。

本书项目一由四川职业技术学院王长江副教授编写；项目二由四川职业技术学院官泳华副教授编写，项目三由四川职业技术学院何军副教授编写，项目四由四川职业技术学院王志军副教授编写，项目五和项目七由四川职业技术学院谢大川工程师编写，项目六由四川职业技术学院唐铭讲师编写。四川职业技术学院副教授、高级工程师何军担任主编，四川职业技术学院副教授王长江、官泳华担任副主编，四川职业技术学院副教授唐林担任主审。

在编写过程中，四川职业技术学院电子电气工程系、建筑与环境工程系的老师以及遂宁市部分建筑企业的专家对本书提出了很好的修改意见，在此向他们表示衷心的感谢。

由于编者水平有限，书中难免有不妥或错误之处，欢迎读者批评指正。

编者

2015 年 1 月

CONTENTS 目录

项目一

电工学基础知识

项目描述：电工学基础知识是建筑电工学的基础。掌握电工学基础知识和基本技能，是进行电气原理分析和电气设备选用必需的基本能力，是从事建筑电工工作、探索电工奥秘必备的专项能力。

教学导航

任　务	重　点	难　点	关键能力
电路的基本概念和基本定律	电流、电压参考方向； 电路中的功率； 电路元件的性质； 基尔霍夫定律	基尔霍夫定律； 支路电流法	电路中功率的计算； 电阻元件串、并联电路的分析； 基尔霍夫定律的应用
单相正弦交流电路	正弦量的三要素； 正弦量的相量； 电感元件、电容元件的交流电路； 单相交流电路的功率	正弦量的相量； 电路的复阻抗； 单相交流电路的功率	正弦量的相量表示； 单一参数交流电路的分析； 单相交流电路的功率； 功率因数的提高
三相交流电路	三相电源相电压、线电压； 对称三相负载星形连接电路； 对称三相负载三角形连接电路； 三相电路的功率	对称三相负载星形连接电路； 对称三相负载三角形连接电路	对称三相电路的分析； 三相电路的功率计算
磁路与磁性材料	磁路的基本物理量； 磁路欧姆定律	磁路欧姆定律； 磁性材料的性质	简单磁路的计算

任务一　电路的基本概念和基本定律

任务目标

（1）熟悉并掌握电路的基本物理量。

（2）理解电路基本元件的性质。

（3）掌握基尔霍夫定律及其基本应用。

电路基本物理量是分析电路的基础，电路基本元件的性质是电路分析的前提，电路基本定律是电路分析与计算的依据。

1.1.1　电路的基本概念

1．电路与电路模型

1）电路及其功能

电路是由电工、电子器件或设备根据功能需要，按照某种特定方式连接而成的。例如，将电池和灯泡经过开关用导线连接起来，就构成了一个照明电路，如图 1.1（a）所示。电池是提供电能的元件，称为电源；灯泡是取用电能的器件，称为负载；导线和开关称为中间环节，用来连接电源与负载，起分配与控制电能的作用。

电路的功能大体上分为两类：一类是实现电能的传输、分配和转换，如照明电路和动力电路，习惯上称为“强电”电路；另一类是主要用于电信号的传递和处理，如电话线路和计算机线路等，习惯上也称为“弱电”电路。

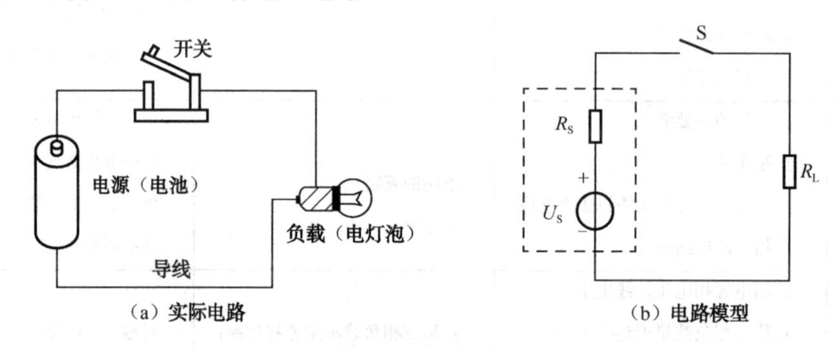

图 1.1　照明电路

2）电路模型

由理想元件组成的电路称为电路模型。理想元件是指在一定条件下，忽略了实际电气元件的次要因素并将它抽象为只含一种参数的元件模型。例如，灯泡的主要电磁特性为电阻特性（消耗电能），忽略灯丝中微弱的电感特性，灯泡可用单一的电阻模型表示。图 1.1（a）所示照明电路的电路模型如图 1.1（b）所示。

3）电路的工作状态

电路有通路、断路和短路 3 种基本状态，以如图 1.1 所示的照明电路为例说明。

通路：又称为有载状态。当开关闭合后，电源与灯泡接通，灯泡发亮的工作状态称为通

路状态，简称通路。

断路：又称空载状态。当开关断开时，电源没有接上灯泡，灯泡不亮的状态称为断路状态，简称断路。

短路：如果用导线直接将电源两端连在一起，此时电源处于短路状态。电源短路会造成火灾、设备损坏等重大事故，应采取安全防护措施，通常在电路中接入熔断器或自动断路器，以便在发生短路时，迅速将故障电路自动切除。

2．电流、电压及其参考方向

1）电流及其参考方向

电流是在电源作用下电荷有规则地运动形成的，电流也是用来衡量电流强弱的物理量。这样，“电流”一词不仅代表一种物理现象，也代表一个物理量。如果电流的大小和方向不随时间发生变化，就称为直流电流，简称直流，用大写字母 I 表示，这时的电源为直流电源。例如电池就是一种常见的直流电源。如果电流的大小和方向均随时间发生变化，就称为交变电流，简称交流，用小写字母 i 表示。工业生产和生活用电大多数使用交流电源。

习惯上把正电荷运动的方向规定为电流的实际方向。因此，在分析简单直流电流时，可以确定电流的实际方向是由电源的正极性端流出的。但在分析复杂的直流电流时，对于某条支路电流的实际方向往往难于判断；在分析交流电路时，由于电流的方向是随时间变化的，所以它的实际方向也就不能确定。因此，在分析电路时可以先假定一个电流方向，称之为参考方向。电流参考方向通常用带有箭头的线段表示。当电流的实际方向与参考方向一致时，电流为正值，如图 1.2（a）所示。图中带箭头的实线段为电流参考方向，虚线段为电流实际方向（下同）。反之，当电流的实际方向与参考方向相反时，电流为负值，如图 1.2（b）所示。由此可知，在参考方向选定后，电流就有了正值和负值之分了，电流的正负符号就反映了电流的实际方向。

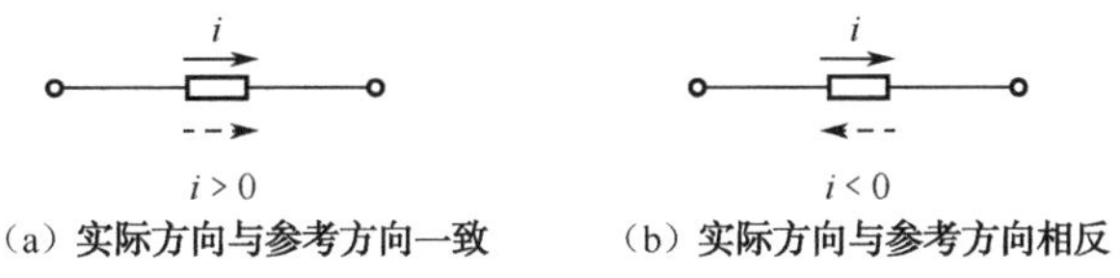

（a）实际方向与参考方向一致　　（b）实际方向与参考方向相反

图 1.2　电流的参考方向

电流常用的单位有安（A）、毫安（mA）或微安（μA），它们之间的换算关系为：

$$1\text{A} = 10^3\,\text{mA} = 10^6\,\mu\text{A}$$

2）电压及其参考方向

电压是电路中产生电流的根本原因。电路中 a、b 两点的电压等于其两点间的电位差：

$$u_{ab} = u_a - u_b \tag{1.1}$$

式中，u_a、u_b 分别表示 a、b 点的电位。电路中某点电位在数值上等于该点与参考点之间的电压。理论上位参考点的选取是任意的，但实际应用中经常以大地作为零电位点。当设备和仪器的底盘或机壳与接地装置相连时，常选取与接地装置相连的机壳作为电位参考点；电子技术中为了方便问题的分析与研究，常常把电子设备的公共连接点作为电位参考点。

电压的实际方向规定为高电位指向低电位，即电位降的方向。

电压常用的单位有千伏（kV）、伏（V）或毫伏（mV）等，它们之间的换算关系为：

$$1\text{kV} = 10^3\,\text{V} = 10^6\,\text{mV}$$

在电路分析中，电压的参考方向通常采用“+”“-”极性符号表示，如图 1.3 所示。a 点标“+”，表示极性为正，称为高电位；b 点标“-”，表示极性为负，称为低电位。也有的用箭头表示电压参考方向，箭头的方向为高电位端指向低电位端。选定了电压参考方向后，若电压的实际方向与参考方向一致，电压为正值。反之，电压为负值。

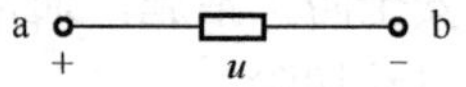

图 1.3　电压的参考方向

3）电压与电流的关联参考方向

为了便于分析问题，常将同一无源元件的电压、电流参考方向选为一致，即指定电流从电压“+”极性的一端流入，并从电压“-”极性的一端流出，这种选择方法称为“负载惯例”或“无源惯例”，也称为电压、电流的关联参考方向，如图 1.4 所示。

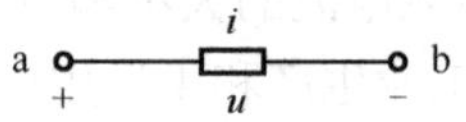

图 1.4　电压、电流的关联参考方向

3. 电路中的功率

在电工学中，电功率简称电功。功率的单位为瓦（W）。在电力系统中，常用千瓦（kW）或兆瓦（MW）作为功率单位，弱电工程中，常用毫瓦（mW）作为功率单位。它们之间的关系为：

$$1\text{MW}=10^3\text{kW} \qquad 1\text{kW}=10^3\text{W} \qquad 1\text{W}=10^3\text{mW}$$

如果元件的电流和电压取关联参考方向，如图 1.5（a）所示，则该元件吸收的功率为

$$p=i\cdot u \tag{1.2}$$

如果元件的电流和电压取非关联参考方向，如图 1.5（b）所示，则元件吸收的功率为

$$p=-i\cdot u \tag{1.3}$$

（a）关联参考方向　　（b）非关联参考方向

图 1.5　元件吸收的功率

从功率正、负值可以区分元件的性质，或是电源，或是负载。当 $p>0$ 时，说明该元件是吸收功率，具有负载特性，用于消耗电能；当 $p<0$ 时，说明该元件发出功率，具有电源特性，用于提供电能。

元件或电路吸收的电能用 W 表示，单位为焦耳（J），实际应用中常采用的单位为千瓦时（kW·h），1kW·h 俗称 1 度电。

例 1.1　试计算如图 1.6 所示各元件的功率，并说明是发出功率还是吸收功率。

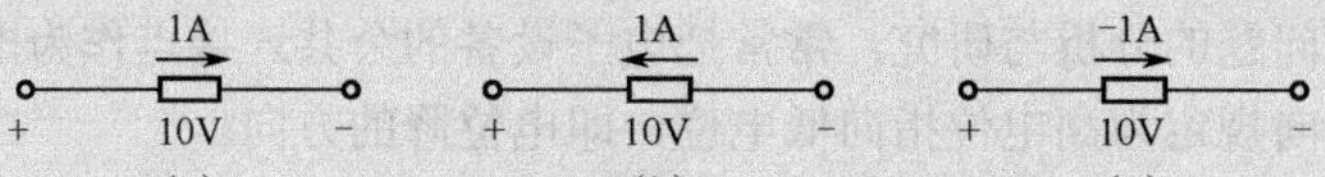

（a）　（b）　（c）

图 1.6

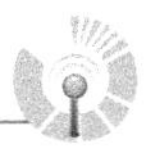

解　图 1.6（a）中，电压、电流为关联参考方向，$p=i\cdot u=1\times10=10\text{W}$，元件吸收功率。图 1.6（b）中，电压、电流为非关联参考方向，$p=-i\cdot u=-1\times10=-10\text{W}$，元件发出功率。图 1.6（c）中，电压、电流为非关联参考方向，$p=-i\cdot u=-(-1)\times10=10\text{W}$，元件吸收功率。

从经济性、可靠性及安全性等因素考虑，任何电气设备都规定了相应的额定值，如额定电压、额定电流和额定功率。额定值是产品在给定工作条件下保证电气设备安全运行而规定的容许值，它是指导用户正确使用电气设备的技术数据。高于额定值运行，会影响设备的寿命，甚至出现事故；低于额定值运行，不仅得不到正常合理的工作状况，而且也不能充分利用设备的能力，因此，应尽量使电气设备工作在额定状态。额定值通常标在设备的铭牌上或在说明书中给出。例如，一盏白炽灯上标有 220V、60W，表示这盏灯的额定电压为 220V，额定功率为 60W。

当通过电气设备的电流等于额定电流时，称为满载工作状态。电流小于额定电流时，称为轻载工作状态。超过额定电流时，称为过载工作状态。

1.1.2　电路基本元件

1．电阻元件

1）电阻元件的欧姆定律

一个电气元件能够将电能转化为热能消耗掉，那么它的理想电路模型就可抽象为电阻元件，如白炽灯、电炉等都可抽象为电阻元件，电路模型如图 1.7 所示。

如果电压 u 与电流 i 的参考方向取关联参考方向，如图 1.7（a）所示，欧姆定律形式为：

$$u=iR \tag{1.4}$$

如果 u 与 i 的参考方向取非关联参考方向，如图 1.7（b）所示，欧姆定律形式为：

$$u=-iR \tag{1.5}$$

（a）取关联参考方向　　（b）取非关联参考方向

图 1.7　电阻元件的电路模型

电阻 R 的国际单位为欧姆（Ω），常用单位有千欧（kΩ）、兆欧（MΩ），它们之间的换算关系为：

$$1\text{M}\Omega=10^3\text{k}\Omega \qquad 1\text{k}\Omega=10^3\Omega$$

在电压和电流取关联参考方向下，电阻元件上消耗的功率为：

$$p=iu=i^2R=\frac{u^2}{R} \tag{1.6}$$

2）电阻元件的串联

电阻元件的串联如图 1.8 所示。

（1）特点。

① 各电阻按首尾顺序相连；

② 各电阻中通过同一电流；

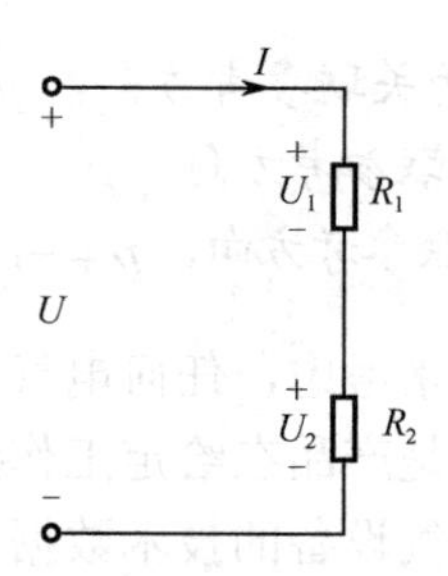

图 1.8 电阻元件的串联图

③ 串联电阻上电压分配与电阻成正比。两个电阻串联时的分压公式：

$$U_1=\frac{R_1}{R_1+R_2}U \qquad U_2=\frac{R_2}{R_1+R_2}U \tag{1.7}$$

④ 等效电阻（总电阻）等于各电阻之和：

$$R=R_1+R_2 \tag{1.8}$$

（2）应用。主要用于降压、限流、调节电压等。

3）电阻元件的并联

电阻元件的并联如图 1.9 所示。

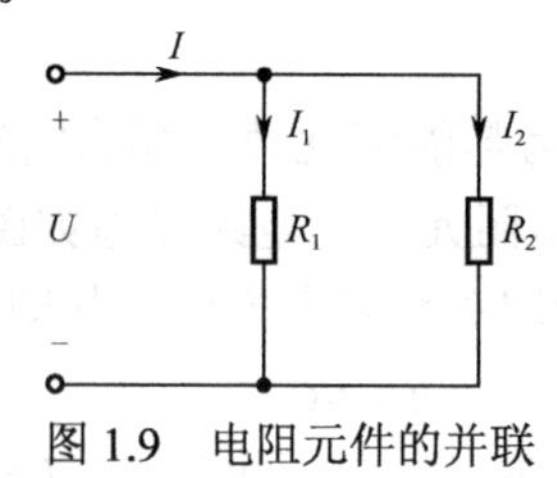

图 1.9 电阻元件的并联

（1）特点。

① 各电阻连接在两个公共的节点之间；

② 各电阻两端电压相同；

③ 并联电阻上电流分配与电阻成反比。两电阻并联时的分流公式：

$$I_1=\frac{R_2}{R_1+R_2}I \qquad I_2=\frac{R_1}{R_1+R_2}I \tag{1.9}$$

④ 等效电阻（总电阻）的倒数等于各电阻倒数之和：

$$\frac{1}{R}=\frac{1}{R_1}+\frac{1}{R_2} \qquad R=\frac{R_1R_2}{R_1+R_2} \tag{1.10}$$

（2）应用。主要用于分流或调节电流等。

2．电容元件

电容是能够存储电场能量的元件。理想电容元件的电路模型如图 1.10 所示。在电压与电流取关联参考方向下，电容元件上的电压、电流关系为：

$$i=C\frac{\mathrm{d}u}{\mathrm{d}t} \tag{1.11}$$

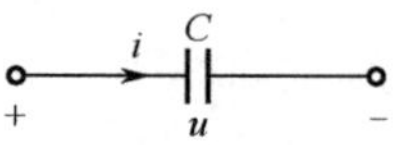

图 1.10 电容元件的电路模型

式中，C 称为电容，国际单位为法拉（F），常用单位有微法（μF）和皮法（pF）等，它们之间的换算关系为：

$$1\text{F}=10^6\mu\text{F}=10^{12}\text{pF}$$

由式（1.11）可知，电容的电流正比于两端电压的变化率，即 $i\propto \mathrm{d}u/\mathrm{d}t$。当电容两端电压不变时（如直流），通过电容两端的电流 $i=0$，此时电容相当于开路。电容的这种性质，称为动态性质，电容元件又被称为动态元件。

3．电感元件

电感是能够储存磁场能量的元件。理想电感元件的电路模型如图 1.11 所示。在电压与电流取关联参考方向下，电感元件上的电压、电流关系为：

$$u=L\frac{\mathrm{d}i}{\mathrm{d}t} \tag{1.12}$$

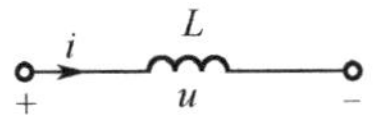

图 1.11　电感元件的电路模型

式中，L 称为电感，国际单位为亨利（H），常用单位有毫亨（mH）和微亨（μH）等，它们之间的换算关系为：

$$1\text{H}=10^3\text{mH}=10^6\mu\text{H}$$

由式（1.12）可知，电感两端的电压正比于电流的变化率，即 $u\propto \mathrm{d}i/\mathrm{d}t$。当流过电感的电流不变时（如直流），电感两端的电压 $u=0$，此时电感元件相当于短路。电感这种只有当电流变化时才有电压出现的性质称为电感的动态性质，所以电感也是一种动态元件。

4．电源元件

1）电压源

电压源是一个理想电路元件，电路模型如图 1.12 所示。电压源的端电压为：

$$u(t)=u_{\mathrm{S}}(t) \tag{1.13}$$

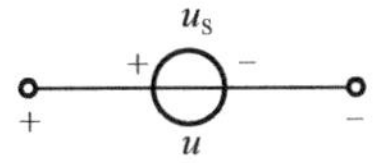

图 1.12　电压源的电路模型

式中，$u_{\mathrm{S}}(t)$ 为给定的时间函数，与流过的电流无关。当 $u_{\mathrm{S}}(t)=U_{\mathrm{S}}$，$U_{\mathrm{S}}$ 为恒定值时，称为稳压源。

当电流流过电压源时，是从低电位流向高电位，则电压源向外提供电能。当电流流过电压源时，是从高电位流向低电位，则电压源吸收电能，如电池充电的情况。

2）电流源

电流源是另一种理想电源，电路模型如图 1.13 所示。电流源输出的电流为：

$$i(t)=i_{\mathrm{S}}(t) \tag{1.14}$$

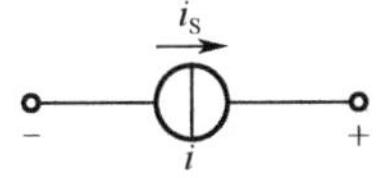

图 1.13　电流源的电路模型

式中，$i_S(t)$ 为给定的时间函数，与电流源两端电压无关。当 $i_S(t)=I_S$，I_S 为恒定值时，称为稳流源。

若电流源的电压和电流的参考方向取非关联参考方向，当 $p>0$ 时，电流源向外电路提供功率，电流源起电源的作用。反之，电流源从外电路吸收功率，电流源是作为负载用。

例 1.2 试计算如图 1.14 所示电压源的功率并分析其工作状态。

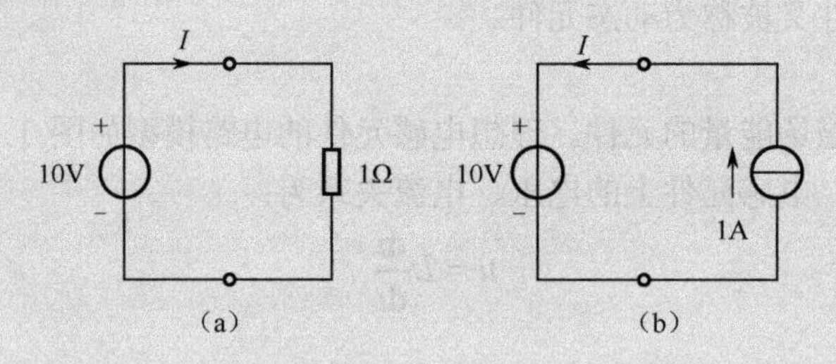

图 1.14

解 图 1.14（a）中，根据欧姆定律得到电路中电流 $I=U/R=10/10=1\text{A}$，电流从电压源负端流入，电压源向外提供功率 $P=IU_S=1\times10=10\text{W}$。

图 1.14（b）中，根据电流源基本性质，流过电压源的电流为 1A，从电压源的正端流入，电压源处于负载状态，吸收的功率 $P=IU_S=1\times10=10\text{W}$。

1.1.3 电路基本定律

以如图 1.15 所示电路为例，介绍几个有关电路结构的基本概念。

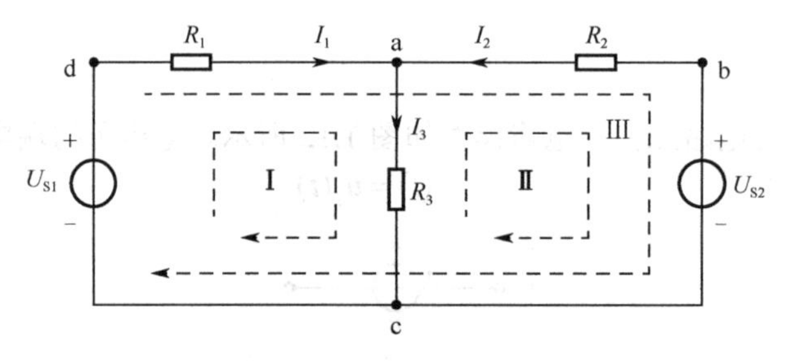

图 1.15 KCL 对节点的应用

支路：电路中的每一分支称为支路。含有电源元件的支路称为有源支路，不含电源元件的支路称为无源支路。支路中流过的电流称为支路电路。如图 1.15 所示电路图中共有 3 条支路，R_1 支路和 R_2 支路为有源支路，支路电流分别为 I_1 和 I_2，R_3 支路为无源支路，支路电流为 I_3。

节点：3 条或 3 条以上支路的连接点称为节点。如图 1.15 所示电路图中共有 2 个节点，节点 a 和节点 c，而 b 点和 d 点不是节点。

回路：电路中任意闭合路径称为回路。如图 1.15 所示电路图中共有 3 个回路（Ⅰ、Ⅱ、Ⅲ）。

网孔：内部不另含支路的回路称为网孔。如图 1.15 所示电路图中共有 2 个网孔（Ⅰ和Ⅱ）。

1. 基尔霍夫电流定律（KCL）

定律：对于电路中的任意节点，流入节点电流之和恒等于流出该节点电流之和，即：

$$\sum i_{\text{入}} = \sum i_{\text{出}} \tag{1.15}$$

对于如图 1.15 所示电路图中的节点 a，应用 KCL 有：

$$I_1 + I_2 = I_3 \quad \text{或} \quad I_1 + I_2 - I_3 = 0$$

$$\text{即} \quad \sum i = 0 \tag{1.16}$$

上式表明任意节点各支路电流的代数和恒等于零。在这里，若规定流入节点电流取“+”，则流出节点电流相应取“−”。

基尔霍夫定律也用于“广义节点”，即包含部分电路的任意闭合面。如图 1.16 所示电路的闭合面（虚线表示），有 3 条支路与闭合面内的电路相连接，应用 KCL 有：

$$I_2 - I_1 - I_3 = 0$$

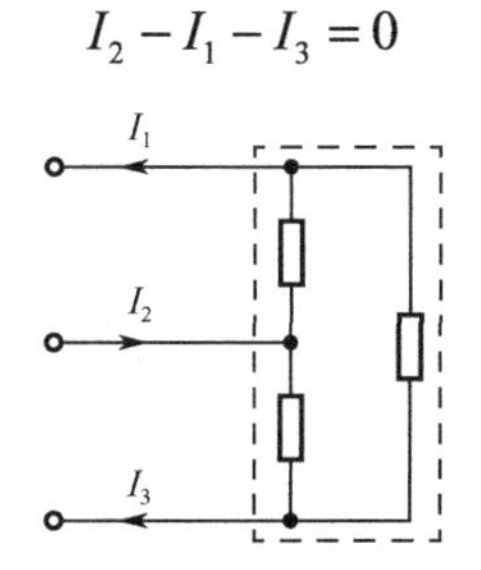

图 1.16 KCL 对闭合面的应用

即通过任意闭合面的电流的代数和为零，即流入闭合面的电流等于流出闭合面的电流。基尔霍夫电流定律是电流连续性的体现。

2. 基尔霍夫电压定律（KVL）

KVL 定律：从电路的某点出发，沿回路绕行一周，各部分电压降的总和恒等于各部分电压升的总和。即：

$$\sum u_{\text{降}} = \sum u_{\text{升}} \tag{1.17}$$

元件的电压参考方向和回路 I 的绕行方向（虚线箭头）如图 1.17 所示。图中，U_1、U_2 和 U_3 沿回路 I（顺时针方向）电位降，U_{S1} 和 U_{S2} 沿回路 I（顺时针方向）电位升，应用 KVL 有：

$$U_1 + U_2 + U_3 = U_{S1} + U_{S2} \quad \text{或} \quad -U_1 - U_2 - U_3 + U_{S1} + U_{S2} = 0$$

即

$$\sum u = 0 \tag{1.18}$$

表明沿任意一回路绕行一周，所有元件电压的代数和恒等于零。在这里，若规定电位升取“+”，则电位降相应取“−”。

对于由电阻和电压源构成的回路，如图 1.17 所示的回路 I，式（1.17）可以写成：

$$IR_1 + IR_2 + IR_3 = U_{S1} + U_{S2}$$

即

$$\sum i_k R_k = \sum u_{Sk} \tag{1.19}$$

注意：流过电阻的电流参考方向与回路绕行方向一致，电阻电压 $i_k R_k$ 前取“+”；电压源电压参考方向与回路绕行方向一致，电压源电压 u_{Sk} 前取“−”。

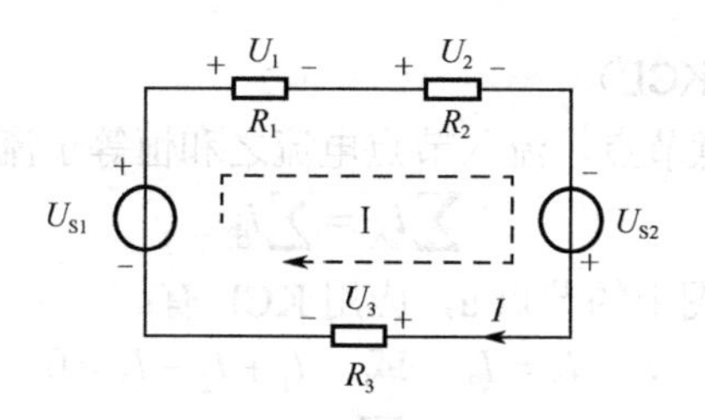

图 1.17　KVL 的应用

KVL 可扩展应用到广义回路中。如图 1.18 所示，假设在 ab 开口两端存在一个电压U_{ab}，并将它设想为一个闭合回路。按图中虚线所示顺时针绕行方向循环一周，应用 KVL，则有：

$$U_{ab}-U_{S1}-U_{S2}+U_{S3}=0$$

即

$$U_{ab}=U_{S1}+U_{S2}-U_{S3}$$

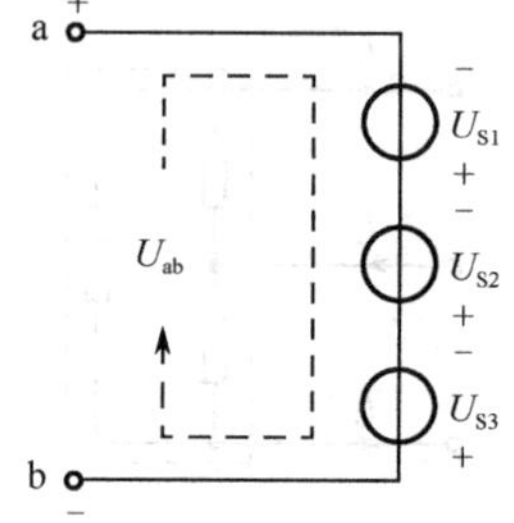

图 1.18　KVL 的扩展应用

例 1.3　电路如图 1.19 所示，试求电路中的电路I和电压U_{ab}。

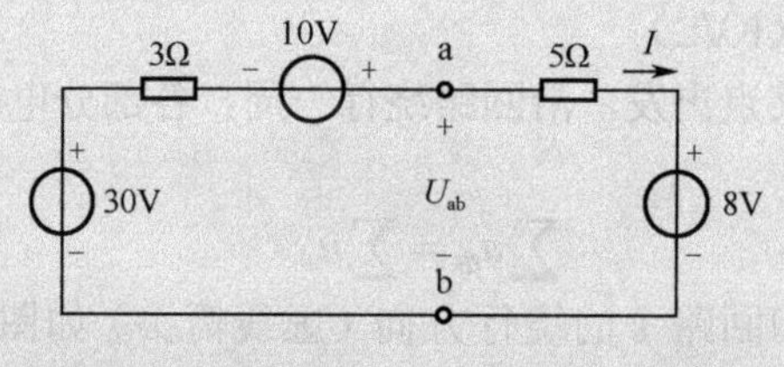

图 1.19

解　以电流I的方向作为回路的绕行方向，应用 KCL，得：

$$3I+5I=10-8+30$$

则

$$I=4\text{A}$$

以 a、b 右侧电路为广义回路，应用 KCL，得：

$$U_{ab}=5I+8=5\times4+8=28\text{V}$$

3．基尔霍夫定律的基本应用

基尔霍夫定律是电路分析和计算的重要依据，下面介绍其基本应用——支路电流法。

支路电流法是以电路中各支路电流为未知量，应用 KCL 和 KVL 分别对独立节点和独立回路（网孔）列出相应的方程，从而求解各支路电路的方法。具体步骤如下：

（1）在电路图中标出各支路电流和网孔回路的绕行方向。

（2）根据 KCL 列出节点电流方程。若有n个节点，可列（$n-1$）个独立的 KCL 方程。

（3）根据 KVL 列出回路电压方程。若有 b 条支路，可列（$b-n+1$）个独立的 KVL 方程。

（4）联立方程组，求得各支路电流。

例 1.4　用支路电流法求如图 1.20 所示电路中的支路电流。

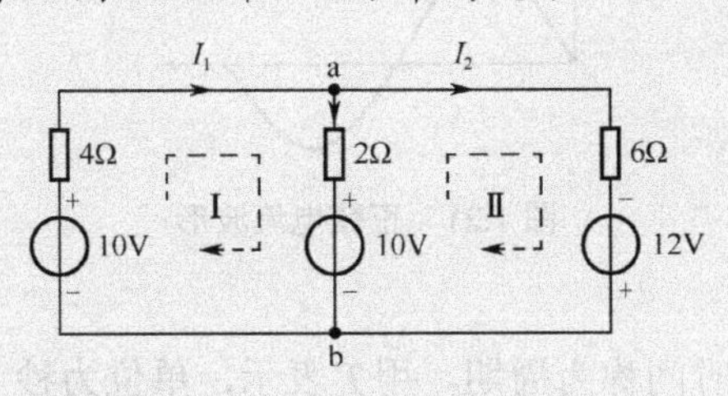

图 1.20

解　该电路的支路数 $b=3$，节点数 $n=2$。

（1）支路电流的参考方向和网孔Ⅰ和Ⅱ绕行方向如图所示。

（2）选节点 a 作为独立节点，列 KCL 方程。

$$I_1 - I_2 - I_3 = 0$$

（3）选网孔Ⅰ和Ⅱ为独立回路，列 KVL 方程。

网孔Ⅰ：$4I_1 + 2I_3 = 10 - 10$，即　$2I_1 + I_3 = 0$

网孔Ⅱ：$6I_2 - 2I_3 = 12 + 10$，即　$3I_2 - I_3 = 11$

（4）解方程组求支路电流

$$I_1 = 1\text{A};\ I_2 = 3\text{A};\ I_3 = -2\text{A}$$

任务二　单相正弦交流电路

任务目标

（1）熟悉正弦交流电的基本概念。

（2）熟悉单一正弦交流电路的分析。

（3）掌握单相交流电路功率的计算。

（4）掌握提高功率因数的方法。

正弦交流电路是指含有正弦交流电源的电路。由于正弦交流电源的产生、传输和使用比直流电源更方便，因此，在工农业生产和日常生活中广泛使用。

1.2.1　正弦交流电的基本概念

正弦交流电简称交流电。在正弦交流电路中，电流和电压随时间按正弦函数规律变化。凡按正弦规律变化的电流、电压等统称为正弦交流电，可按正弦量对交流电进行分析和计算。

1．正弦量的三要素

在正弦交流电路中，正弦电流 i 的一般表达式为：

$$i = I_m \sin(\omega t + \psi_i)$$

式中，I_m 为幅值；ω 为角频率；ψ_i 为初相。正弦量的变化取决于这三个量，通常把振幅、角频率和初相称为正弦量的三要素。正弦电流 i 的波形如图 1.21 所示。

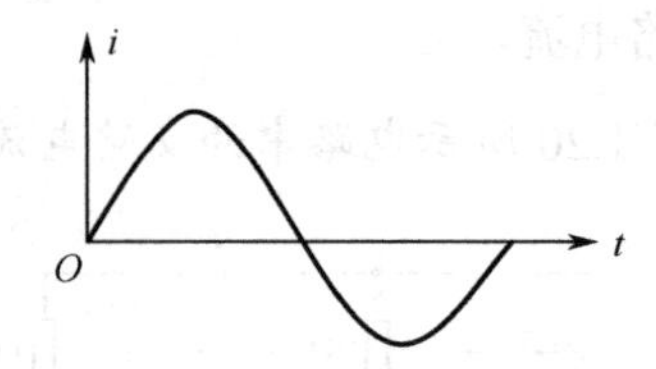

图 1.21 正弦电流波形

1）周期与频率

正弦量变化一次所需的时间称为周期，用 T 表示，单位为秒（s）；每秒内变化的次数称为频率，用 f 表示，单位是赫兹（Hz）。周期和频率互为倒数，即：

$$T=\frac{1}{f} \tag{1.20}$$

我国电力系统交流电的标准频率（又称工频）为 50Hz。有些国家如日本、美国等采用 60Hz。

正弦量每秒变化的弧度数称为角频率，用 ω 表示，单位为弧度/秒（rad/s）。因为正弦量一周期经历了 2π 弧度，所以角频率为：

$$\omega=2\pi f=2\pi/T \tag{1.21}$$

2）幅值与有效值

正弦量在任意时刻的数值称为瞬时值，用小写字母表示，如 i 、u 分别表示电流、电压的瞬时值。瞬时值中最大的数值称为幅值或最大值，如 I_{m} 、U_{m} 分别表示电流、电压的幅值或最大值。

我们平时所说的电压高低和电流大小是交流电表测得的电压和电流的数值，它既不是最大值也不是瞬时值，而是有效值。有效值又称均方根值，用大写字母表示，如 I 、U 分别表示电流、电压的有效值。有效值与最大值的关系为：

$$I=\frac{I_{\mathrm{m}}}{\sqrt{2}} \qquad U=\frac{U_{\mathrm{m}}}{\sqrt{2}} \tag{1.22}$$

可见，最大值为有效值的 $\sqrt{2}$ 倍。平时，我们所说的交流电压 220V，指的是有效值，其最大值为 311V。

3）初相位

正弦电流的一般表达式为：

$$i=I_{\mathrm{m}}\sin(\omega t+\psi_i)$$

式中，任意瞬时的电角度（$\omega t+\psi_i$）称为正弦量的相位，它反映正弦量随时间变化的进程。$t=0$ 时的相位 ψ_i 称为初相位，简称初相。初相通常在主值范围内取值，即 $|\psi_i|\leqslant\pi$ 。

设两个同频率的正弦量 u 和 i ，则：

$$u=U_{\mathrm{m}}\sin(\omega t+\psi_u) \qquad i=I_{\mathrm{m}}\sin(\omega t+\psi_i)$$

两个同频率正弦量的相位之差称为相位差，用 φ 表示，其值为两初相之差，即：

$$\varphi=(\omega t+\psi_u)-(\omega t+\psi_i)=\psi_u-\psi_i \tag{1.23}$$

分析正弦交流电路时，常使用超前和滞后两个术语，比较两个同频率正弦量达到正的最大值的先后顺序，先经过正的最大值者称为超前，后经过正的最大值者为滞后。

当 $\varphi=\psi_u-\psi_i>0$ 时，称 u 超前于 i 一个角度 φ，如图 1.22（a）所示；

当 $\varphi=\psi_u-\psi_i<0$ 时，称 u 滞后于 i 一个角度 φ，如图 1.22（b）所示；
当 $\varphi=\psi_u-\psi_i=0$ 时，称 u 和 i 同相位或同相，如图 1.22（c）所示；
当 $\varphi=\psi_u-\psi_i=\pm\pi$ 时，称 u 和 i 反相位或反相，如图 1.22（d）所示。

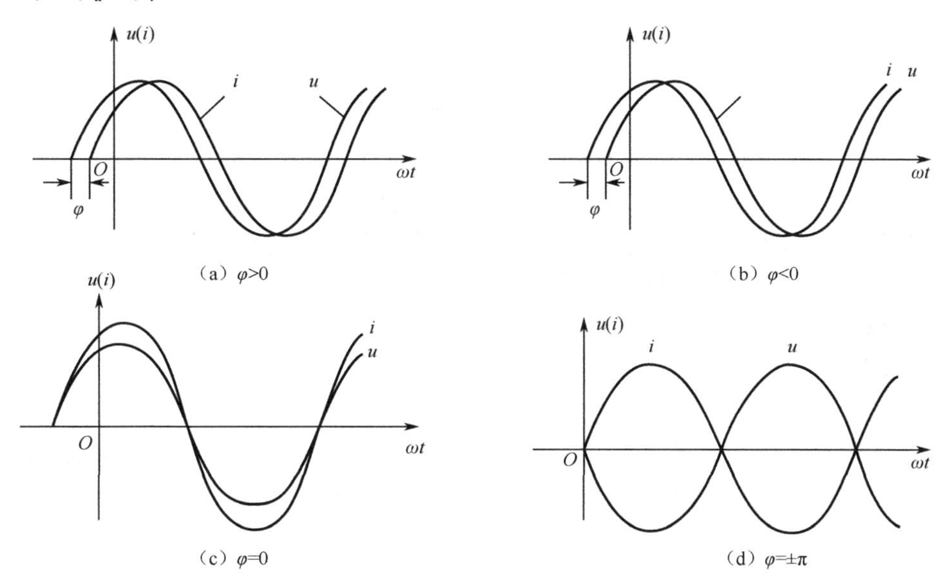

图 1.22　正弦量的相位差

例 1.5　已知正弦电压 $u=100\sqrt{2}\sin(100\pi t-30^\circ)$V。求：（1）幅值、角频率和初相位；（2）有效值、频率和周期各为多少？

解　（1）幅值 $U_m=100\sqrt{2}=141.4$V，角频率 $\omega=100\pi=314$rad/s，初相 $\psi_u=-30^\circ$。

（2）有效值 $U=\dfrac{U_m}{\sqrt{2}}=\dfrac{100\sqrt{2}}{\sqrt{2}}=100$V，频率 $f=\dfrac{\omega}{2\pi}=\dfrac{100\pi}{2\pi}=50$Hz，周期 $T=\dfrac{1}{f}=\dfrac{1}{50}=0.02$s。

例 1.6　设 $i_1=6\sin(\omega t+60^\circ)$A，$i_2=4\sin(\omega t)$A，试求 i_1 与 i_2 的相位差并指出它们的相位关系。

解　i_1 的初相 $\psi_1=60^\circ$，i_2 的初相 $\psi_2=0^\circ$，所以 i_1 与 i_2 的相位差为：

$$\varphi=\psi_1-\psi_2=60^\circ$$

说明 i_1 超前 i_2 60°，或 i_2 滞后 i_1 60°。

2．正弦量的相量表示

1）复数

复数 A 的代数式为 $A=a+\mathrm{j}b$，其中，a 是复数的实部，b 是复数的虚部，$\mathrm{j}=\sqrt{-1}$ 是虚数单位。复数 A 可用复平面上的矢量表示，如图 1.23 所示，图中，$|A|$为复数的模，θ 为复数的幅角。由图可知：

$$|A|=\sqrt{a^2+b^2} \qquad \theta=\arctan\left(\frac{b}{a}\right) \tag{1.24}$$

$$a=|A|\cos\theta \qquad b=|A|\sin\theta \tag{1.25}$$

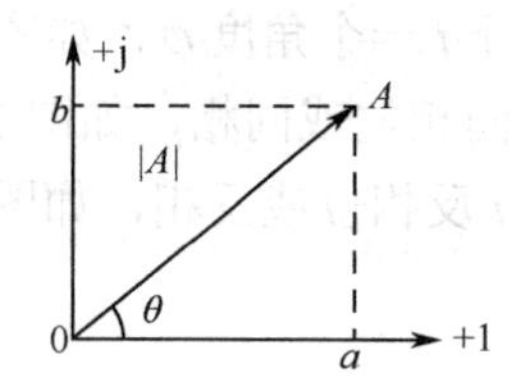

图 1.23　复数的表示图

复数 A 的三角函数式为 $A=|A|\cos\theta+\mathrm{j}|A|\sin\theta$，复数 A 的极坐标式为 $A=|A|\angle\theta$。

一般来说，复数的加、减运算用代数式，其实部与实部相加（减），虚部与虚部相加（减）；乘、除运算用极坐标式，两复数相乘，模相乘，幅角相加，两复数相除，模相除，幅角相减。

在复数运算中，当一个复数乘上 j 时，模不变，幅角增大 90°；当一个复数除以 j 时，模不变，幅角减小 90°，即 $\mathrm{j}=1\angle 90^\circ$，$-\mathrm{j}=1\angle -90^\circ$。

2）正弦量的相量表示

对于任意一个正弦量，都可以用对应的一个复数来表示，如用复数的模表示正弦量的有效值，复数的幅角表示正弦量的初相。为了与一般复数相区别，把表示正弦量的复数称为相量，并在大写字母上加“•”表示，如电流相量 $\dot{I}$、电压相量 $\dot{U}$。其相应的复数式称为正弦量的相量式，在复平面上画出的相量的图形称为相量图。画相量图时，实轴、虚轴可以省略。

如正弦电流 $i_1=6\sqrt{2}\sin(\omega t+60^\circ)\mathrm{A}$ 和 $i_2=8\sqrt{2}\sin(\omega t-30^\circ)\mathrm{A}$，电流相量式为：

$$\dot{I}_1=6\angle 60^\circ\ \mathrm{A} \qquad \dot{I}_2=8\angle -30^\circ\ \mathrm{A}$$

相量图如图 1.24 所示。注意，相量只表示正弦量，而不是等于正弦量。

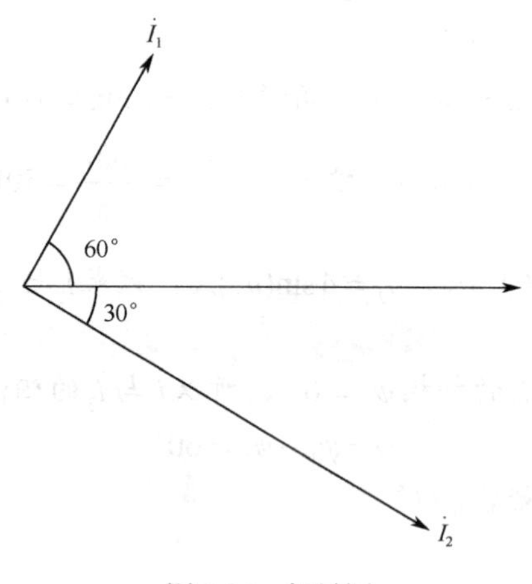

图 1.24　相量图

1.2.2　单一参数的正弦交流电路

1．电阻元件的交流电路

如图 1.25（a）所示，设正弦电流 $i=I_\mathrm{m}\sin(\omega t)$，根据电阻元件的欧姆定律得：

$$u=iR=I_\mathrm{m}R\sin(\omega t) \tag{1.26}$$

由此可见，电阻元件的电流与电压为同频率的正弦量。其各关系如下：

1）相位关系

电阻元件上电压与电流同相位。

2）大小关系

$$U_{\mathrm{m}} = I_{\mathrm{m}}R \qquad U = IR \tag{1.27}$$

即电阻元件的有效值和最大值都满足欧姆定律。

3）相量关系

电流相量 $\dot{I} = I\angle 0^\circ$ ，则电压相量为 $\dot{U} = U\angle 0^\circ = IR\angle 0^\circ$ ，所以

$$\dot{U} = \dot{I}R \tag{1.28}$$

相量关系也满足欧姆定律，相量图如图 1.25（b）所示。

图 1.25　电阻元件的正弦交流电路

4）功率

（1）瞬时功率。瞬时功率定义为瞬时电压 u 和瞬时电流 i 的乘积，即 $p = iu$ 。电阻元件的瞬时功率为：

$$p = iu = I_{\mathrm{m}}U_{\mathrm{m}}\sin^2(\omega t) \tag{1.29}$$

由上式可知， $p \geqslant 0$ ，表明电阻元件吸收功率，消耗电能。

（2）平均功率。平均功率是电路中消耗的功率，故又称有功功率，有功功率的国际单位为瓦（W）。电阻元件的平均功率为

$$P = IU = I^2R = \frac{U^2}{R} \tag{1.30}$$

2．电感元件的交流电路

如图 1.26（a）所示，设电流 $i = I_{\mathrm{m}}\sin(\omega t)$ ，根据电感元件上电压与电流关系得到：

$$u = L\frac{\mathrm{d}i}{\mathrm{d}t} = L\frac{\mathrm{d}[I_{\mathrm{m}}\sin(\omega t)]}{\mathrm{d}t} = \omega LI_{\mathrm{m}}\cos(\omega t)$$

即

$$u = \omega LI_{\mathrm{m}}\sin(\omega t + 90^\circ) \tag{1.31}$$

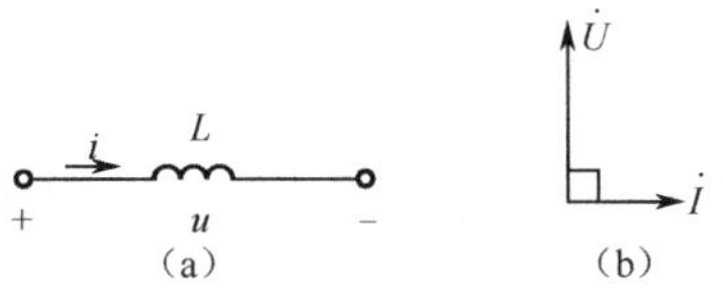

图 1.26　电感元件的正弦交流电路

由此可见，电感元件的电流与电压为同频率的正弦量。其各关系如下：

1）相位关系

电感元件上电压超前电流 90° 。

2）大小关系

由（1.31）可知， $U_{\mathrm{m}} = \omega LI_{\mathrm{m}}$ 或 $U = \omega LI$ ，即：

$$U = IX_L \tag{1.32}$$

$$X_L = \omega L = 2\pi f L \tag{1.33}$$

式中，X_L 称为感抗，单位为欧姆（Ω），反映电感元件对交流电流的阻碍作用。频率越小，感抗越小；频率越大，感抗越大。可见电感元件具有通低频电流、阻高频电流的作用。

3）相量关系

电流相量 $\dot{I} = I\angle 0^\circ$ ，则电压相量为 $\dot{U} = IX_L\angle 90^\circ$，所以

$$\dot{U} = \mathrm{j}X_L\dot{I} \tag{1.34}$$

相量图如图 1.26（b）所示。

4）功率

（1）瞬时功率。电感元件的瞬时功率为：

$$p = iu = I_\mathrm{m}U_\mathrm{m}\sin(\omega t)\sin(\omega t + 90^\circ) = I_\mathrm{m}U_\mathrm{m}\sin(\omega t)\cos(\omega t)$$

即

$$p = IU\sin(2\omega t) \tag{1.35}$$

由上式可知，当 $p>0$ 时，电感处于充电状态，从电源吸收功率将电能转化为磁场能；当 $p<0$ 时，电感处于供电状态，将磁场能转换为电能送回电源。

（2）平均功率。电感元件的平均功率 $P=0$，表明电感元件的交流电路中，没有能量的消耗，只有电源与电感元件间的能量互换。

（3）无功功率。用 Q_L 表示，反映电感元件与电源间能量互换规模，Q_L 等于瞬时功率的幅值，即：

$$Q_L = IU = I^2X_L = \frac{U^2}{X_L} \tag{1.36}$$

为了从概念上区别于有功功率，无功功率用乏（var）或千乏（kvar）作为单位，$1\mathrm{kvar} = 10^3\,\mathrm{var}$。

例 1.7 已知 $L=0.1\mathrm{H}$ 的电感线圈接在 $U=10\mathrm{V}$ 的工频电源上，试求：（1）线圈的感抗；（2）电流的有效值；（3）无功功率；（4）若电压的初相为零，求电流 $\dot{I}$，并画出相量图。

解 （1）感抗 $X_L = 2\pi fL = 2\times 3.14\times 50\times 0.1 = 31.4\Omega$

（2）电流有效值 $I = \dfrac{U}{X_L} = \dfrac{10}{3.14} = 0.318\mathrm{A}$

（3）无功功率 $Q_L = IU = 0.318\times 10 = 3.18\,\mathrm{var}$

（4）设电压相量 $\dot{U} = 10\angle 0^\circ\,\mathrm{V}$，则电流相量为：

$$\dot{I} = \frac{\dot{U}}{\mathrm{j}X_L} = \frac{10\angle 0^\circ}{\mathrm{j}31.4} = 0.318\angle -90^\circ\,\mathrm{A}$$

相量图如图 1.27 所示。

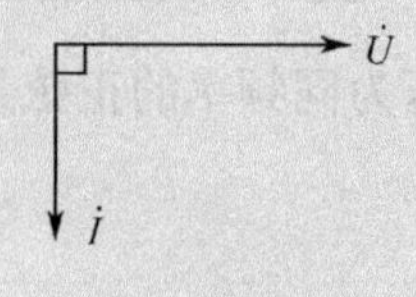

图 1.27

3. 电容元件的交流电路

如图 1.28（a）所示，设电压$u = U_{\mathrm{m}} \sin(\omega t)$，根据电容元件上电压与电流的关系得到：

$$i = C\frac{\mathrm{d}u}{\mathrm{d}t} = C\frac{\mathrm{d}[U_{\mathrm{m}}\sin(\omega t)]}{\mathrm{d}t} = \omega C U_{\mathrm{m}} \cos(\omega t)$$

即

$$i = \omega C U_{\mathrm{m}} \sin(\omega t + 90^{\circ}) \tag{1.37}$$

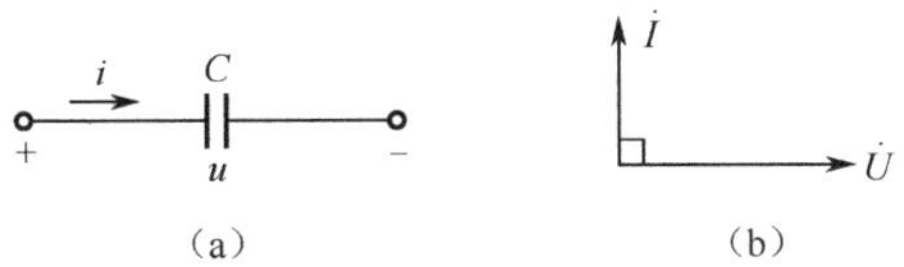

（a）　　（b）

图 1.28　电容元件的正弦交流电路

由此可见，电容元件的电流与电压为同频率的正弦量。其各关系如下：

1）相位关系

电容元件上电流超前电压90°。

2）大小关系

由式（1.37）可知，$I_{\mathrm{m}} = \omega C U_{\mathrm{m}}$或$I = \omega C U$，即：

$$U = I X_C \tag{1.38}$$

$$X_C = \frac{1}{\omega C} = \frac{1}{2\pi f C} \tag{1.39}$$

式中，X_C称为容抗，单位为欧姆（Ω），反映电容元件对交流电流的阻碍作用。频率越大，容抗越小；频率越小，容抗越大。可见电容元件具有通高频电流、阻低频电流的作用。

3）相量关系

电压相量$\dot{U} = U\angle 0^{\circ}$，则电流相量为$\dot{I} = \frac{U}{X_{\mathrm{C}}}\angle 90^{\circ}$，所以

$$\dot{U} = -\mathrm{j} X_C \dot{I} \tag{1.40}$$

相量图如图 1.28（b）所示。

4）功率

（1）瞬时功率。电容元件的瞬时功率为：

$$p = iu = I_{\mathrm{m}} U_{\mathrm{m}} \sin(\omega t)\sin(\omega t + 90^{\circ}) = I_{\mathrm{m}} U_{\mathrm{m}} \sin(\omega t)\cos(\omega t)$$

即

$$p = IU \sin(2\omega t) \tag{1.41}$$

由上式可知，当$p > 0$时，电容充电，储存电场能；当$p < 0$时，电容放电，将电场能转换为电能释放给电源。

（2）平均功率。电容元件的平均功率$P = 0$，表明电容元件的交流电路中，没有能量的消耗，只有电源与电容元件间的能量互换。

（3）无功功率。用Q_C表示，反映电容元件与电源间能量的互换规模。为了与电感元件电路的无功功率相比较，设电流$i = I_{\mathrm{m}} \sin(\omega t)$，则电压$u = U_{\mathrm{m}} \sin(\omega t - 90^{\circ})$，于是，瞬时功率为$p = iu = -IU \sin(2\omega t)$，所以

$$Q_C = -IU = -I^2 X_C = -\frac{U^2}{X_C} \tag{1.42}$$

即电容元件的无功功率为负值，单位为乏（var）或千乏（kvar）。

4．电路的复阻抗

在正弦交流电路中，电压相量与电流相量的比值称为复阻抗，用 Z 表示，单位为欧姆（Ω）。即

$$Z=\frac{\dot{U}}{\dot{I}} \tag{1.43}$$

由式（1.43）可知，电阻元件的复阻抗 $Z=R$，电感元件的复阻抗 $Z=\mathrm{j}X_L$，电容元件复阻抗 $Z=-\mathrm{j}X_C$。注意：复阻抗虽是复数，但它不与正弦量相对应，故不是相量。

设电压相量 $\dot{U}=U\angle\psi_u$，电流相量 $\dot{I}=I\angle\psi_i$，则复阻抗为：

$$Z=\frac{\dot{U}}{\dot{I}}=\frac{U\angle\psi_u}{I\angle\psi_i}=\frac{U}{I}\angle(\psi_u-\psi_i)=|Z|\angle\varphi=R+\mathrm{j}X \tag{1.44}$$

式中，复阻抗的大小$|Z|$是电压有效值与电流有效值的比值，称为阻抗值；复阻抗的幅角 φ 是电压与电流间相位差，称为阻抗角。即

$$|Z|=\frac{U}{I} \qquad \varphi=\psi_u-\psi_i \tag{1.45}$$

根据阻抗角的正负可以判断出电路的性质。当 $\varphi>0$ 时，电路呈电感性；当 $\varphi<0$ 时，电路呈电容性；当 $\varphi=0$ 时，电路呈电阻性。

复阻抗的实部为电阻 R，虚部为电抗 X。R、X 和 $|Z|$ 组成一直角三角形，称为阻抗三角形，如图 1.29 所示。由阻抗三角形可知：

$$\left.\begin{aligned}|Z|&=\sqrt{R^2+X^2}\\ \cos\varphi&=\frac{R}{|Z|}\\ \sin\varphi&=\frac{X}{|Z|}\end{aligned}\right\} \tag{1.46}$$

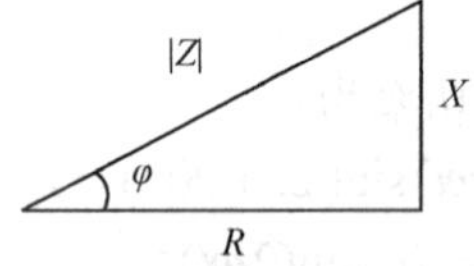

图 1.29　阻抗三角形

1.2.3　单相交流电路的功率

在正弦交流电路中，设端口电压 $u=\sqrt{2}U\sin(\omega t+\psi_u)$，端口电流 $i=\sqrt{2}I\sin(\omega t+\psi_i)$。

1．有功功率

有功功率反映交流电路中实际消耗的功率，用 P 表示，单位为瓦（W）。经过推导（参见有关书籍），有功功率 P 为：

$$P=IU\cos\varphi \tag{1.47}$$

式中，$\varphi=\psi_u-\psi_i$（电压与电流间的相位差或阻抗角），$\cos\varphi$ 称为功率因数。

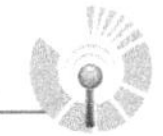

2. 无功功率

无功功率反映交流电路与电源之间进行能量交换的规模，并不代表电路实际消耗的功率。无功功率用Q表示，单位为乏（var），定义为：

$$Q = IU\sin\varphi \tag{1.48}$$

当$\varphi>0$（电感性负载）时，$Q>0$；当$\varphi<0$（电容性负载）时，$Q<0$。所以，无功功率的正负与电路性质有关。

3. 视在功率

在交流电路中，正弦交流电压有效值U和电流有效值I的乘积称为视在功率，用S表示，即

$$S = IU \tag{1.49}$$

视在功率的单位为伏安（$V \cdot A$）或千伏安（$kV \cdot A$），$1kV \cdot A = 10^3 V \cdot A$。

虽然视在功率S具有功率的量纲，但它与有功功率和无功功率是有区别的。视在功率的实际意义在于，它表明了交流电气设备能提供或取用功率的能力。交流电气设备的能力称为额定容量，简称容量，是按照预先设计的额定电压U_N和额定电流I_N来确定的，用额定视在功率S_N表示，即$S_N = I_N U_N$。

根据上述分析可知，有功功率、无功功率和视在功率组成一个直角三角形，称为功率三角形，如图1.30所示。P、Q、S三者的关系为：

$$S = \sqrt{P^2 + Q^2} \tag{1.50}$$

$$P = S\cos\varphi \tag{1.51}$$

$$\cos\varphi = \frac{P}{S} \tag{1.52}$$

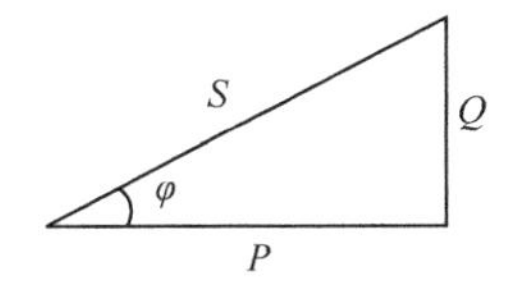

图1.30　功率三角形

4. 功率因数的提高

功率因数$\cos\varphi$是正弦交流电路中一个重要的物理量。功率因数低会带来两方面的不良影响。

（1）$\cos\varphi$低，线路损耗大。设线路电阻为r，则线路损耗为$I^2 r$。因为$I = \dfrac{P}{U\cos\varphi}$，当输电线路的电压$U$和传输的有功功率$P$一定时，功率因数$\cos\varphi$越小，输电线路电流$I$越大，线路损耗越大。

（2）$\cos\varphi$低，电源的利用率低。因为电源容量S_N是一定的，由$P = S\cos\varphi$可知，电源能够输出的有功功率与功率因数成正比。如当负载的$\cos\varphi = 0.5$时，电源的利用率只有50%。

实际供电线路中，功率因数低的根本原因是线路上接有大量的电感性负载。如三相异步电动机，满载时的功率因数为0.7～0.8，轻载时只有0.4～0.5，空载时只有0.2。

按照供、用电规则，高压供电的工业、企业单位，平均功率因数不得低于0.95，其他单位不得低于0.9。因此，提高功率因数是一个必须要解决的问题。这里说的提高功率因数，是提高线路的功率因数，而不是提高某一负载的功率因数。应当注意，功率因数的提高必须在保证负载正常工作的前提下实现。

既能提高线路功率因数，又要保证电感性负载正常工作，常用的方法是在电感性负载两端并联电容器，如图1.31所示。

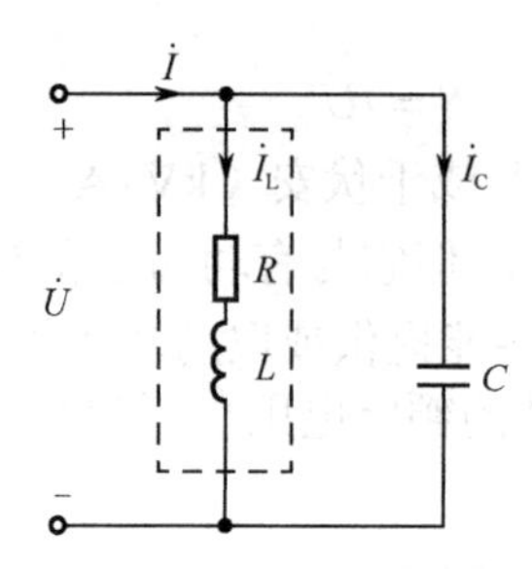

图1.31　电感性负载并联电容提高功率因数

功率因数由$\cos\varphi_L$提高到$\cos\varphi$所需并联的电容器电容量的计算公式为：

$$C=\frac{P}{\omega U^2}(\tan\varphi_L-\tan\varphi) \tag{1.53}$$

例1.8　有一电感性负载，功率为10kW，功率因数为0.6，接在电压为220V、50Hz的交流电源上。

（1）若将功率因数提高到0.95，需并联多大的电容？

（2）计算并联电容前、后线路的电流。

解　（1）由$\cos\varphi_L=0.6$得$\varphi_L=53^\circ$，由$\cos\varphi=0.95$得$\varphi=18^\circ$。由公式（1.53）可得：

$$C=\frac{10\times10^3}{2\pi\times50\times220^2}(\tan53^\circ-\tan18^\circ)=656\mu\text{F}$$

（2）并联电容前的线路电流即负载电流为：

$$I_L=\frac{P}{U\cos\varphi_L}=\frac{10\times10^3}{220\times0.6}=75.6\text{A}$$

并联电容后的线路电流为：

$$I=\frac{P}{U\cos\varphi}=\frac{10\times10^3}{220\times0.95}=47.8\text{A}$$

由上面的计算可知，电感性负载两端并联电容后，减小了输电线路电流，从而提高输电网的功率因数。

任务三　三相交流电路

任务目标

（1）理解三相电源相电压、线电压及其关系。

（2）熟悉对称三相负载星形连接、三角形连接电路的特点。

（3）掌握三相电路功率的计算。

在供电系统中，绝大多数都采用三相制。三相供电在发电、输电、配电等方面比单相供电具有明显的优点。如采用三相输电比采用单相输电经济，生产上广泛使用的三相异步电动机等电气设备比单相电气设备性能好，居民用户中的单相电源是三相电源中的一相。

1.3.1　三相电源

三相交流电源是频率相同、幅值相同、初相依次相差120°的三个对称交流电压源，通常采用如图 1.32 所示的电路模型来表示。交流电源的负极连在一起的连接方式为星形连接，其连接点称为中性点，在低压配电系统中，中性点往往接地，若中性点接地，则称为零点。

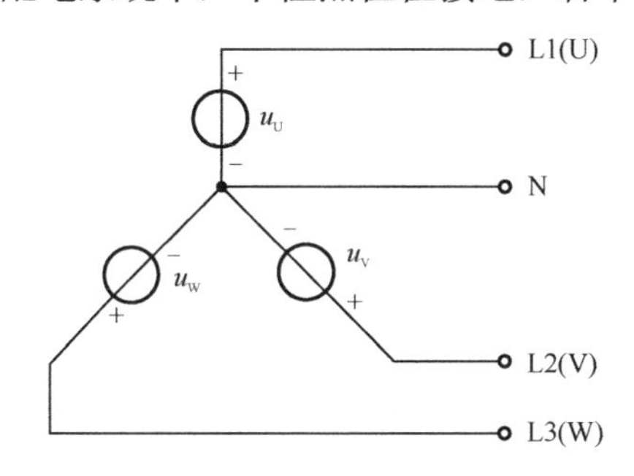

图 1.32　三相四线制电源

从中性点引出的导线（输电线）称为中性线或零线，用 N 表示；由电源正端引出的三条导线称为相线或端线，俗称火线，分别用 L1、L2、L3 表示（考虑到工程应用中习惯采用 U、V、W 表示），这种具有中性线的三相供电方式称为三相四线制。工程中，规定各相用相色加以区别，U 相（L1）用黄色标记，V 相（L2）用绿色标记，W 相（L3）用红色标记，中性线（N）用黑色标记。

三相四线制供电方式可以提供两种电压。一是相线与中性线间的电压称为相电压，用$\dot{U}_U$、$\dot{U}_V$、$\dot{U}_W$表示，相电压有效值一般用U_P表示，其参考方向规定为从相线指向中性线；二是相线与相线间的电压称为线电压，用$\dot{U}_{UV}$、$\dot{U}_{VW}$、$\dot{U}_{WU}$表示，其有效值一般用U_L表示，线电压参考方向从一根相线指向另一根相线（如$\dot{U}_{UV}$是从 U 线指向 V 线）。在低压配电系统中，相电压通常为 220V，线电压通常为 380V。若三相电源不引出中性线，则称为三相三线制，只能提供线电压。

以 U 相为参考相（设初相为零），则三相交流电压的一般表示式为：

$$\left.\begin{aligned} u_{\mathrm{U}} &= \sqrt{2}U_{\mathrm{P}}\sin(\omega t) \\ u_{\mathrm{V}} &= \sqrt{2}U_{\mathrm{P}}\sin(\omega t-120^\circ) \\ u_{\mathrm{W}} &= \sqrt{2}U_{\mathrm{P}}\sin(\omega t+120^\circ) \end{aligned}\right\} \tag{1.54}$$

也可以用相量式表示为：

$$\left.\begin{aligned} \dot{U}_{\mathrm{U}} &= U_{\mathrm{P}}\angle 0^\circ \\ \dot{U}_{\mathrm{V}} &= U_{\mathrm{P}}\angle -120^\circ \\ \dot{U}_{\mathrm{W}} &= U_{\mathrm{P}}\angle 120^\circ \end{aligned}\right\} \tag{1.55}$$

波形图和相量图如图 1.33 所示。通过波形图、相量图分析得到，对称三相电源电压的瞬时值之和及相量之和为零。即：

$$u_{\mathrm{U}}+u_{\mathrm{V}}+u_{\mathrm{W}}=0$$

$$\dot{U}_{\mathrm{U}}+\dot{U}_{\mathrm{V}}+\dot{U}_{\mathrm{W}}=0$$

三相正弦交流电依次达到正幅值的顺序称为相序，正相相序是U－V－W，反相相序是W－V－U。除特别申明外，本书采用正相相序。

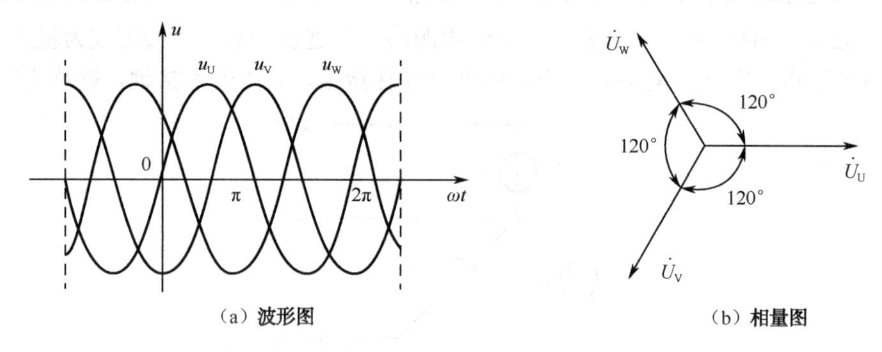

（a）波形图　　（b）相量图

图 1.33　三相交流电源电压波形图及相量图

三相电源线电压与相电压的关系为：

$$\left.\begin{aligned} \dot{U}_{\mathrm{UV}} &= \dot{U}_{\mathrm{U}}-\dot{U}_{\mathrm{V}}=\sqrt{3}\dot{U}_{\mathrm{U}}\angle 30^\circ \\ \dot{U}_{\mathrm{VW}} &= \dot{U}_{\mathrm{V}}-\dot{U}_{\mathrm{W}}=\sqrt{3}\dot{U}_{\mathrm{V}}\angle 30^\circ \\ \dot{U}_{\mathrm{WU}} &= \dot{U}_{\mathrm{W}}-\dot{U}_{\mathrm{U}}=\sqrt{3}\dot{U}_{\mathrm{W}}\angle 30^\circ \end{aligned}\right\} \tag{1.56}$$

由式（1.56）可知，三相四线制电源的线电压在相位上超前对应的相电压30°，线电压有效值是相电压有效值的$\sqrt{3}$倍，即：

$$U_{\mathrm{L}}=\sqrt{3}U_{\mathrm{P}} \tag{1.57}$$

1.3.2　三相负载的连接

三相电源与三相负载连接组成完整的三相电路。接在三相电路中的负载有动力负载（如三相异步电动机）、电热负载（如三相电炉）或照明电路（如白炽灯）等。三相负载可分为对称三相负载和不对称三相负载，对称三相负载的特征是每相负载的复阻抗相等，即：

$$Z_{\mathrm{U}}=Z_{\mathrm{V}}=Z_{\mathrm{W}}=Z=|Z|\angle\varphi$$

三相异步电动机是对称三相负载，通常照明电路的负载是不对称三相负载。三相负载的连接方式有星形（Y）连接和三角形（△）连接两种。不管采用哪种连接，都应保证电源作用在负载上的电压等于负载的额定电压，以使负载正常工作。

1．三相负载星形连接

三相负载星形连接是指将三相负载的一端连在一起后接到三相电源的中性线上，三相负载的另一端分别接到三相电源的相线上。这种接法像个“Y”字，所以又称Y形连接。负载星形连接的三相四线制电路如图1.34所示。

1）相电压与线电压的关系

如图1.34所示，忽略输电线上的阻抗，三相负载的线电压就是电源的线电压；三相负载的相电压就是电源的相电压。于是星形负载的线电压与相电压之间也是$\sqrt{3}$倍的关系，即$U_L=\sqrt{3}U_P$。

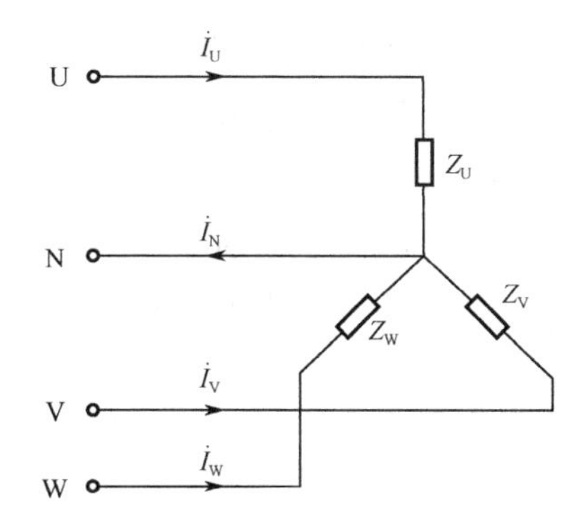

图1.34　负载星形连接的三相四线制电路

2）相电流与线电流的关系

在三相电路中，流过每相负载的电流称为相电流，其有效值一般用I_P表示；通过每根相线上的电流称为线电流，其有效值一般用I_L表示。由于在星形连接中，每根相线都与相应的每相负载串联，所以线电流等于相电流，即：

$$I_L=I_P \tag{1.58}$$

3）相电压与相电流的关系

知道每相负载两端的电压后，便可以计算每相负载的电流。即：

$$\left.\begin{aligned}\dot{I}_U&=\frac{\dot{U}_U}{Z_U}\\ \dot{I}_V&=\frac{\dot{U}_V}{Z_V}\\ \dot{I}_W&=\frac{\dot{U}_W}{Z_W}\end{aligned}\right\} \tag{1.59}$$

负载的相电压等于电源的相电压。因三相电源的相电压对称，故三相负载的相电压也是对称的。

对于星形连接的对称三相负载，即$Z_U=Z_V=Z_W=Z=|Z|\angle\varphi$。由于负载相电压对称，所以负载相电流也是对称。因此，计算时可以“算一相，推其余两相”。此时，负载相电流有效值为：

$$I_U = I_V = I_W = I_P = \frac{U_P}{|Z|} \tag{1.60}$$

4）中性线电流

中性线电流是指流过中性线的电流。根据基尔霍夫电流定律，中线电流为：

$$\dot{I}_N = \dot{I}_U + \dot{I}_V + \dot{I}_W \tag{1.61}$$

对于对称三相负载，由于负载相电流对称，故中性线电流 $\dot{I}_N = 0$，可以把中性线去掉从而构成三相三线制电路。工业上大量使用的三相异步电动机就是典型的三相对称负载。另外，大电网的三相负载可以认为基本上是对称的，在实际应用中高压输电线都采用三相三线制。

对于不对称三相负载，中性线电流 $\dot{I}_N \neq 0$，中性线一般不能去掉。否则，负载上的相电压将会出现不对称现象，有的相电压高于额定电压，有的相电压低于额定电压，负载不能正常工作。所以，星形连接的不对称三相负载，一般采用三相四线制电路，中性线的作用就是保证负载相电压对称。为了防止中性线突然断开，不准在中性线上安装开关或熔断器。

例 1.9 星形连接的对称三相负载，每相负载阻抗 $Z = 10\angle 53^\circ\ \Omega$，接入线电压 $\dot{U}_{UV} = 380\angle 30^\circ\ \text{V}$ 的三相电源上，求负载相电流。

解 根据三相电源线电压与相电压关系式（1.56），可以得到U相电压为：

$$\dot{U}_U = \frac{380\angle(30^\circ - 30^\circ)}{\sqrt{3}} = 220\angle 0^\circ\ \text{V}$$

星形连接的对称三相负载相电流对称，采用“算一相，推其余两相”法。U相负载相电流为：

$$\dot{I}_U = \frac{\dot{U}_U}{Z} = \frac{220\angle 0^\circ}{10\angle 53^\circ} = 22\angle -53^\circ\ \text{A}$$

推知其余两相负载相电流为：

$$\dot{I}_V = 22\angle(-53^\circ - 120^\circ) = 22\angle -173^\circ\ \text{A}$$

$$\dot{I}_W = 22\angle(-53^\circ + 120^\circ) = 22\angle 67^\circ\ \text{A}$$

2．三相负载三角形连接

三相负载的三角形连接是指将三相负载依次接在电源的两根相线之间，这种接法像个“△”字，又称△形连接。负载三角形连接的三相电路如图1.35所示，每相负载阻抗分别为 Z_{UV}、Z_{VW}、Z_{WU}。

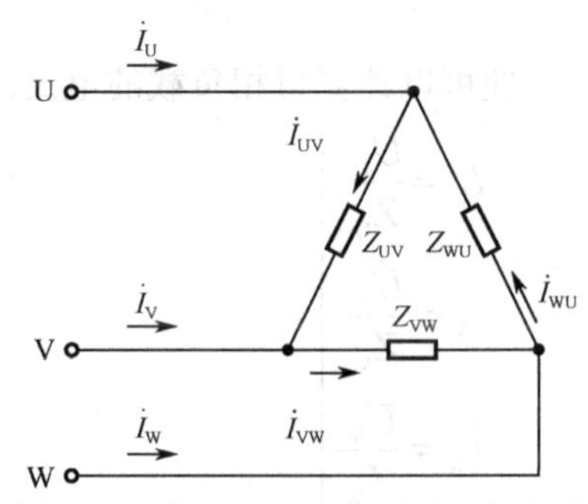

图1.35　负载三角形连接的三相电路

1）相电压与线电压的关系

如图1.35所示可以看出，每相负载直接连接在电源的两根相线之间，无论负载对称与否，三相负载的相电压就是电源的线电压，即 $U_P = U_L$。

2）相电压与相电流的关系

在如图 1.35 所示电路中，各相负载相电流为：

$$\left.\begin{aligned}\dot{I}_{\mathrm{UV}}&=\frac{\dot{U}_{\mathrm{UV}}}{Z_{\mathrm{UV}}}\\\dot{I}_{\mathrm{VW}}&=\frac{\dot{U}_{\mathrm{VW}}}{Z_{\mathrm{VW}}}\\\dot{I}_{\mathrm{WU}}&=\frac{\dot{U}_{\mathrm{WU}}}{Z_{\mathrm{WU}}}\end{aligned}\right\}\tag{1.62}$$

负载的相电压等于电源的线电压，因三相电源线电压对称，故三相负载相电压也是对称的。

对于三角形连接的对称三相负载，即 $Z_{\mathrm{UV}}=Z_{\mathrm{VW}}=Z_{\mathrm{WU}}=Z=|Z|\angle\varphi$。由于负载相电压对称，所以负载相电流也是对称的。因此，计算时可以“算一相，推其余两相”。此时，负载相电流有效值为：

$$I_{\mathrm{UV}}=I_{\mathrm{VW}}=I_{\mathrm{WU}}=I_{\mathrm{P}}=\frac{U_{\mathrm{L}}}{|Z|}\tag{1.63}$$

3）相电流与线电流的关系

根据基尔霍夫电流定律，可得相电流与线电流的关系为：

$$\left.\begin{aligned}\dot{I}_{\mathrm{U}}&=\dot{I}_{\mathrm{UV}}-\dot{I}_{\mathrm{WU}}\\\dot{I}_{\mathrm{V}}&=\dot{I}_{\mathrm{VW}}-\dot{I}_{\mathrm{UV}}\\\dot{I}_{\mathrm{W}}&=\dot{I}_{\mathrm{WU}}-\dot{I}_{\mathrm{VW}}\end{aligned}\right\}\tag{1.64}$$

对于三相对称负载，因为负载相电流对称，所以线电流也是对称的。线电流有效值与相电流有效值的关系为：

$$I_{\mathrm{L}}=\sqrt{3}I_{\mathrm{P}}\tag{1.65}$$

1.3.3 三相电路的功率

在三相交流电路中，各相电功率的计算与单相电路相同。不管负载是星形连接还是三角形连接，三相负载的有功功率等于各相负载的有功功率之和，即：

$$P=P_{\mathrm{U}}+P_{\mathrm{V}}+P_{\mathrm{W}}\tag{1.66}$$

对于对称三相负载，每相负载的有功功率均相同，故三相有功功率是一相有功功率的 3 倍，即：

$$P=3P_{\mathrm{P}}=3U_{\mathrm{P}}I_{\mathrm{P}}\cos\varphi\tag{1.67}$$

由于在三相电路中测量线电压和线电流比较方便，所以三相功率在对称负载的情况下可用线电压和线电流来计算。

当对称负载星形连接时：

$$U_{\mathrm{L}}=\sqrt{3}U_{\mathrm{P}},\quad I_{\mathrm{L}}=I_{\mathrm{P}}$$

所以

$$P=3U_{\mathrm{P}}I_{\mathrm{P}}\cos\varphi=3\frac{U_{\mathrm{L}}}{\sqrt{3}}I_{\mathrm{L}}\cos\varphi=\sqrt{3}I_{\mathrm{L}}U_{\mathrm{L}}\cos\varphi$$

当对称负载三角形连接时：

$$U_L = U_P,\quad I_L = \sqrt{3}I_P$$

所以

$$P = 3U_P I_P \cos\varphi = 3U_L \frac{I_L}{\sqrt{3}}\cos\varphi = \sqrt{3}I_L U_L \cos\varphi$$

综上所述，无论负载是星形连接还是三角形连接，对称三相电路的有功功率（简称三相功率）均可按下式计算：

$$P = \sqrt{3}I_L U_L \cos\varphi \tag{1.68}$$

式中，φ是相电压与相电流的相位差。

同理，三相负载对称时，三相无功功率和三相视在功率的计算公式为：

$$Q = \sqrt{3}I_L U_L \sin\varphi \tag{1.69}$$

$$S = \sqrt{3}I_L U_L \tag{1.70}$$

例 1.10 有一对称三相负载，每相负载复阻抗$Z = 10\angle 53.1^\circ\ \Omega$，接在线电压为 380V 的三相对称电源上，试分别计算负载三角形连接和星形连接时的三相有功功率，并比较其结果。

解 每相负载的阻抗值$|Z| = 10\Omega$，每相负载的功率因数$\cos\varphi = \cos 53.1^\circ = 0.6$。

（1）负载三角形连接时：

相电压 $$U_P = U_L = 380\text{V}$$

相电流 $$I_P = \frac{U_P}{|Z|} = \frac{380}{10} = 38\text{A}$$

线电流 $$I_L = \sqrt{3}I_P = 38\sqrt{3} = 66\text{A}$$

有功功率 $$P_\Delta = \sqrt{3}I_L U_L \cos\varphi = \sqrt{3}\times 66\times 380\times 0.6 = 26\text{kW}$$

（2）负载星形连接时：

相电压 $$U_P = \frac{U_L}{\sqrt{3}} = \frac{380}{\sqrt{3}} = 220\text{V}$$

线电流 $$I_L = I_P = \frac{U_P}{|Z|} = \frac{220}{10} = 22\text{A}$$

有功功率 $$P_Y = \sqrt{3}I_L U_L \cos\varphi = \sqrt{3}\times 22\times 380\times 0.6 = 8.7\text{kW}$$

比较两种结果，得： $$\frac{P_\Delta}{P_Y} = \frac{26}{8.7} \approx 3$$

可见，当三相电源线电压不变时，三相对称负载三角形连接时所消耗的有功功率是星形连接时的 3 倍。

应当指出，三相负载是星形连接还是三角形连接取决于电源电压和负载的额定电压。当三相负载的额定电压等于电源线电压的$1/\sqrt{3}$时，负载应接成星形；当三相负载的额定电压等于电源线电压时，负载应接成三角形。如照明负载的额定电压为 220V，接在线电压 380V 的三相电源上工作时，该负载应该接成星形，若误接成三角形，该负载上的电压和电流都会超过额定值，导致负载烧坏。

任务四 磁路与磁性材料

任务目标

（1）理解磁路的基本物理量。

（2）了解磁性材料的基本性能。

（3）熟悉简单磁路的计算。

工程中常用的一些电工设备（如变压器、电动机、控制电器）是利用电与磁的相互作用来实现能量的传输和转换的，它们的工作原理既有电路的问题，同时还有磁路的问题，只有同时掌握了电路和磁路的基本原理，才能够对这些电工设备进行全面的分析。

1.4.1 磁路的基本概念

1. 磁感应强度和磁通

磁感应强度是描述磁场中某点的磁场强弱和方向的物理量。磁感应强度用 B 表示，其国际单位为特斯拉，简称特（T）。工程中常用单位为高斯，简称高（Gs），$1\text{T}=10^4\text{Gs}$。

把一根长度为 l（在磁场中的长度），通入电流为 I 的直导体，垂直于磁力线的方向放入磁场中，导体受到的作用力为 F，则磁感应强度 B 大小为：

$$B=\frac{F}{Il} \tag{1.71}$$

磁通是描述磁场中某一范围内磁场强弱的物理量。磁通用 Φ 表示，其国际单位是韦伯（Wb）。工程中常用单位为麦克斯韦，简称麦（Mx），$1\text{Mx}=10^8\text{Wb}$。

磁通的大小等于磁感应强度 B 与垂直于 B 某一横截面积 S 的乘积，即：

$$\Phi=B\cdot S \tag{1.72}$$

2. 磁导率和磁场强度

磁导率是用来表示磁场中介质导磁性能的物理量。单位为 H/m（亨每米）。实验测得，真空的磁导率是一常数。即：

$$\mu_0=4\pi\times10^{-7}\ \text{H/m}$$

其他介质的磁导率 μ 一般用与真空磁导率 μ_0 的倍数来表示。即：

$$\mu=\mu_{\text{r}}\mu_0 \tag{1.73}$$

式中，μ_{r} 称为介质的相对磁导率，μ_{r} 越大，介质的导磁性能越好。

在外磁场（如载流线圈的磁场）的作用下，物质会被磁化而产生附加磁场，不同物质产生的附加磁场的大小是不同的。为了计算方便，引入一个辅助量—磁场强度，用 H 表示，国际单位为 A/m（安每米）。磁场强度与磁感应强度的关系是：

$$B=\mu H \tag{1.74}$$

磁场强度与磁导率无关，只与线圈的形状、匝数及通过电流大小有关。如图 1.36 所示的环形线圈，实验和理论证明，在螺线管内任一点的磁场强度 H 与匝数 N、电流 I 成正比。若 N 和 I 一定，则 H 与螺线管（中心）长度 l 成反比。即：

$$H = \frac{NI}{l} \tag{1.75}$$

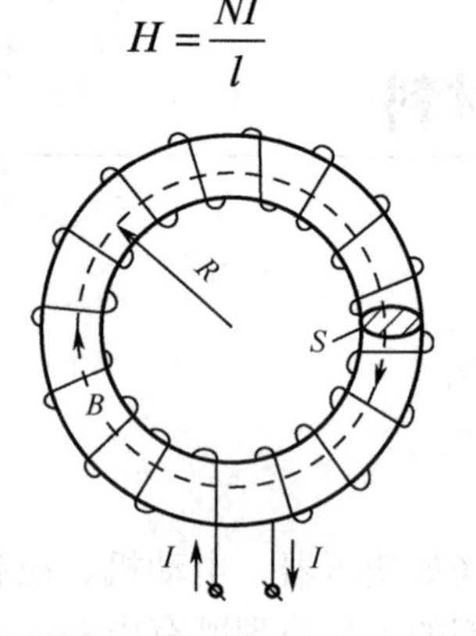

图 1.36　环形线圈

3．磁路欧姆定律

磁路是指磁通集中通过的路径。对磁路进行分析与计算时，常用到磁路欧姆定律。

若磁场为均匀磁场。由式（1.72）、式（1.74）和式（1.75），可得磁通$\varPhi$为：

$$\varPhi = B \cdot S = \mu HS = \mu \frac{NI}{l} \cdot S = \frac{NI}{l/\mu S}$$

即

$$\varPhi = \frac{F}{R_m} \tag{1.76}$$

式（1.76）的结构形式与电路欧姆定律相似，故称为磁路欧姆定律。式中$F = NI$称为磁动势，是产生磁通的源泉，磁动势单位为安（A）；$R_m = l/\mu S$称为磁阻，反映磁路对磁通的阻力，磁阻单位是 1/H（每亨）。

磁路与电路各物理量的对应关系如表 1.1 所示。

表 1.1　磁路与电路各物理量的对应关系

磁　路	磁动势 F	磁通 $\varPhi$	磁阻 R_m	$\varPhi = \frac{F}{R_m}$
电　路	电动势 E	电流 I	电阻 R	$I = \frac{E}{R}$

例 1.11　在如图 1.36 所示的环形线圈内放置$\mu_r = 1000$的铁芯，铁芯的中心长100cm，横截面积为10cm^2，环形线圈为 1000 匝。试求：（1）铁芯的磁阻；（2）当铁芯中的磁通为12.56×10^{-4} Wb 时，线圈中的电流是多少？

解　（1）磁阻 $R_m = \frac{l}{\mu S} = \frac{l}{\mu_0 \mu_r S} = \frac{100 \times 10^{-2}}{4\pi \times 10^{-7} \times 1000 \times 10 \times 10^{-4}} = 7.96 \times 10^5 \text{H}^{-1}$

（2）由磁路欧姆定律得到：

$$I = \frac{\varPhi R_m}{N} = \frac{12.56 \times 10^{-4} \times 7.96 \times 10^5}{1000} = 1\text{A}$$

1.4.2　磁性材料

磁性材料主要是指铁、镍、钴及其合金以及铁氧体等材料。磁性材料具有高导磁性、磁

饱和性和磁滞性等特性。这是因为它们在外磁场的激励下，具有被强烈磁化的特性。在磁性材料中，磁感应强度B（或磁通Φ）与磁场强度H（或励磁电流I）的关系曲线$B=f(H)$或$\Phi=f(I)$，称为磁化曲线。

直流励磁时磁性材料的磁化曲线如图1.37所示，图中还画出了非磁性材料的μ_0-H曲线和B_0-H曲线。不难看出，磁性材料的导磁能力远远超过非磁性材料。正是磁性材料的高导磁性能，使得它们在电工和电子技术等领域获得了广泛的应用。

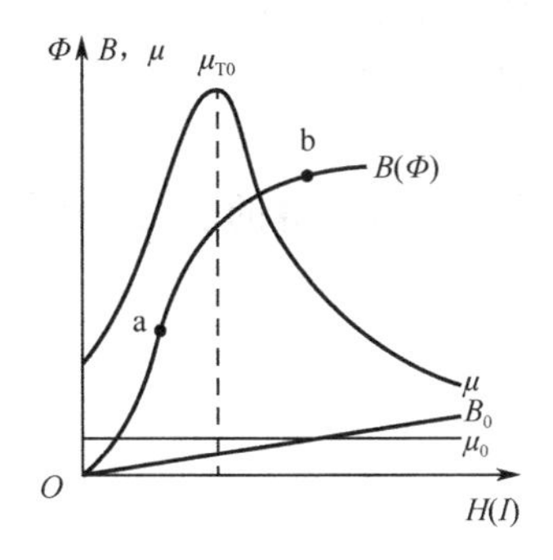

图1.37　磁化曲线

交流励磁时磁性材料的$B-H$曲线是一条封闭曲线，称为磁滞回线，如图1.38所示。由图可见，当B由$+H_m$减小时，B并不沿原始磁化曲线减小，而是沿其上部的另一条曲线减小；当H减小到零时，B并没减小到零，表明铁芯中仍存在剩磁，把B_r称为剩磁感应强度；若要去掉剩磁，应施加反向磁场强度$-H_C$，称为矫顽磁力。这种在磁性材料中出现B（或Φ）的变化总要滞后于H（或I）的变化特性，称为磁滞性。

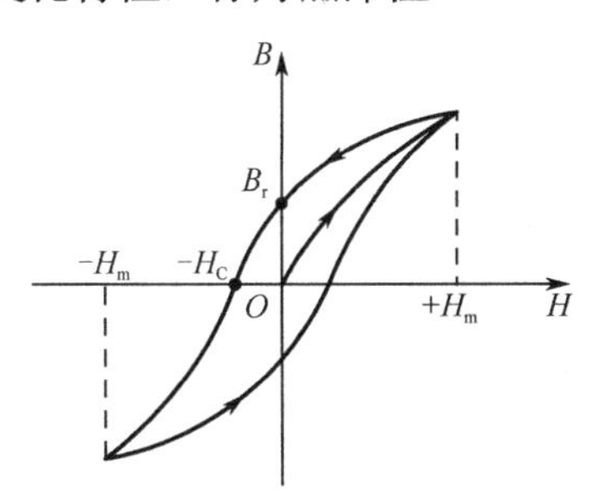

图1.38　磁滞回线

根据磁滞特性，磁性材料可分为以下几种。

① 软磁材料。磁滞回线较窄，剩磁B_r和矫顽力H_C都较小，一般用来制造变压器、电机和电器的铁芯。常用的软磁材料有铸铁、硅钢、坡莫合金及铁氧体等。

② 永磁材料。磁滞回线较宽，剩磁B_r和矫顽力H_C都较大，通常用来制造永久磁铁。常用的永磁材料有碳钢、钴钢及铁镍铝合金等。

③ 矩磁材料。磁滞回线接近矩形，具有较小的H_C和较大的B_r，稳定性较好，常用作计算机和控制系统的记忆元件、开关元件和逻辑元件。常用的矩磁材料有镁锰铁氧体及1J51型铁镍合金等。

小结

☆ 电路的基本物理量是分析电路的基础。在实际问题分析时，事先知道电压和电流的方向有时是不可能的，所以必须引入电压和电流的参考方向。不管电压、电流的方向是否可知，一定要把参考方向标注在图上。参考方向可以任意假定，但一经设定，电压和电流就有了确定的关系。

在关联参考方向下，元件吸收的功率 $p=iu$；在非关联参考方向下，元件吸收的功率 $p=-i\cdot u$。求得 $p>0$ 为吸收功率，$p<0$ 为发出功率。

☆ 电路基本元件的性质是电路分析和计算的前提。在关联参考方向下，三种基本元件的电压、电流关系是：

电阻元件　　$u=iR$

电感元件　　$u=L\dfrac{\mathrm{d}i}{\mathrm{d}t}$

电容元件　　$i=C\dfrac{\mathrm{d}u}{\mathrm{d}t}$

☆ 欧姆定律和基尔霍夫定律是电路分析与计算的基本依据。基尔霍夫电流定律反映电路中，任意节点相关联的所有支路电流之间的相互约束关系；基尔霍夫电压定律反映电路中，任意回路的所有支路电压之间的相互约束关系；欧姆定律主要是讨论电阻元件两端电压与电流的关系。

☆ 正弦交流电是随时间按正弦规律变化的电压和电流。正弦量的三要素为幅值、角频率和初相。表示正弦量的复数称为相量，在复平面上画出的相量的图形称为相量图。

☆ 三种基本元件的电压、电流关系的相量形式为：

电阻元件　　$\dot{U}=\dot{I}R$

电感元件　　$\dot{U}=\mathrm{j}X_L\dot{I}$

电容元件　　$\dot{U}=-\mathrm{j}X_C\dot{I}$

☆ 正弦交流电路的功率和功率因数：

有功功率　　$P=IU\cos\varphi$

无功功率　　$Q=IU\sin\varphi$

视在功率　　$S=IU$

功率因数 $\cos\varphi$ 是电力系统的重要指标。对电感性负载并联适当电容可提高电网的功率因数，从而可提高电源设备的利用率和减少输电线路的损耗。

☆ 三相交流电源的三相电压是对称的，即幅值相同、频率相同、相位互差120°。在三相四线制供电系统中，能向负载提供线电压和相电压两种对称电压。线电压是相电压的 $\sqrt{3}$ 倍。

☆ 三相不对称负载作星形连接时，必须采用三相四线制供电。中性线上不允许接入开关和熔断器。

☆ 对称三相负载连接特点：

Y 形连接　　$U_\mathrm{L}=\sqrt{3}U_\mathrm{P}$，$I_\mathrm{L}=I_\mathrm{P}$

△形连接　　$U_\mathrm{L}=U_\mathrm{P}$，$I_\mathrm{L}=\sqrt{3}I_\mathrm{P}$

☆ 对称三相负载的功率：

有功功率　　　$P=\sqrt{3}I_{\mathrm{L}}U_{\mathrm{L}}\cos\varphi$

无功功率　　　$Q=\sqrt{3}I_{\mathrm{L}}U_{\mathrm{L}}\sin\varphi$

视在功率　　　$S=\sqrt{3}I_{\mathrm{L}}U_{\mathrm{L}}$

式中，φ是指相电压和相电流的相位差，$\cos\varphi$是每相负载的功率因数。

☆ 磁路的基本物理量有磁感应强度、磁通、磁导率和磁场强度。对磁路进行分析与计算时，常用到磁路欧姆定律。磁性材料主要是指铁、镍、钴及其合金以及铁氧体等材料。磁性材料具有高导磁性、磁饱和性和磁滞性等特性。

自评表

序　号	自评项目	自评标准	项目配分	项目得分
1	电路基本概念和基本定律	电路及其功能	2分	
		电流、电压参考方向	2分	
		电路的功率计算	5分	
		电路元件的基本性质	3分	
		基尔霍夫电流定律	5分	
		基尔霍夫电压定律	5分	
		支路电流法	10分	
2	单相正弦交流电路	正弦量的三要素	3分	
		正弦量的相量表示	3分	
		电阻元件交流电路的基本关系（大小关系、相位关系、相量关系、功率关系）	4分	
		电感元件交流电路的基本关系（大小关系、相位关系、相量关系、功率关系）	5分	
		电容元件交流电路的基本关系（大小关系、相位关系、相量关系、功率关系）	5分	
		电路的复阻抗	3分	
		单相交流电路的功率（有功功率、平均功率、视在功率）	6分	
		提高功率因数的意义和方法	2分	
3	三相交流电路	三相电源相电压、线电压及其关系	4分	
		三相负载的星形连接	2分	
		对称三相负载星形连接的电路特点	9分	
		三相负载的三角形连接	2分	
		对称三相负载三角形连接的电路特点	9分	
		对称三相负载的功率（有功功率、平均功率、视在功率）	6分	
4	磁路与磁性材料	磁路的基本物理量	1分	
		磁路的欧姆定律	3分	
		磁性材料及其性能	1分	
合计				

习题 1

一、填空题

1．电路的功能大体上分为两类：一类是实现电能的________________，另一类是主要用于电信号的________________。

2．电路有_________、_________和_________ 3 种基本工作状态。

3．为了便于分析问题，常将同一无源元件的电压、电流参考方向选为一致，即指定电流从电压“+”极性的一端流入，并从电压“-”极性的一端流出，这种选择方法称为______________。

4．当通过电气设备的电流等于额定电流时，称为______工作状态。电流小于额定电流时，称为______工作状态。超过额定电流时，称为______工作状态。

5．电阻元件是消耗______的元件，电感元件是能够储存______能量的元件，电容元件是能够储存______能量的元件。

6．对于有 n 个节点、b 条支路的电路，可列________个独立的 KCL 方程，可列_________个独立的 KVL 方程。

7．通常把________、________和________称为正弦量的三要素。

8．已知正弦电压 $u=220\sqrt{2}\sin(100\pi t)\text{V}$，则电压有效值为_________、频率为_________、初相位为________。

9．已知正弦电流 $i_1=6\sin(\omega t+60^\circ)\text{A}$、$i_2=4\sin(\omega t)\text{A}$，则 i_1 与 i_2 的相位差为________，i_1 与 i_2 的相位关系是__________________。

10．正弦电流 $i=6\sqrt{2}\sin(\omega t+60^\circ)\text{A}$，则电流相量 $\dot{I}$ 为___________。

11．电阻元件上电压与电流______；电感元件上电压________电流_________；电容元件上电压________电流________。

12．根据阻抗角的正负可以判断出电路的性质。当 $\varphi>0$ 时，电路呈________性；当 $\varphi<0$，电路呈呈________性；当 $\varphi=0$，电路呈________性。

13．功率因数 $\cos\varphi$ 是电力系统的重要指标。对电感性负载并联适当_________可提高电网的功率因数，从而可提高______________________和______________________。

14．三相四线制供电方式可以提供两种电压。一是相线与中性线间的电压，称为________________，二是相线与相线间的电压，称为______________，它们之间的关系是______________。

15．在低压配电系统中，相电压通常为________V，线电压通常为________V。若三相电源不引出中性线，称为三相______制，只能提供______电压。

16．星形连接的不对称三相负载，一般采用三相四线制电路，中性线的作用就是____________。为了防止中性线突然断开，在中性线上不准安装______________。

17．对称三相负载 Y 形连接时相电压与线电压的关系是________________、线电流与相电流的关系是________________。

18．对称三相负载△形连接时相电压与线电压的关系是________________、线电流与相电流的关系是_________________。

19．三相负载是星形连接还是三角形连接取决于电源电压和负载的额定电压。当三相负载的额定电压等于电源线电压的$1/\sqrt{3}$时，负载应接成___________；当三相负载的额定电压等于电源线电压时，负载应接成___________。

20．磁性材料具有____________、____________和____________等性能。

二、单项选择题

1．如图 1.39 所示的方框用来泛指元件，已知$U=-2\text{V}$，则电压的真实极性为（　　）。

A．a 点为高电位　　B．b 点为高电位　　C．不能确定

2．电路如图 1.40 所示，已知U_{S1}、U_{S2}和I均为正值，则输出功率的是（　　）。

A．电压源U_{S1}　　B．电压源U_{S2}　　C．电压源U_{S1}和U_{S2}

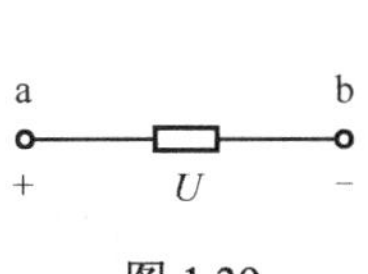

图 1.39

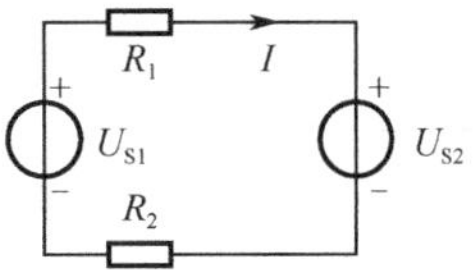

图 1.40

3．电路如图 1.41 所示，其中电流I_1为（　　）。

A．0.6A　　B．0.4A　　C．3.6A　　D．2.4A

4．电路如图 1.42 所示，回路电流I为（　　）。

A．2A　　B．4A　　C．−2A

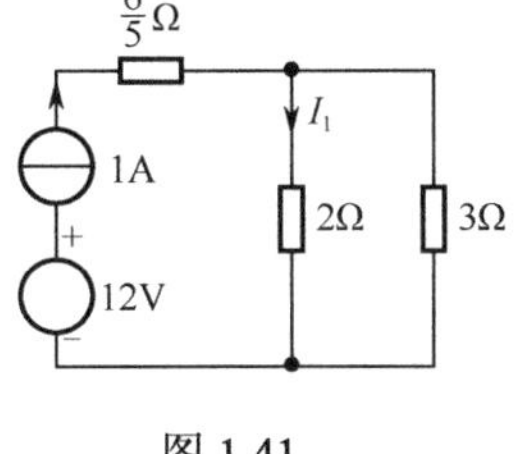

图 1.41

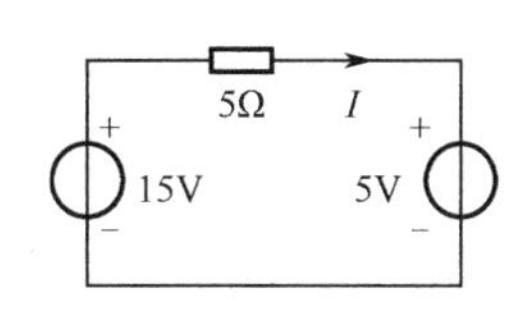

图 1.42

5．某正弦量为$5\sqrt{2}\sin(20t+45^\circ)$，其相应的相量为（　　）。

A．$-5\sqrt{2}\angle 45^\circ$　　B．$5\angle 45^\circ$　　C．$5\sqrt{2}\angle 45^\circ$

6．在正弦交流电路中，电容元件的端电压有效值U保持不变，因电源频率变化使其电流减小，据此现象可判断频率（　　）。

A．升高　　B．降低　　C．无法判断

7．某电路总电压相量$\dot{U}=100\angle 30^\circ\ \text{V}$，总电流相量$\dot{I}=5\angle -30^\circ\ \text{A}$，则电路的无功功率$Q$为（　　）。

A．0var　　B．250var　　C．$250\sqrt{3}$var　　D．500var

8．已知供电电压为$\dot{U}=220\angle 30^\circ\ \text{V}$，用电设备的复阻抗$Z=4+\text{j}3\Omega$，则电路的功率因数$\cos\varphi$为（　　）。

A．0.5　　B．0.6　　C．0.8

9．额定电压为 380V 的三相对称负载，用线电压为 380V 的三相对称电源供电时，三相负

载应连接成（　　）。

A．星形　　B．三角形　　C．星形和三角形均可

10．对称三相正弦电源接三角形对称负载，线电流有效值为 10A，则相电流有效值为（　　）。

A．10A　　B．$10\sqrt{3}$A　　C．$10/\sqrt{3}$A　　D．30A

三、分析计算题

1．如图 1.43 所示的 5 个元件代表电源或负载。已知：$I_1=-4\text{A}$，$I_2=6\text{A}$，$I_3=10\text{A}$，$U_1=140\text{V}$，$U_2=-90\text{V}$，$U_3=60\text{V}$，$U_4=-80\text{V}$，$U_5=30\text{V}$。（1）试标出各电流的实际方向和各电压的实际极性；（2）判断哪些元件是电源？哪些是负载？（3）计算各元件的功率。

2．电路如图 1.44 所示，已知 $I_1=3\text{mA}$，$I_2=1\text{mA}$。试确定 I_3 和 U_3。

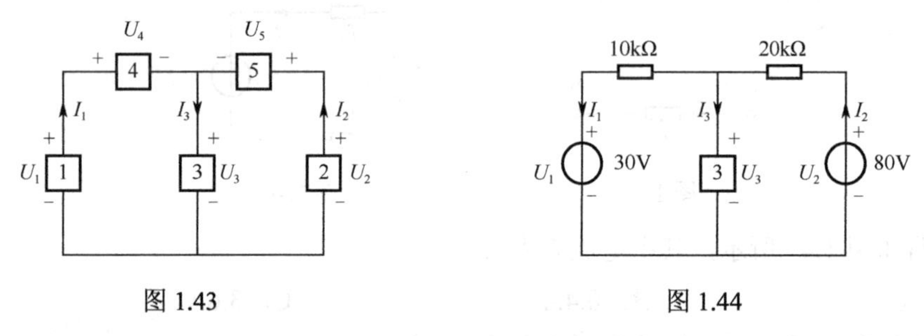

图 1.43　　图 1.44

3．电路如图 1.45 所示，试求电流 I_1、I_2 以及电压 U。

4．电路如图 1.46 所示，试用支路电流法求支路电流 I。

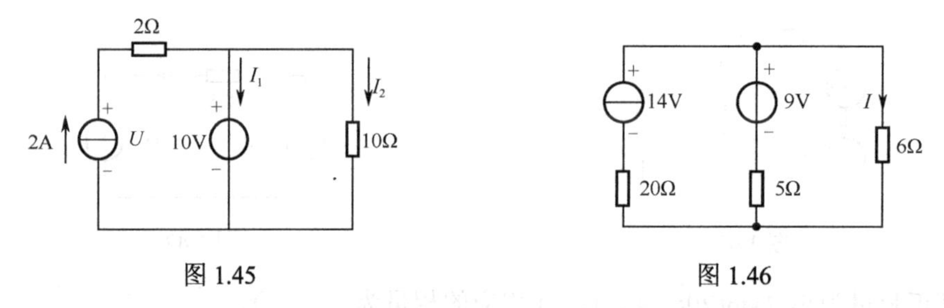

图 1.45　　图 1.46

5．有一个 $R=10\Omega$ 的电阻，在电阻两端外加正弦电压 $u=220\sqrt{2}\sin(314t-60^\circ)\text{V}$，试求电路中电流的有效值及电阻上的有功功率。

6．有一个电感为 25.5mH 的电感线圈（线圈电阻不计），接在电压为 220V，频率为 50Hz 的电源上，试求（1）电感的感抗和通过电感线圈的电流有效值；（2）电路的无功功率。

7．有一个电容为 318μF 的电容器，接在电压为 220V，频率为 50Hz 的电源上，试求（1）电容的容抗和通过电容器的电流有效值（2）电路的无功功率。

8．三相对称负载接在线电压为 380V 的三相电源上，每相负载的阻抗 $Z=10\angle53^\circ\Omega$。试求（1）采用星形连接时负载的相电流和线电流；（2）采用三角形连接时负载的相电流和线电流。

9．对称三相负载作星形连接，接在线电压为 380V 的三相交流电源上，每相负载阻抗 $Z=100\angle60^\circ\Omega$，试求三相负载的有功功率和无功功率。

10．某三相对称负载作三角形连接，已知电源的线电压为 380V，测得线电流为 15A，三相功率为 P=8.5kW，则三相对称负载的功率因数为多少？

项目二

常用低压电器与电动机控制电路

项目描述：在建筑设施及建筑施工中，必然会涉及到施工用电以及电气设施设备的安装，因此了解、掌握常用低压电器的结构、工作原理及选择、安装方法，是从事建筑工作必备的专业知识，学会电动机控制线路的设计、安装、维护，是开展建筑施工的必要技能，本项目详细分析了常用低压控制电器、低压保护电器的结构、工作原理和选用方法，简单介绍了电力变压器、三相异步电动机的基本结构和工作原理，对电动机控制线路基本环节作了初步的介绍，为学习者今后从事建筑工作施工、建筑工程预算等工作奠定扎实的低压电器知识与设备安装、维护技能。

教学导航

任　务	重　点	难　点	关键能力
低压控制电器	常用低压控制电器的结构与工作原理； 常用低压控制电器的型号； 图形符号	组合开关的工作原理	低压控制电器工作原理分析； 低压控制电器的选择
低压保护电器	常用低压保护电器的结构与工作原理； 常用低压保护电器的型号； 图形符号	空气断路器的工作原理	低压保护电器的用途； 低压保护电器的选择
变压器与三相异步电动机	变压器、三相异步电动机的结构与工作原理	三相异步电动机的结构	变压器、三相异步电动机的用途
三相异步电机的控制电路	三相异步电动机控制线路的原理分析； 简单控制线路的设计	三相异步电动机控制线路安装工艺	三相异步电动机控制线路的原理分析 三相异步电动机控制线路的安装

任务一 低压控制电器

任务目标

（1）熟悉常用低压控制电器的结构、工作原理、型号、规格和用途。

（2）熟悉常用低压控制电器的选用方法和使用方法。

（3）熟悉各种低压控制电器的图形符号。

低压电器是指工作在交流电压1200V及以下、直流电压1500V及以下的电器。因此低压电器的工作电压均在相应的电压等级之下。低压电器的种类很多，结构各异，使用范围非常广泛。通过对常用低压控制电器和保护电器的结构、工作原理、型号、规格和用途的介绍，熟悉常用低压电器的选用方法和使用方法；熟悉各种低压电器的图形符号。

低压控制电器的分类：

（1）按动作性质分为手动电器和自动电器。手动电器是指由人手操作的电器，如刀开关、按钮等；自动电器是指按某个指令信号或物理量的变化而自动工作的电器，如接触器、继电器等。

（2）按电器的性质和功能分为控制电器和保护电器。控制电器用来控制电路的接通与断开，或控制电动机的运行状态，如刀开关、按钮等；保护电器用来保护电源、电路或电气设备，如熔断器、电流继电器等。

（3）按工作原理分为电磁式和非电量控制电器。电磁式电器的工作原理是依据电磁感应来工作的，如交流接触器、电磁式继电器等；非电量控制电器是依据非电量的变化而工作的，如压力继电器、时间继电器、速度继电器等。

（4）根据有无触点分为有触点和无触点电器。

2.1.1 刀开关

刀开关是一种最简单的手动电器，主要用来隔离电源，或用作不频繁接通或断开电路。

1．刀开关的类型

刀开关结构简单，种类很多。按级数分为单极、双极和三极；按转换方向分为单掷和双掷；按有无灭弧装置分为带灭弧装置和不带灭弧装置；按操作方式分为直接手柄操作和远距离连杆操作；按接线方式分为板前接线式和板后接线式；按有无熔断器分为带熔断器式和不带熔断器式。

2．刀开关的结构

刀开关常用的有HD/HS系列刀开关、HK系列开启式（又称闸刀开关）负荷开关、HH系列封闭式（又称铁壳开关）负荷开关，以及HR系列熔断器刀开关等。

1）结构

HK系列刀开关的结构如图2.1所示。

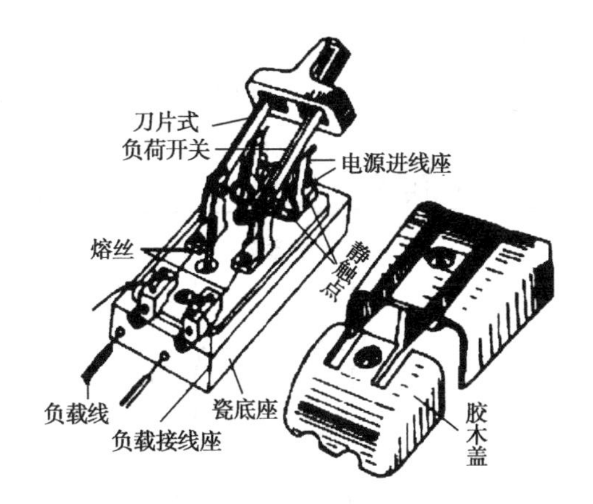

图 2.1　HK 系列瓷底胶盖刀开关

HD/HS 系列刀开关的结构如图 2.2 所示。

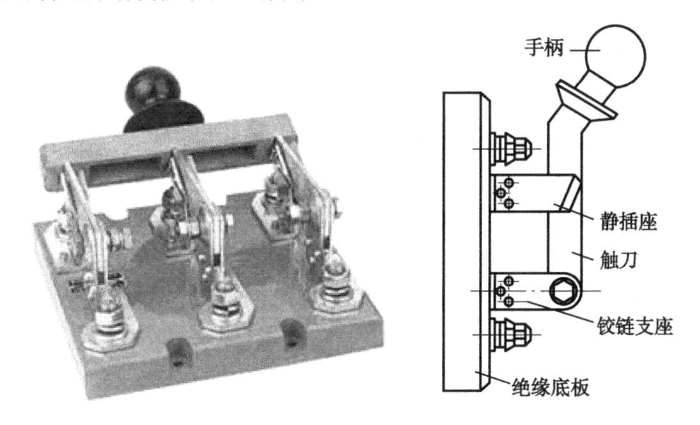

图 2.2　HD/HS 系列刀开关

HH 系列铁壳开关的结构如图 2.3 所示。

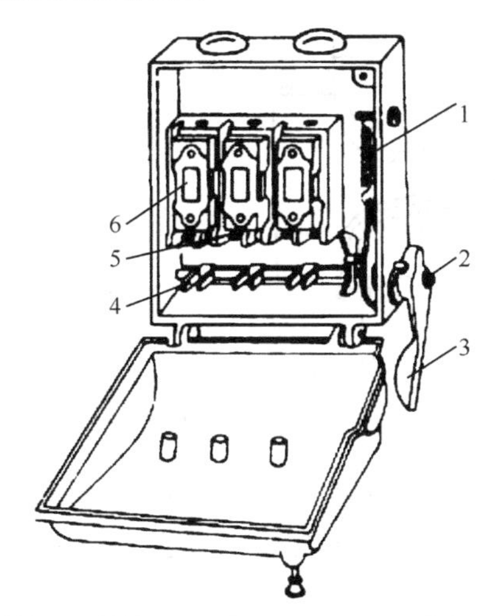

1—速断弹簧；2—转轴；3—手柄；4—闸刀；5—夹座；6—熔断器

图 2.3　HH 系列铁壳开关

2）型号的意义与图形符号

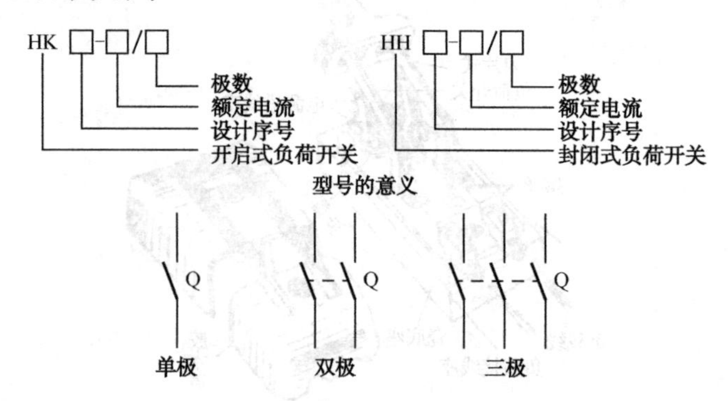

图 2.4　刀开关型号与图形符号

3. 刀开关的安装方法

1）闸刀开关的安装

（1）底板应垂直于地面安装，合闸位置应在上方，不允许横装或倒装，更不允许将开关放在地上使用。

（2）电源进、出线不能接反。电源进线应接在上端接线座，负载应接在下端接线座，保证更换熔丝时的安全。

（3）安装后应检查刀片和夹座是否成直线接触，若刀片和夹座歪扭或夹座压力不足，应及时修复。

（4）在刀闸断开的情况才能更换熔丝。熔丝应与原熔丝规格相同，严禁用铝丝、铜丝代替。

2）铁壳开关的安装

（1）将木配电板的底板固定在墙上。然后将盖板固定在底板上，铁壳开关就装在盖板上。如线路是瓷夹板或电线管配线，应在盖板的上下端分别切开一个缺口，以便放入导管和电线管，如图 2.5 所示。

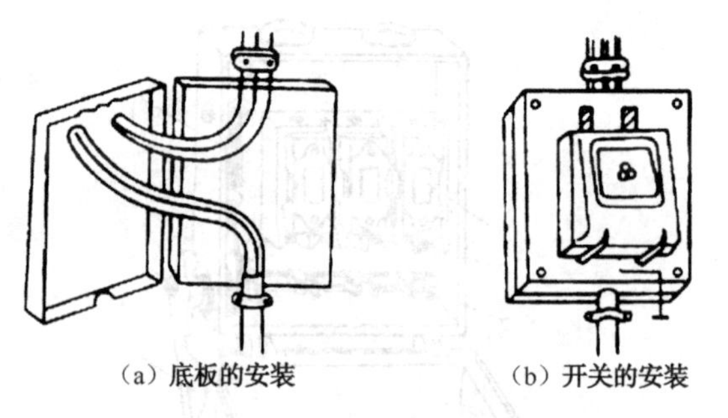

图 2.5　铁壳开关的安装

（2）必须垂直安装，安装高度一般离地高 1.3～1.5m，以方便操作和保证安全。

（3）进、出线都必须穿过开关的进出线孔，在进、出线孔处安装橡皮垫圈，以防止导线绝缘层的磨损。

（4）外壳接地螺钉必须可靠接地。

4．刀开关的选择方法

（1）开关的额定电压：应大于或等于线路工作电压。

（2）开关的极数：与控制支路数相同。

（3）电流的选择：用于照明、电热电路时额定电流略大于线路工作电流；用于控制电动机时额定电流等于线路工作电流的 3 倍。

2.1.2　组合开关

1．结构

组合开关也是一种刀开关，刀片可以转动，由装在同一轴上的单个或多个单极旋转开关叠装组成。转动手柄，可使动触片与静触片接通或断开，它主要用在交流 50Hz、380V 以下，直流 220V 及以下电路中作电源开关，也可以作为 5kW 以下小容量电动机的直接起动控制，以及电动机控制线路及机床照明控制电路中。按极数分为单极、双极、三极和多极。组合开关的结构和图形符号如图 2.6 所示。

图 2.6　组合开关外形

由于组合开关的分断能力低，故不能用它来通、断故障电流。

2．型号的意义与图形符号

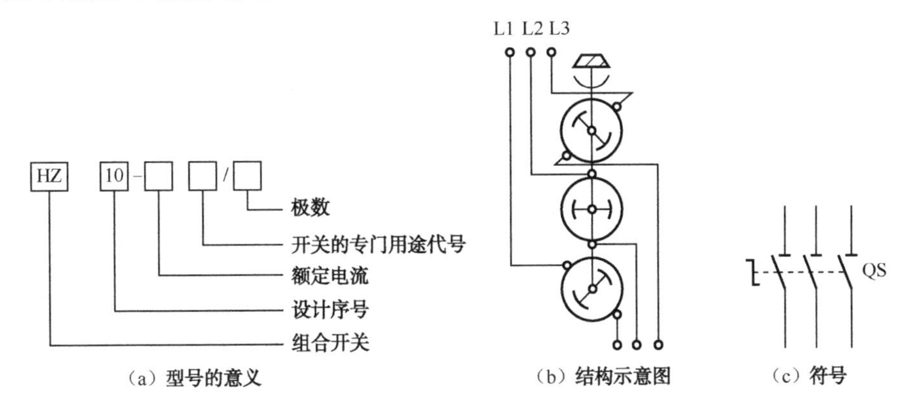

图 2.7　组合开关的型号、结构及图形符号

3．安装方法

（1）手柄应平行于安装面。

（2）当操作频率过高或负载功率因数较低时，要降低容量使用，

由于组合开关的分断能力低，故不能用它来通、断故障电流。

4．组合开关的选择

组合开关的电压选择、极数选择同刀开关，额定电流一般选择为电动机额定电流的1.5～2.5倍。

2.1.3 按钮

1．作用

按钮是人力操作的具有弹簧复位功能的主令电器，用来发出操作信号，接通和断开电流较小的控制电路，以控制电流较大的电动机运行。

2．结构

按钮由钮帽、动触点、静触点和复位弹簧等组成，外形及结构如图2.8所示。

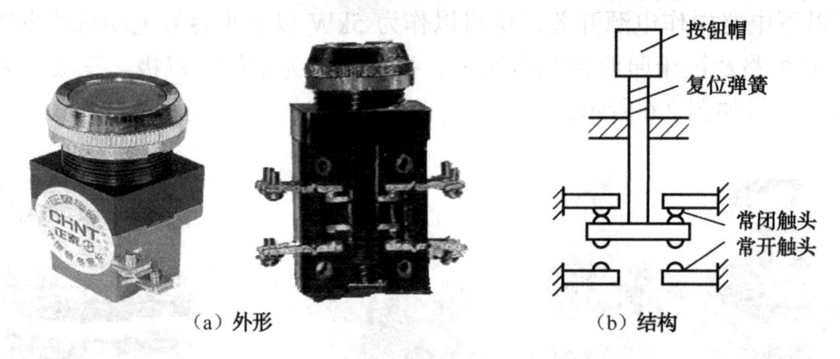

图2.8 按钮开关的外形与结构图

触点分为动断（常闭）触点和动合（常开）触点，动触点与上面的静触点接通。按下按钮时，动断触点断开，动合触点接通；松开按钮时，动触点在复位弹簧的作用下复位，动断触点和动合触点都恢复原态。按钮的图形符号如图2.9所示。

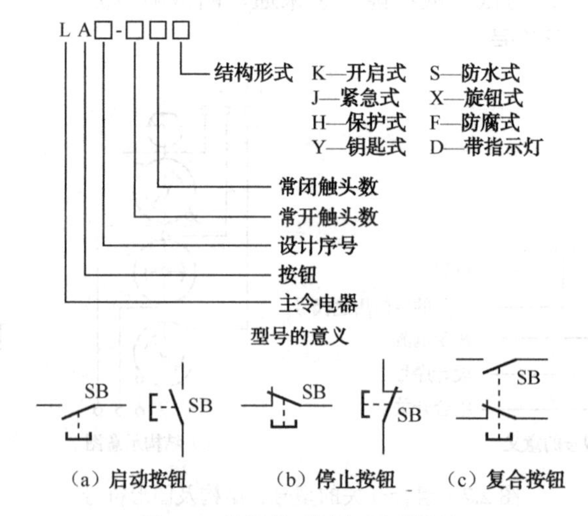

图2.9 按钮的型号与图形符号

为了避免误操作，通常将按钮帽做成不同颜色以区别不同的作用。按钮的颜色规定：红色表示“停止”和“急停”，绿色表示“启动”，“启动”与“停止”交替动作的必须是黑色、白色或灰色，不得用红色和绿色，“点动”必须是黑色等。

2.1.4　交流接触器

交流接触器是依靠电磁力作用使触头闭合或分离的自动电器，广泛用于远距离频繁接通或断开交直流主电路和大容量电动机的控制，外形如图 2.10 所示。按主触头通过的电流种类分为交流和直流两种。

图 2.10　交流接触器

1. 结构

交流接触器主要由电磁系统、触头系统和灭弧装置 3 部分组成。电磁系统由动、静铁芯，线圈和反力弹簧组成；触头系统采用双断点桥式触头，按接通能力分为主触头和辅助触头；大容量接触器采用缝隙及灭弧栅片等灭弧方式，小容量采用双断口触头灭弧、相间弧板隔弧或陶土灭弧罩等灭弧方式。

交流接触器的型号与图形符号如图 2.11 所示。

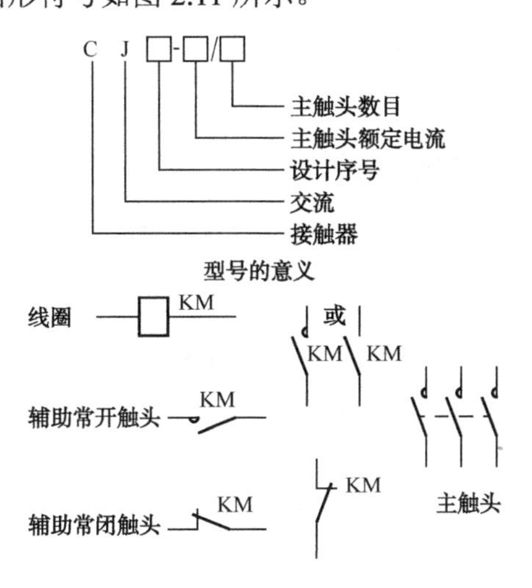

图 2.11　交流接触器的型号与图形符号

2. 工作原理

当交流接触器线圈接通电源后，在铁芯中产生磁场，克服弹簧的反力，吸合衔铁，通过传动机构带动主触头和辅助触头动作，即动断（常闭）触头断开，主触头、动合（常开）闭合；当接触器线圈断电或电压下降很多时，电磁吸力消失或过小，在弹簧反力的作用下，触头系统恢复常态，因此，交流接触器具有失压和欠压保护功能。

3．交流接触器的选择

交流接触器常用的有CJ10、CJ12、CJ20、B、3TB系列，B和3TB系列是国外引进的新型接触器。

接触器的选用原则有以下几点。

（1）种类选择：根据电路中负载电流的种类。当直流负载较小时，也可用交流接触器代替，触头容量应适当选择大一些。

（2）额定电压选择：应大于或等于负载回路的额定电压。

（3）额定电流选择：应大于或等于主电路的额定电流。

（4）线圈额定电压选择：应与控制回路额定电压等级一致。

任务二　低压保护电器

学习目标

（1）熟悉常用低压保护电器的结构、工作原理、型号、规格和用途。

（2）熟悉常用低压电器的选用和使用方法。

（3）熟悉各种低压电器的图形符号。

2.2.1　熔断器及类型

熔断器是一种广泛用在低压配电线路和电气设备中，作严重过载和短路保护的最简单有效的保护电器。具有结构简单、价格便宜、维护方便、可靠性高等特点。常用的熔断器如图2.12所示。

图2.12　熔断器

1．分类

（1）瓷插式熔断器（RC系列）。结构最简单，价格低廉，其极限开断电流小，适用于低压分支电路或小容量电路，作短路保护。

（2）螺旋式熔断器（RL系列）。熔丝装在瓷质熔管内，并充有石英砂，两端用铜管封闭，熔管一端有指示器，当熔丝熔断后指示器脱落。其断流能力高，结构紧凑，体积小，更换熔

丝方便，广泛用于控制箱、配电柜及机床控制设备中。

（3）封闭式熔断器。封闭式熔断器分无填料（RM）、有填料（RT）和快速（RS）3 种。采用耐高温的密封保护管，内装熔丝或熔片。当熔丝熔化时，管内气压很高，能起到灭弧的作用，还能避免相间短路。常用在容量较大的负载上作短路保护，广泛应用在配电柜和控制柜中。

2. 熔断器的技术参数

（1）额定电压：指保证熔断器长期正常工作的电压，熔断器额定电压不能小于电网的额定电压。

（2）额定电流：指保证熔断器长期正常工作，各部件不会超过允许温升的最大工作电流。

（3）熔体额定电流：指长期通过熔体，不会使熔体熔断的最大电流。

（4）极限开断电流：指熔断能开断的最大短路电流。

3. 熔断器型号的意义与图形符号

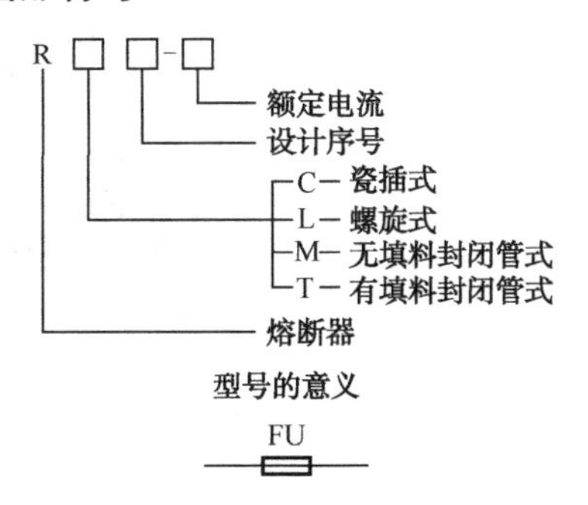

图 2.13　熔断器型号与图形符号

4. 熔断器的安装方法及使用注意

（1）熔丝的额定电流只能小于或等于熔管的额定电流。

（2）瓷插式熔断器的熔丝应顺着螺钉旋紧方向绕过去；不要把熔丝绷紧，以免减小熔丝截面尺寸。

（3）对螺旋式熔断器，电源线必须与瓷底座的下接线端连接，防止更换熔体时发生触电。

（4）应保证熔体与刀座接触良好，以免因接触电阻过大使熔体温度升高而熔断。

（5）更换熔体应在停电的状况下进行。

低压熔断器的选择见项目三中的任务三。

2.2.2　低压断路器

1. 作用

低压断路器又称为自动空气开关，是一种具有保护功能的电器。在正常情况下，手动操作不频繁地接通或断开电路，在欠压、失压、过流和短路时，能自动切断电路，起保护电路的作用。常用作配电箱中的总开关或分路开关，广泛用于建筑照明和动力配电线路中。

2. 结构

常用的空气断路器有塑壳式（装置式，DW 系列）和万能式（框架式，DZ 系列）两类。低压断路器由触头装置、灭弧装置、脱扣装置、传动装置和保护装置 5 部分组成，结构如图 2.14 所示。

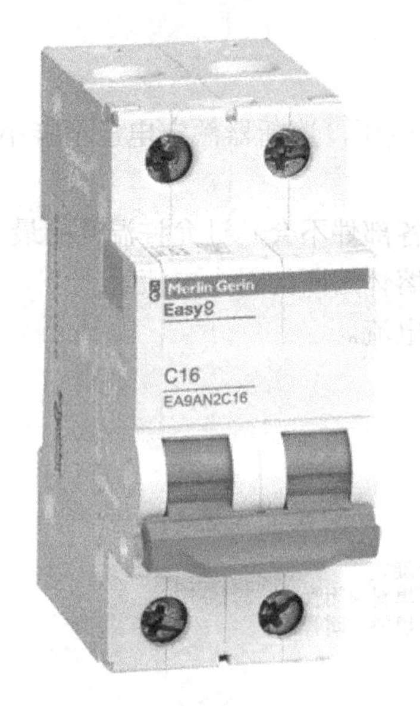

图 2.14 空气断路器

3. 空气断路器的工作原理

如图 2.15 所示，空气断路器的 3 个触点串联在被保护的三相主电路中。手动按钮（或扳手）处于“合”（图中未画出）时，触点 2 由锁键 3 保持在闭合状态，锁键由搭钩 4 支撑着。要使开关分断时，按下按钮为“分”的位置（图中未画出），搭钩 4 被杠杆 8 顶开（搭钩可绕轴 5 转动），触点 2 就被弹簧 1 拉开，电路分断。

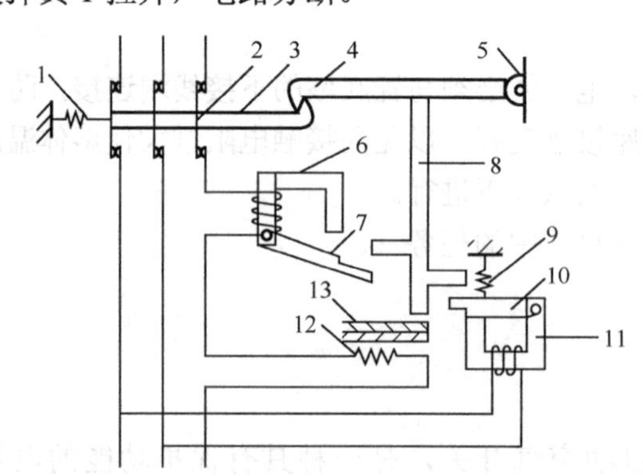

1、9—弹簧；2—触点；3—锁键；4—搭钩；5—轴；6—过流脱扣器；7、10—衔铁；8—杠杆；
11—欠压脱扣器；12—热脱扣器发热元件；13—双金属片

图 2.15 空气断路器的工作原理

断路器的自动分断，是由过电流脱扣器 6、欠压脱扣器 11 和热脱扣器 12 使搭钩 4 被杠杆 8 顶开而完成的。电流脱扣器 6 的线圈和主电路串联，当线路工作正常时，所产生的电磁吸力

不能将衔铁 7 吸合，只有当电路发生短路或过电流（超过整定电流）时，其电磁吸力才能将衔铁 7 吸合，推动杠杆 8，顶开搭钩 4，使触点 2 断开，从而将电路分断。

欠压脱扣器 11 的线圈并联在主电路上，当线路电压正常时，电磁铁吸合，当线路电压低于某一值时，电磁吸力小于弹簧 9 的拉力，衔铁 10 释放并推动杠杆 8 使搭钩顶开，分断电路。

当电路发生过载时，过载电流通过热脱扣器发热元件 12 使双金属片 3 受热弯曲，推动杠杆 8 顶开搭钩，使触点断开，从而起到过载保护的作用。根据不同的用途，断路器可配备不同的脱扣器。

4．安装方法及使用注意

（1）安装前应擦净脱扣器电磁铁工作面上的防锈漆脂。

（2）断路器与熔断器配合使用时，为保证使用的安全，熔断器应尽可能装在断路器之前。

（3）不允许随意调整电磁脱扣器的整定值。

（4）使用一段时间后，应检查弹簧是否生锈、卡住，防止不能正常动作。

（5）如有严重的电灼伤痕迹，可用干布擦去；如触头烧毛，可用砂纸或细锉修整，主触头一般不允许用锉刀修整。

（6）应经常清除灰尘，防止绝缘水平降低。

5．断路器型号的意义和图形符号

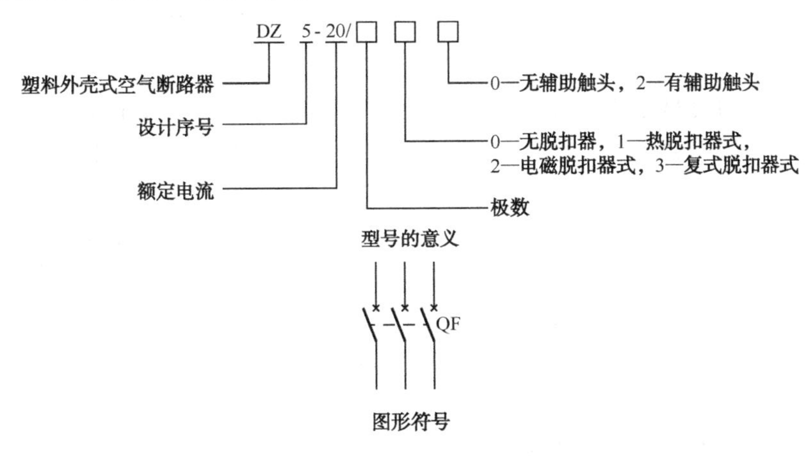

图 2.16 断路器型号与图形符号

2.2.3 热继电器

当电动机负载过大，电压过低或有一相断路时，电流增大，超过额定电流，熔断器不一定熔断，但时间长了会影响寿命，长时间发热还可能烧坏电动机，因此通常用热继电器作电动机的过载保护。

1．外形、结构和符号

热继电器有很多形式，常用的有双金属片式、热敏电阻式和易熔合金式，其中双金属片式应用最多，如图 2.17 所示。

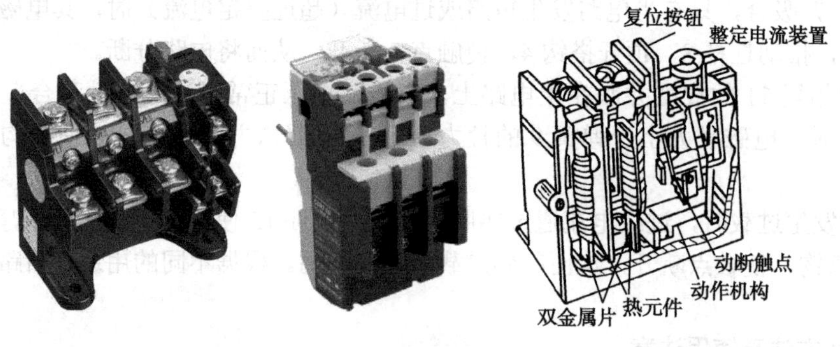

(a) 外形及结构

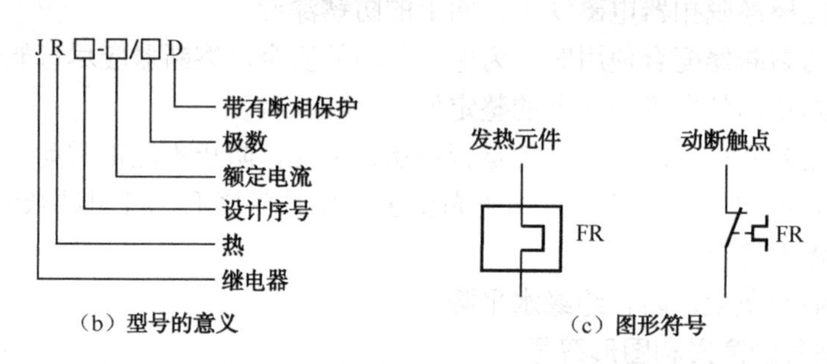

(b) 型号的意义　　(c) 图形符号

图 2.17　热继电器的外形与结构结构、型号和图形符号

2．工作原理

热继电器主要由发热元件、双金属片、触头和动作机构组成。双金属片作为测量元件由两种不同热膨胀系数的金属片压焊而成，串接在电动机主电路中，热继电器的动断触头串接在控制电路中。

电动机正常工作时，正常的工作电流所引起的热量虽能使双金属片弯曲，但不足以使热继电器的触头动作；当负载电流超过热继电器的整定值时，工作电流增大很多，发热量也随之增大，温度升高，足以使双金属片受热弯曲，推动导板移动，导板又推动温度补偿片与推杆，使动、静触点分断，导致控制回路中接触器线圈失电，断开电源，起到过载保护的作用。

3．热继电器的选择

热继电器的整定电流是指长期流过热元件而不至于引起热继电器动作的最大电流，通过凸轮进行调节，应与控制电动机的额度电流相配合，一般调节范围为热元件额定电流的 66%～100%。

热继电器的选择应满足：

$$I_{er} \geqslant I_{ed} \tag{2.1}$$

式中，I_{er} 为热继电器热元件的额定电流，I_{ed} 为电动机的额定电流。

任务三　变压器与三相异步电动机

学习目标

（1）熟悉变压器的结构和工作原理。

（2）掌握变压器的电压变换，电流变换和阻抗变换的作用。

（3）熟悉三相异步电动机的结构及工作原理。

（4）三相异步电动机的起动、调速与制动的常用方法。

（5）了解三相异步电动机的铭牌和技术数据，以及三相异步电动机的选择原则。

2.3.1 变压器的用途和工作原理

1. 变压器的用途与种类

变压器是一种将交流电电压升高或降低，并保持其频率不变的静止的电气设备。变压器除了改变电压之外，还可改变电流（如变流器、大电流发生器）；变换阻抗（如电子电路中输入、输出变压器）；改变相位（如改变线圈的连接方法来改变变压器的极性或组别）。

根据用途的不同可分为：输配电用的电力变压器，冶炼用的电炉变压器，电解用的整流变压器，焊接用的电焊变压器，实验用的调压器，用于测量高电压、大电流的仪用变压器。

根据变压器输入端电源相数的不同可分为：三相变压器、单相变压器。

根据变压器输入端、输出端电压高低的不同分为：升压变压器、降压变压器。

2. 变压器的构造

变压器主要由铁芯和线圈两部分构成。铁芯和线圈合称器身，是变压器通过电磁感应原理进行能量传递的部件。为了改善散热条件，器身浸入盛满变压器油的油箱中。油箱还起到机械支撑、散热和保护器身的作用。变压器油则起到绝缘和冷却的作用。套管的作用是使变压器绕组的端头从油箱内引到油箱外，且保证变压器引线与油箱绝缘。同时为了使变压器安全可靠运行，还设有储油柜、安全气道和气体继电器等附件，如图 2.18 所示为电力变压器的结构示意图。

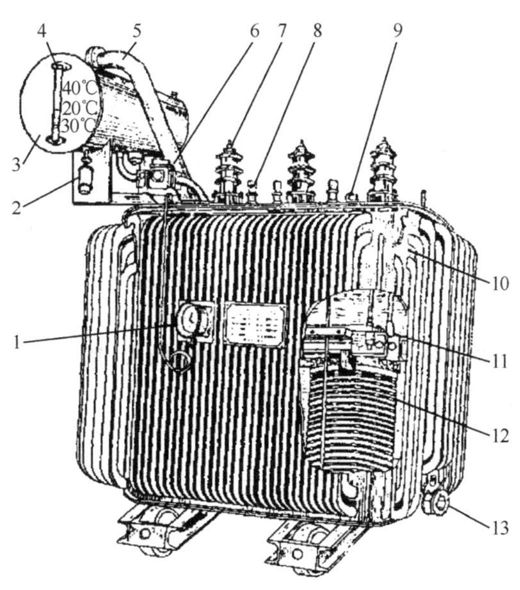

1—信号式温度计；2—吸湿器；3—储油柜；4—油表；5—安全气道；6—气体继电器；7—高压套管；
8—低压套管；9—分接开关；10—油箱；11—铁芯；12—线圈；13—放油阀门

图 2.18 变压器的结构

3．变压器的工作原理

在一个闭合的铁芯上，绕上两个匝数不等的线圈，就形成了一个最简单的变压器，如图 2.19 所示。

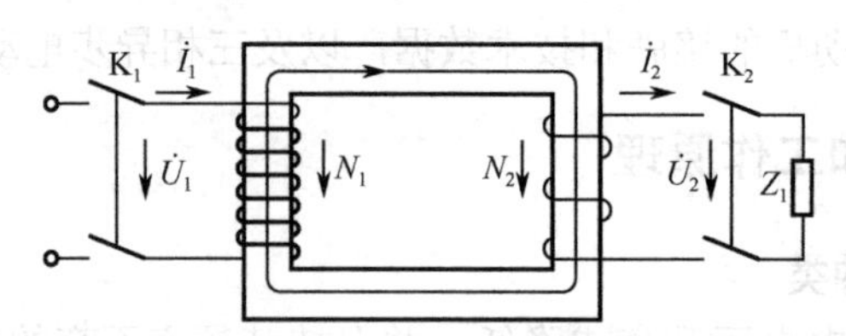

图 2.19　变压器的工作原理

同电源相连的原绕组匝数为 N_1，同负载相连的副绕组匝数为 N_2，它们在电路上是分开的。变压器是利用两个绕组之间的电磁感应来变换电压和传递能量的。

变压器的运行方式有两种：一种是空载运行，一种是有载运行。当变压器的副边绕组开路时，变压器没有能量输出，这种状态称为变压器的空载运行。当变压器的副边绕组接上负载时，变压器有能量输出，这种状态称为变压器的有载运行。

原、副绕组感生电动势的有效值为：

$$E_1=4.44fN_1\Phi_m$$
$$E_2=4.44fN_2\Phi_m \qquad (2.2)$$

原、副绕组感生电动势的有效值 E_1、E_2 的比值称为变压器的变比 K。

$$K=E_1/E_2=N_1/N_2 \qquad (2.3)$$

如果 $K<1$，变压器将低电压变为高电压，这样的变压器叫做升压变压器。

如果 $K>1$，变压器将高电压变为低电压，这样的变压器叫做降压变压器。

4．变压器的技术指标

1）额定电压

原绕组的额定电压 U_{1N} 是指变压器在正常运行时加在变压器原绕组上的电压；副绕组的额定电压 U_{2N} 是指变压器在空载运行时，原绕组加上额定电压后副绕组两端的空载电压。

2）额定电流

原、副绕组的额定电流 I_{1N}、I_{2N} 是指根据允许发热条件，变压器长时间工作允许通过的电流。在三相变压器中，额定电流指的都是线电流，单位为安（A）。

3）额定容量

额定容量是指在额定使用条件下变压器的输出能力，用视在功率表示，单位为千伏安（kV·A）。对于三相变压器，是指三相容量之和。

4）额定温升

额定温升是变压器在额定状态下运行时，允许超过周围环境温度的温度值。它取决于变压器所用绝缘材料的等级。

2.3.2　三相异步电动机

三相异步电动机是把电能转换为机械能的电气设备。它具有构造简单，价格低廉，工作稳定可靠，控制维护方便的优点，所以在生产实践中得到了广泛应用。

三相异步电动机分为鼠笼式异步电动机和绕线式异步电动机两种，在建筑工地上使用的电动机，绝大部分都是三相鼠笼式异步电动机。

1. 三相异步电动机的基本结构

三相异步电动机的基本结构如图 2.20 所示，主要由定子和转子两部分组成。

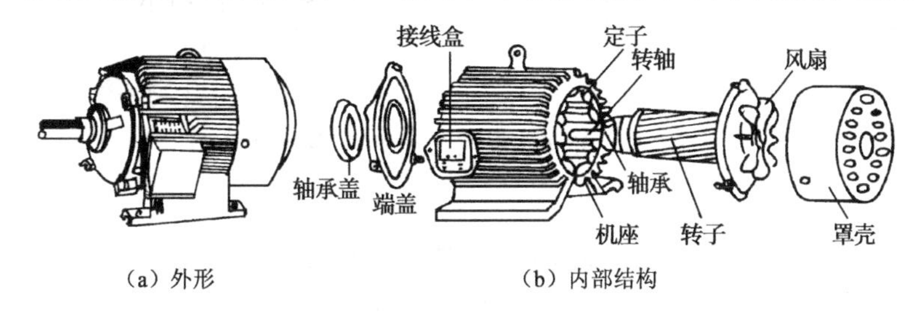

图 2.20 三相异步电动机的基本结构

1）定子

定子一般由定子铁芯、定子绕组和机座 3 部分组成，如图 2.21 所示。

图 2.21 三相异步电动机定子的结构

（1）定子铁芯：定子铁芯是电机磁路的一部分，可以用来嵌放定子绕组。为了减少磁滞损耗和涡流损耗，定子绕组用 0.5mm 厚的硅钢片叠合而成，放在机座内；在铁芯的内表面分布有与转轴平行的槽，用来安放定子绕组。

（2）定子绕组：定子绕组是异步电动机的电路部分，由三相对称绕组组成。

（3）机座：机座常用铸铁和铸钢制成，其作用是固定定子铁芯和定子绕组，并以前后端盖支撑转轴，它的外表面铸有散热筋，以增加散热面积，提高散热效率。

（4）三相异步电动机定子绕组的接法：定子绕组有△形和 Y 形接法。将定子绕组的首端、末端依次相连，称为三角形，即△形连接；将定子绕组末端连在一起，首端接电源称为星形连接，即 Y 形连接，如图 2.22 所示。

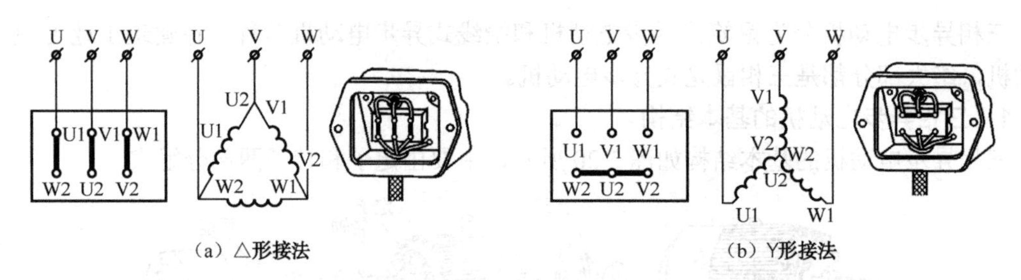

图 2.22　定子绕组的△形和 Y 形接线图

2）转子

（1）转子铁芯：转子铁芯是电机磁路的一部分，可以用来嵌放转子绕组。为了减少磁滞损耗和涡流损耗，转子绕组用 0.5mm 厚的硅钢片叠合而成。

（2）转子绕组：转子绕组切割定子磁场，产生感应电动势和电流，并在旋转磁场的作用下受力而使转子转动。

根据构造的不同分为鼠笼式转子和绕线式转子两种，如图 2.23 所示为笼形转子；如图 2.24 所示为绕线形转子。

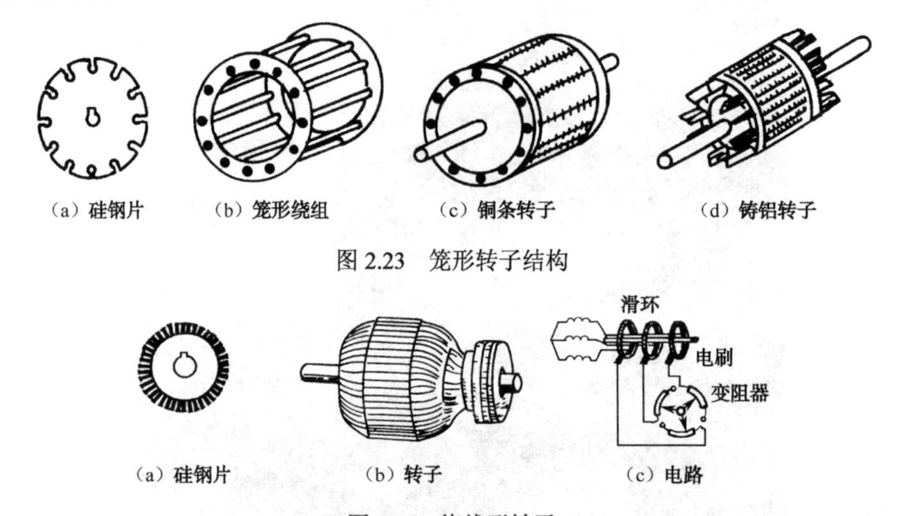

图 2.23　笼形转子结构

图 2.24　绕线形转子

鼠笼式转子绕组是在转子铁芯的槽内嵌放铜条和铝条，导体两端各用一个端环连接。如果去掉铁芯，其形状像一个鼠笼，所以称为鼠笼式转子，具有鼠笼式转子的电动机称为鼠笼式异步电动机。

绕线式转子的绕组是在转子铁芯的槽内嵌放对称的三相绕组，并做星形连接，每相绕组的首端分别接到装在轴上的三个彼此绝缘的铜制滑环上，再通过压在旋转滑环上的电刷与外电路的电阻器等设备连接，具有绕线式转子的电动机称为绕线式异步电动机。

2. 三相异步电动机的工作原理

1）三相异步电动机的旋转

当定子三相绕组通入三相对称交流电时，会在空间产生一个旋转磁场。转子导体中的感应电流在定子旋转磁场的作用下受到力的作用，形成电磁转矩，使转子沿着旋转磁场的方向转动。转子转速和旋转磁场的转速不同，所以称为异步电动机。

2）转差率 S

转差率表示转子转速与旋转磁场转速相差的程度。异步电动机旋转磁场的转速与转子转速之间的转速差与旋转磁场的转速之比，称为异步电动机的转差率。

3）三相异步电动机的旋转速度

转子转速即为三相异步电动机的旋转速度。

$$n = \frac{60f}{p}(1-S) \tag{2.4}$$

2.3.3 三相异步电动机的型号与铭牌数据

三相异步电动机的型号如图 2.25 所示，每台电动机外壳上都有一块铭牌，上面记录着这台电动机的基本数据，见表 2.1。

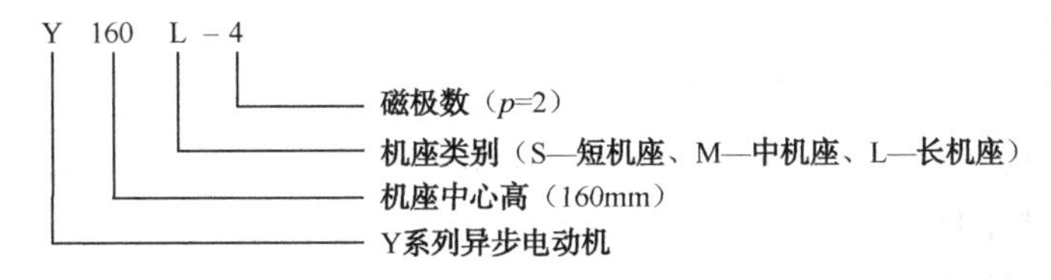

图 2.25 三相异步电动机型号的意义

表 2.1 三相异步电动机铭牌数据

三相异步电动机	
型 号 Y160L-4	接法 △
功 率 15kW	工作方式 S_1
电 压 380V	绝缘等级 B 级
电 流 30.3A	温升 75℃
转速 1460r/min	重量 150kg
频 率 50Hz	编号 ××电机厂 出厂日期

1）额定电压 U_N

电动机额定运行时加在定子绕组上的线电压，叫做电动机的额定电压。

2）额定电流 I_N

电动机额定运行时加在定子绕组上的线电流，叫做电动机的额定电流。

3）额定功率 P_N

电动机在额定状态下工作（$U=U_N$，$I=I_N$）时，转轴上输出的机械功率叫做电动机的额定功率。

4）效率 η

输出功率与输入功率的比值叫做电动机的效率。

5）定子绕组的接法

额定电压下，三相定子绕组的连接方法。一般 3kW 以下的电动机用星形连接，如图 2.22（b）所示，3kW 以上的电动机用三角形连接，如图 2.22（a）所示。

6）额定转速 n

电动机在额定工作状态下，转子的转速称为额定转速。

7）功率因数 $\cos\varphi$

电动机的有功功率和视在功率之比，叫做电动机的功率因数。Y 系列电动机的功率因数为 0.7～0.9。

8）电动机的工作方式

电动机的工作方式分为连续工作、短时工作、断续工作 3 种。

2.3.4 电动机的使用与维护保养

1）电动机使用前的检查

（1）看电动机是否清洁，内部有无灰尘或脏物。

（2）拆除电动机出线端子上的所有接线，用兆欧表测量电动机各相绕组之间及每相绕组与机壳之间的绝缘电阻，看是否符合要求。

（3）根据电动机铭牌数据检查电动机的接法是否正确，电源电压、频率是否合适。

（4）检查电动机的轴承是否正常，要求转动灵活，无摩擦声。

（5）检查电动机的接地装置是否良好。

（6）检查电动机的启动设备和所带负载。

2）电动机启动中的注意事项

（1）电动机在通电试运行时，有关人员不应站在电动机和被拖动设备的两侧，以免旋转物飞出造成伤害事故。

（2）接通电源之前应作好切断电源的准备，当出现电动机不能启动、启动缓慢或声音异常时，要立即切断电源。

（3）鼠笼式电动机采用全压启动时，启动次数不宜过于频繁，若电动机功率较大，应注意电动机的温升。

（4）绕线式电动机在接通电源之前，应让启动器的手柄处于“零位”。接通电源后，再逐渐转动手柄，随着电动机转速的提高而逐渐切除启动电阻。

3）电动机在使用过程中应注意的事项

（1）电动机不要长时间过载。

（2）电动机在启动时不能缺相。

（3）电动机在运行中不能缺相。

（4）电动机不能长时间在高或低电压工作。

（5）电动机上的电源电压应保持三相平衡。

（6）电动机在旋转过程中，不能出现堵转（转子被卡住，不能转动）。

4）电动机的维护

做好电动机的维护对减少电动机故障、提高电动机的使用寿命具有重要意义。

注意防止灰尘、油污和水滴进入电动机，保持电动机的内外清洁。要防止杂物堵塞电动机风道，保持电动机通风良好。不要让电动机在阳光下曝晒。

任务四　三相异步电动机控制电路

学习目标

（1）熟练掌握异步电动机典型控制电路的工作原理及其安装。

（2）熟悉电动机常用的保护环节。

（3）熟悉电气原理图画法规则和电气识图方法。

现代控制技术对于电动机的控制方式很多，但对于建筑施工中采用继电器、接触器及其按钮等（继电—接触器控制）的控制比较普遍，它是一种有触点地断续控制。

2.4.1　三相异步电动机点动控制

所谓点动控制是指按下按钮电动机得电运动，松开按钮电动机失电停转。这种控制方式常用于电动葫芦的控制。

点动控制电路由电源开关 QS、熔断器 FU、按钮 SB、接触器 KM 和电动机 M 组成，如图 2.26 所示。

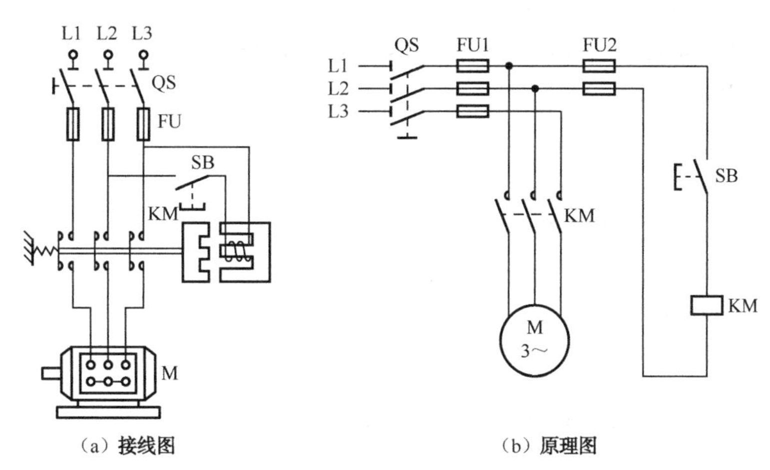

图 2.26　电动机点动控制接线图和原理图

按下 SB→接触器 KM 线圈得电→KM 常开主触点闭合→电动机 M 得电启动并运行；松开 SB→KM 线圈失电→KM 常开主触点复位→电动机 M 失电停车，实现电动机点动控制。

2.4.2　三相异步电动机长动控制

电动机很多时候都需要连续不停地工作，这也就要求松开按钮后，电动机不能失电，要使电动机不失电，接触器主触头就不能断开，也就要求接触器线圈不能失电。

三相异步电动机长动控制（即连续控制）原理图如图 2.27 所示。

合上电源开关 QS，按下启动按钮 SB2，接触器线圈 KM 通电，主触点 KM 闭合的同时辅助触点 KM 也闭合，它给线圈 KM 另外提供了一条通路，所以按钮松开后线圈仍能保持通电，电动机连续运转。接触器利用自己的动合辅助触点"锁住"自己的线圈电路，称为"自锁"，也称"自保持"，该触点称为"自锁触点"。

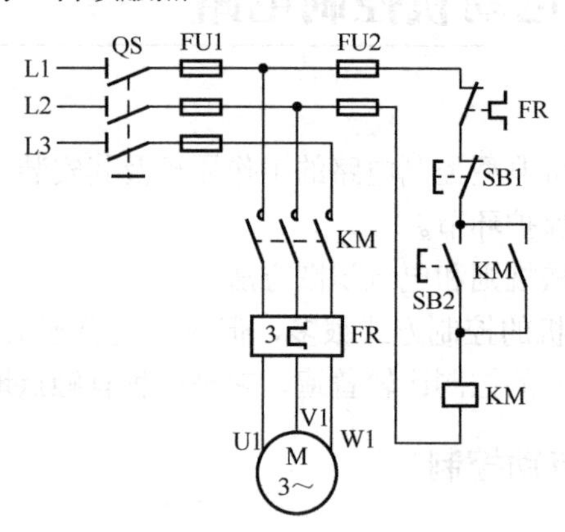

图 2.27　电动机长动控制原理图

按下 SB1，接触器线圈失电，KM 主触点断开（自锁触点也断开），电动机失电停转。

如果电源停电或电压过低时，接触器线圈中不能产生足够的电磁吸力，动断触头断开，电动机失电停转，起到失压和欠压保护作用。

电路中设置了熔断器 FU1 作电动机的短路保护，热继电器 FR 作电动机的过载保护，熔断器 FU2 作控制电路的短路保护。

2.4.3　三相异步电动机可逆旋转控制

在建筑工地，起吊设备会不断提升建筑材料，这就要求电动机进行正、反两个方向的转动。要使三相异步电动机反转，只需将接到电源的三根线中的任意两根对调，改变旋转磁场的转向，就能实现反转的目的。

三相异步电动机可逆旋转（也称为正反转）控制电路如图 2.28 所示。

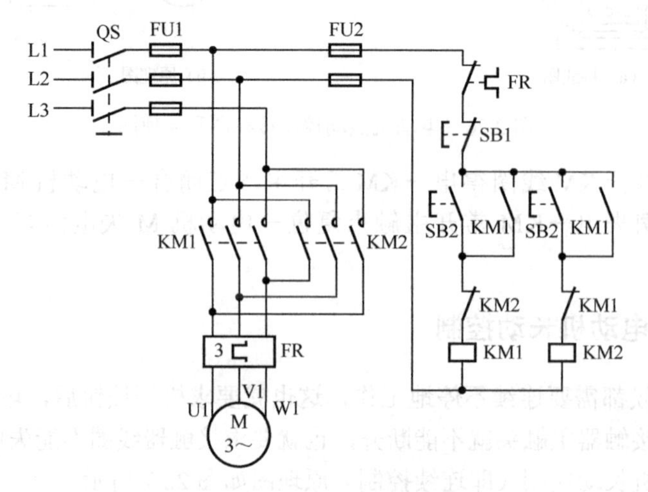

图 2.28　可逆旋转的电动机控制原理图

工作原理如下。

正转：合上电源开关 QS，按下正转按钮 SB2，接触器 KM1 线圈得电，KM1 主触点闭合（同时 KM1 辅助动合触头闭合自锁），电动机按相序 L1—U1、L2—V1、L3—W1 与电源相连，电动机得电正转。

反转：先按下停止按钮 SB1，KM1 失电，电动机停转；再按下反转按钮 SB3，接触器 KM2 线圈得电，KM2 主触点闭合（同时 KM2 辅助动合触头闭合自锁），电动机按相序 L3—U1、L2—V1、L1—W1 与电源相连（L、W 两相电源连线对调），电动机得电反转。

停转：按下停止按钮 SB1，接触器释放，电动机停转。

为了避免两个接触器同时通电引起相间短路，还要加入互锁环节。互锁是指在正反转控制中一个接触器得电而另一个接触器绝不能得电。如图 2.27 所示电路中采用了接触器互锁（另一种称为按钮互锁），当 KM1 得电工作时，其串接在反转回路中的动断触头 KM1 断开，保证 KM2 无法得电工作，同样 KM2 的动断触头也使电动机反转运行时，KM1 不能得电。

2.4.4　Y—△降压启动控制

Y—△降压启动适用于正常运行时定子绕组接成三角形的笼型三相异步电动机。启动时，定子绕组先接成星形，待电动机转速上升到接近额定转速时，再将定子绕组换接成三角形，电动机在全压下正常运行。如图 2.29 所示为 Y—△降压启动控制电路图。

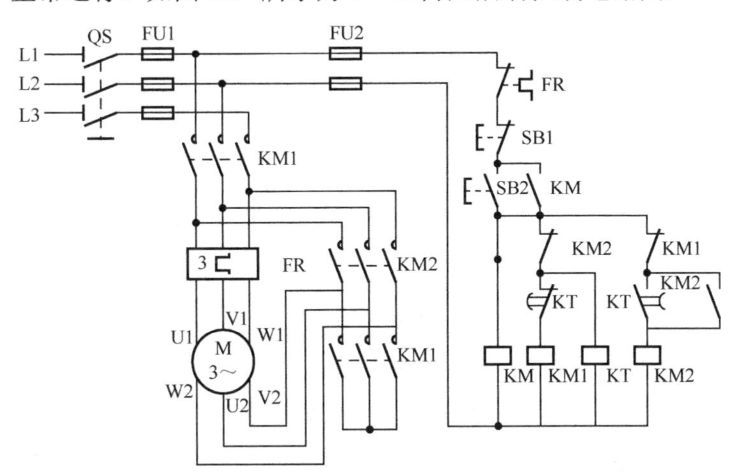

图 2.29　Y—△降压启动控制线路图

工作原理：合上电源开关 QS，按下 SB2，KM、KM1 和 KT 线圈同时获电并自锁。KM、KM1 常开主触头闭合，电动机定子绕组接成 Y 形接入三相交流电源进行降压启动；同时 KT 延时为启动转换到运行做准备。当电动机转速接近额定值时，KT 动作，其通电延时常闭触头断开，KM1 线圈断电，各触头复位，同时 KT 通电延时常开触头闭合，KM2 线圈得电，其 KM2 常开主触头和自锁触头闭合，电动机定子绕组接成△形连接，电动机进入全压运行状态；KM2 常闭辅助触头断开，使 KT 线圈断电，避免时间继电器长期工作。KM1、KM2 常闭辅助触头为互锁触头，防止定子绕组同时接成 Y 形和△形造成电源短路。按下 SB1，KM、KM2 线圈失电，电动机断电停止运行。

2.4.5 电动机机械制动控制

机械制动是利用机械装置，在电动机切断电源后立即停转。常用的是电磁抱闸，外形如图 2.30 所示，其控制电路如图 2.31 所示。

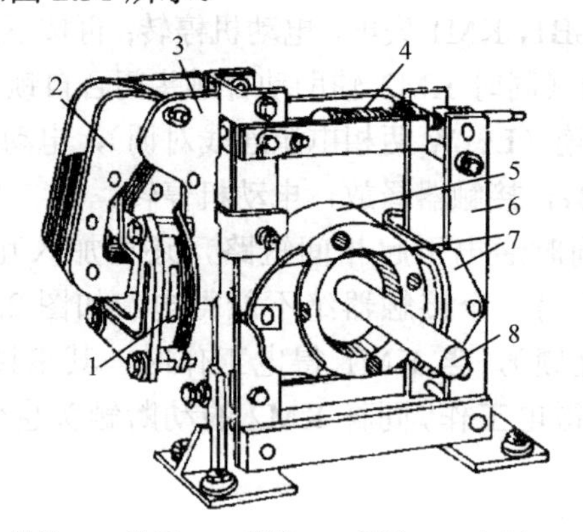

1—线圈；2—衔铁；3—铁芯；4—弹簧；5—闸轮；6—杠杆；7—闸瓦；8—轴

图 2.30 电磁抱闸外形

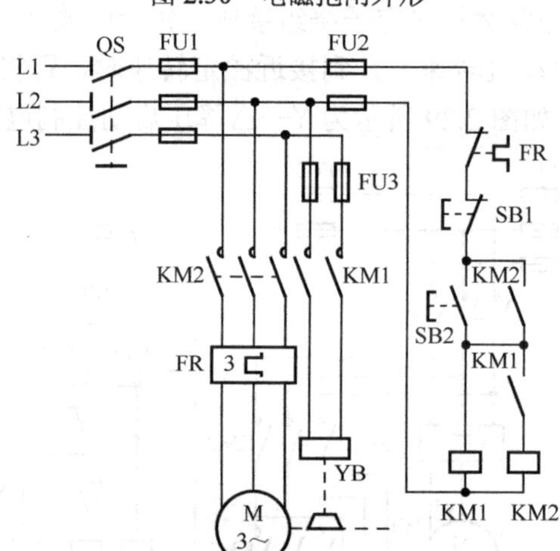

图 2.31 机械制动控制电路

按下按钮 SB2，接触器 KM1 线圈得电，主触头闭合使电磁抱闸的电磁铁（YB）得电，使闸瓦松开，电动机可以正常运转；同时其辅助触头闭合，使接触器 KM2 线圈也得电，电动机得电运行。当需要停车时，按下 SB1，接触器 KM1、KM2 线圈均失电，在电动机失电的同时，抱闸的电磁铁也失电，在弹簧的作用下，使闸瓦将安装在电动机转轴上的闸轮紧紧抱住，电动机立即停止。

2.4.6 电动机多地控制

在大型的生产设备上，为了操作方便，需要在多个地点对电动机进行控制，这种控制方法就是多地控制。两地控制原理与多地控制原理相同，本教材以两地控制为例，介绍其工作原理，两地控制电路图如图 2.32 所示。

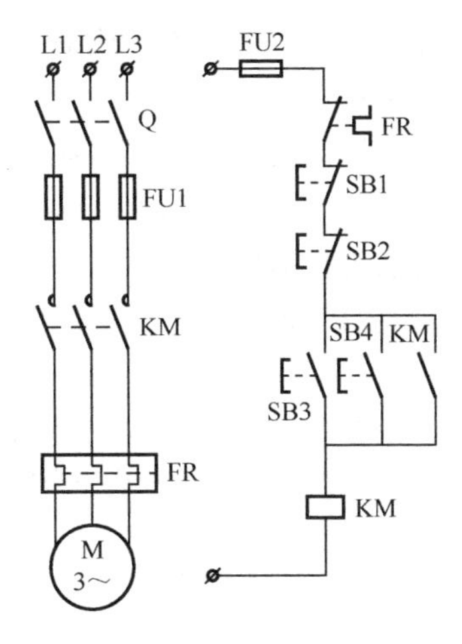

图 2.32　两地控制电路图

工作原理：SB1、SB2 分别为 A、B 两地的停车按钮，SB3、SB4 分别为 A、B 两地的启动按钮。合上 Q，按下 SB3 或 SB4，KM 的线圈得电，常开主触点闭合，电动机通电全压启动并运行，同时 KM 的辅助常开触点闭合，形成自锁，保证运行状态的延续；按下 SB1 或 SB2，KM 的线圈断电，常开主触点复位，电动机断电停车。

小结

☆ 低压控制电器按动作性质分为手动电器和自动电器；按电器的性质和功能分为控制电器和保护电器；按工作原理分为电磁式和非电量控制电器。

☆ 刀开关是一种最简单的手动电器，用来隔离电源或不频繁地接通或断开电路，常用的有 HD/HS 系列、HK 系列（闸刀开关）、HH 系列（铁壳开关），HR 系列熔断器刀开关等。刀开关选择时，其开关的额定电压应大于或等于线路工作电压；额定电流在用于照明、电热电路时应略大于线路工作电流，用于控制电动机时应等于线路工作电流的 3 倍；开关的极数应与控制支路数相同。

☆ 按钮是用来发出操作信号，接通和断开电流较小的控制电路的，为了避免误操作，通常将按钮帽做成不同颜色以区分不同的作用。

☆ 交流接触器广泛用于远距离频繁接通或断开交直流主电路和大容量电动机的控制，有交流和直流两种。接触器选用时应与负载电流的种类一致；额定电压应大于或等于负载的额定电压，额定电流应大于或等于主电路的额定电流，线圈的额定电压应与控制回路的额定电压一致。

☆ 低压熔断器是一种用来作严重过载和短路保护的保护电器，具有结构简单、价格便宜、维护方便、可靠性高等特点，常用的有 RC 系列、RL、RM 系列等。

☆ 低压断路器是一种具有保护功能的电器。在正常情况下，可手动操作接通或断开电路，起开关作用；在欠压、失压、过流和短路时，能自动切断电路，起保护作用。常用的有塑壳式（DW 系列）和万能式（DZ 系列）两类。

☆ 热继电器作电动机的过载保护，其整定电流一般调节范围为热元件额定电流的66%～100%。热继电器的选择应满足：$I_{er} \geqslant I_{ed}$。

☆ 变压器既可以改变电压，也可以改变电流、变换阻抗、改变相位。主要由铁芯和线圈两部分构成，主要技术参数有额定电压、额定电流、额定容量、额定温升等。

☆ 三相异步电动机是把电能转换为机械能的电气设备，主要由定子和转子两部分组成，定子绕组有△形和Y形两种接法，主要的技术参数有额定电压、额定电流、额定功率、效率、额定转速等。

☆ 建筑施工中常采用继电器、接触器及其按钮等控制三相异步电动机的工作状态。基本控制方式有点动控制、长动控制、正反转控制、降压启动控制、制动控制、多地控制等。

自评表

序　号	自评项目	自评标准	项目配分	项目得分
1	低压控制电器	低压控制电器的分类方法	5分	
		常用低压控制电器的结构	5分	
		常用低压控制电器的工作原理、型号和规格	5分	
		熟悉各种低压控制电器的图形符号	3分	
		常用低压控制电器的选用方法	5分	
		常用低压控制电器的使用方法	5分	
2	低压保护电器	常用低压保护电器的类型	3分	
		常用低压保护电器的结构	3分	
		常用低压保护电器的工作原理、型号和规格	5分	
		各种低压保护电器的图形符号	5分	
		常用低压保护电器的选用和使用方法	5分	
3	变压器与三相异步电动机	变压器的结构和工作原理	3分	
		变压器的主要技术参数	3分	
		三相异步电动机的结构及工作原理	5分	
		三相异步电动机使用前的检查内容	5分	
		三相异步电动机运行中的注意事项	3分	
		三相异步电动机的铭牌和技术数据的意义	5分	
4	三相异步电动机的控制电路	三相异步电动机点动、长动控制电路原理分析	5分	
		三相异步电动机正反转控制电路的原理分析	6分	
		三相异步电动机Y—△降压控制电路原理分析	6分	
		三相异步电动机多地控制电路原理分析	6分	
		电动机常用的保护环节	3分	
合计				

习题 2

一、填空题

1．低压电器通常指工作在交流____V 以下，直流______V 以下的电路。

2．刀开关基本结构由___________、___________、_____________和_______组成。

3．刀开关安装时，手柄要向______装，不得___装或___装，否则手柄可能因下落而引起______，造成人身和设备安全事故。接线时，电源线接在______端，______端接用电器，这样拉闸后刀片与电源隔离，用电器件不带电，保证安全。

4．低压断路器用来_______通断电路，并能在电路_______、_______及______时自动分断电路。

5．熔断器分为_________、__________、____________和___________等类型。

6．接触器可用于频繁通断_____电路，又具有___保护作用。交流接触器的结构由_________、_________、_________等部分组成。

7．自动空气开关又称___________开关或___________开关，它既能通断电路，又能进行___________、___________、___________、___________保护。

8．制动措施可分为___________和___________两大类。

二、判断题

1．热继电器和过电流继电器在起过载保护作用时可相互替代。（　　）

2．中间继电器的主要用途是信号传递和放大，实现多路同时控制，起到中间转换的作用。（　　）

3．一只额定电压为 220V 的交流接触器在交流 220V 和直流 220V 的电源上均可使用。（　　）

4．在电路图中，各电器元件触点所处的状态都是按电磁线圈通电或电器受外力作用时的状态画出的。（　　）

5．接触器的主触点常用于主电路，通电电流大；而辅助触点常用于控制电路，电流较小。（　　）

6．三相异步电动机改变电源相序就可以改变其旋转方向。（　　）

7．自锁触点一般与按钮串联。（　　）

8．电动机过载，热继电器马上动作。（　　）

三、选择题

1．下列电器中不能实现短路保护的是（　　）。

A．熔断器　　B．过电流继电器　　C．热继电器　　D. 低压断路器

2．作用与按钮相同的主令电器是（　　）。

A．行程开关　　B．万能转换开关　　C．组合开关

3．HK 系列刀开关用于手动（　　）接通和分断照明、电热设备和小容量电动机。

A．频繁　　B．不频繁　　C．频繁或不频繁

4．开关一般用于直流（　　）。

A．220V　　B．380V　　C．1000V

5．热继电器在电路中的作用是（　　）。

A．对电动机的过电流进行保护

B．对电动机的短路运行进行保护

C．对电动机的长期过载运行进行保护

D．对电动机的缺相进行保护

6．通常要求控制交流电机正、反转的接触器间具有（　　）功能。

A．联锁　　B．自锁　　C．锁定

7．长动与点动的主要区别是控制器件能否（　　）。

A．互锁　　B．联锁　　C．自锁

四、分析题

判断以下各电路（图 2.33）能否正常完成点动控制？

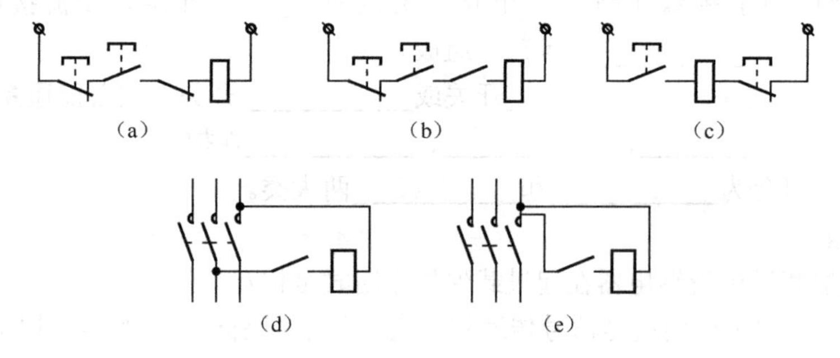

图 2.33

项目三

建筑供配电系统

项目描述：建筑行业与其他行业一样，必须依靠电能提供施工、办公及生活动力。因此，建筑供配电系统是建筑行业的动力保障系统，学习和掌握建筑供配电系统的专业知识与技能，是从事建筑施工行业相关工作必备的能力。

教学导航

任　务	重　点	难　点	关键能力
供配电系统概述	供配电系统基本要求	供配电系统组成	供配电系统的安全性与可靠性； 中小型企业变、配电所的组成
电力负荷计算	电力负荷分级； 电力负荷计算	需要系数	一、二级负荷的供电要求； 用电设备计算负荷的确定； 需要系数计算电力负荷
低压配电导线与保护装置的选择	按发热条件选择低压导线； 低压线路保护装置	导线截面的选择； 熔断器额定电流的计算方法	3种低压配电线路接线方式的优缺点及适用范围； 低压导线截面的选择方法； 熔断器、断路器的选择；
施工现场临时用电	临时施工组织设计； 临时施工用电安全管理制度	基本保护方式	临时施工用电组织设计方案编制； 临时施工用电安全制度内容； 临时施工用电基本保护措施

任务一　供配电系统概述

任务目标

（1）了解供配电系统的安全性与可靠性要求。

（2）熟悉电能质量指标。

（3）掌握企业供配电所的种类及其构成。

3.1.1　供配电系统的基本要求

1．安全性和可靠性

供配电系统提供安全、可靠的电能供应是其首要任务。一旦中断供电，必然会引起生产的停顿，办公及生活秩序的混乱，严重时还可能发生人身和设备安全事故，造成严重的经济损失和政治影响。

由于电力负荷在供配电系统中的性质和类别不一样，对供电的可靠性要求也不一样，在供配电系统的设计和运行过程中，应根据具体情况和要求，保证必要的供配电可靠性，确保在供配电系统工作中不发生任何人身和设备安全事故。

2．电能质量满足要求

衡量电能质量的指标是电压和频率。我国交流电的频率为 50Hz，允许偏差为±0.2～±0.5Hz；各级额定电压一般情况下的允许偏差范围为±5%U_N。要保证良好的电能质量，就是在供配电工作中，保证频率和电压相对比较稳定，偏差在国家规定的允许范围之内。

3．运行方式灵活

企业内部的电气设备（包括变压器、开关电器、互感器、连接线路及用电设备等）按一定的顺序连接而成的供配电系统，是接受电能后进行电能分配、输送的总电路，称为一次电路或一次接线，也称为主接线。主接线应力求简单，在运行中能根据企业负荷的变化，简便、迅速地由一种运行状态切换到另一种运行状态。

4．经济性

在保证供配电系统安全、可靠、优质供配电的前提下，要尽可能地减少供配电系统的建设投资，降低供配电系统的年运行费用。

3.1.2　企业供配电系统的组成

企业供配电系统在企业内部接受、变换、分配和消费电能，是电力系统的重要组成部分。一般企业供配电系统主要由外部电源系统和内部变配电系统两部分组成。一般地，大、中型企业的外部电源由 35～110kV 电压的架空线路引入，小型企业则采用 10kV 电压的架空线路或电缆线路引入。

1．具有总降压变电所的供配电系统

一般情况下，供电容量在 10000kVA 及以上的大型企业，供电电压通常为 35kV，需要经过两次降压，即先将 35kV 降为 10kV 的供电电压，然后通过企业内部高压线路将电能输送到

各个二次降压变压器，再通过二次降压降到用电设备所需的电压，如图 3.1 所示。

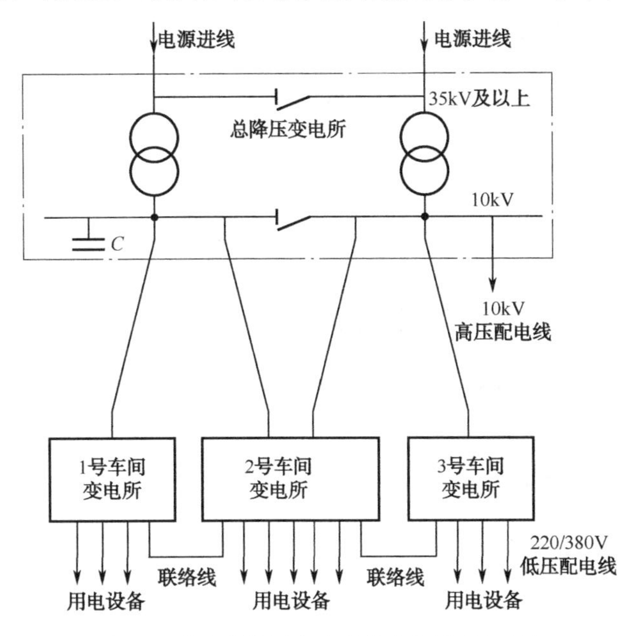

图 3.1　具有总降压变电所的企业供配电系统

2. 具有高压配电所的企业供配电系统

容量在 1000～10000kVA 的中型企业，多采用 10kV 的电源进线，通过企业高压配电所集中后，由企业高压配电线路将电能输送到企业各内部变电所，内部变电所将电压降低为用电设备所需电压，通过低压配电线路供电给用电设备使用，如图 3.2 所示。

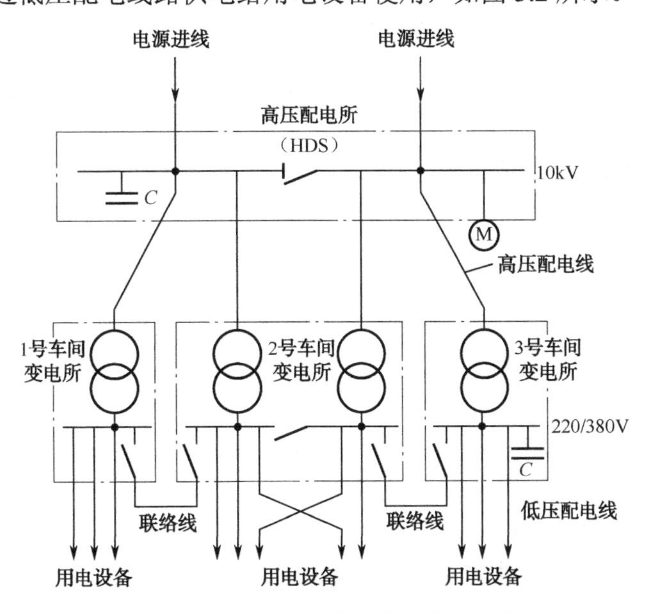

图 3.2　具有高压配电所的企业供配电系统

3. 具有一个变电所或配电所的企业供配电系统

用电量不大于 1000kVA 或稍多的小型企业，一般设置一个简单的降压变电所，如图 3.3

所示；如果用电量在 160kVA 及以下的企业，可以直接由当地 220/380V 公共低压配电网络供电，企业只需设置一个配电所。

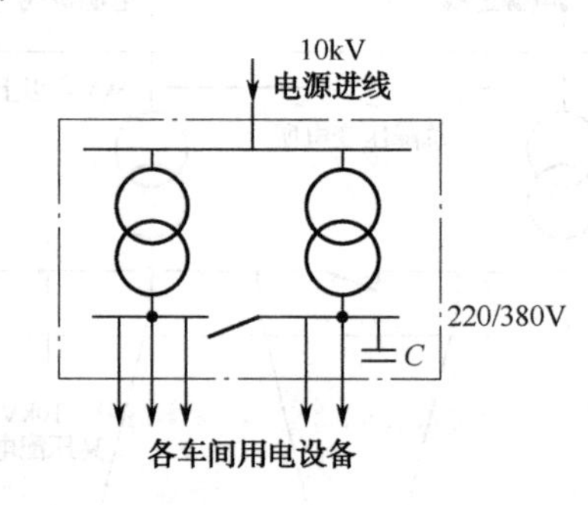

图 3.3　具有一个变电所的企业供配电系统

任务二　电力负荷计算

任务目标

（1）掌握各级电力负荷的供电要求。

（2）掌握电力负荷分类及其工作制。

（3）利用需要系数法计算电力负荷。

电力负荷是电力系统所有用电设备消耗功率的总和，通常指用电设备或用电单位（用户），也可以指用电设备或用电单位所消耗的功率或电流（用电量）。

负荷计算的目的是依据发热条件来选择供配电系统的电气设备和输电导线，因此是供配电系统设计及运行的主要技术数据。计算负荷是指导体长时间通电状态下发热温度都不会超过允许的最大负荷值，一般用半小时最大有功功率 P_{30}、无功功率 Q_{30} 和视在功率 S_{30} 表示。

3.2.1　电力负荷分级及供电要求

1. 电力负荷的分类

（1）按照用户的性质分为工业负荷、农业负荷、交通运输业负荷和生活用电负荷等。工业负荷又可以按行业分为纺织工业、化学工业、机械加工工业、冶金工业等。

（2）按用途分为动力负荷和照明负荷。动力负荷多数为三相对称的电力负荷，照明负荷为单相负荷。

（3）按用电设备的工作制分为连续运行工作制、短时运行工作制和断续周期工作制 3 类。在进行负荷计算时，必须考虑用电设备的工作制。

2. 负荷的分级及供电要求

根据电力负荷对供电可靠性的要求，以及中断供电后在政治、经济上所造成的损失或影响程度，分为以下三级。

1）一级负荷及供电要求

如有下列情况之一者，应为一级负荷。

（1）中断供电将造成人身伤亡者。

（2）中断供电将在政治、经济上造成重大损失者，如重大设备损坏、大量产品报废、用重要原材料生产的产品大量报废、国民经济中重点企业的连续生产过程被打乱需要长时间才能恢复等。

（3）中断供电将影响有重大政治、经济意义的用电单位正常工作，例如重要交通枢纽、重要通信枢纽、重要宾馆、大型体育场馆、经常用于国际活动的人员大量集中的公共场所等用电单位中的重要电力负荷。

在一级负荷中中断供电将发生中毒、爆炸和火灾等情况的负荷，特别重要的场所不允许中断供电的负荷，应视为特别重要负荷。

一级负荷供电要求：

一级负荷供电要求由两个独立的电源供电，特别重要的一级负荷还需配置专门的应急电源。常用的应急电源有独立于正常电源的发电机组；供电网络中独立于正常电源的专用馈电线路、蓄电池、干电池等。

2）二级负荷及供电要求

如有下列情况之一者，应为二级负荷。

（1）中断供电将在政治、经济上造成较大损失者，例如主要设备损坏、大量产品报废、连续生产过程被打乱需较长时间才能恢复、重点企业大量减产等。

（2）中断供电将影响重要单位的正常工作，例如交通枢纽、通信枢纽等用电单位中的重要电力负荷，以及中断供电将造成大型影剧院、大型商场等较多人员集中的重要公共场所秩序混乱。

二级负荷供电要求：

二级负荷供电要求有两回线路供电，供电变压器也应有两台。在负荷较小或地区供电条件困难时，二级负荷也可由一回 10kV 及以上的专用架空线路供电（如只能采用电缆线路时，必须采用两根电缆并列供电，且每根电缆能承受所有的二级负荷）。

3）三级负荷及供电要求

所有不属于一、二级负荷者，均属于三级负荷。

三级负荷对供电的可靠性要求较低，对供电电源无特殊要求。

3.2.2 电力负荷计算

1. 用电设备工作制及设备容量的统计

1）用电设备工作制分类

（1）连续运行工作制。这类用电设备的特点是长时间连续运行，负荷比较稳定。绝大多数用电设备都属于此类工作制。

连续运行工作制用电设备的设备容量为用电设备铭牌额定容量之和。

（2）短时运行工作制。这类用电设备的特点是工作时间很短，停歇时间相对较长。这类设备的数量很少，在求计算负荷时一般不考虑短时工作制的用电设备。

（3）断续周期工作制。指有规律性的时而工作，时而停歇，反复运行，其工作时间 t 与停歇时间 t_0 相互交替，通常用负载持续率（又称暂载率，符号为ε）来表示在一个工作周期工作时间的长短。

$$\varepsilon = \frac{\text{工作时间}}{\text{工作周期}} = \frac{t}{t+t_0} \times 100\% \tag{3.1}$$

工作时间加停歇时间 $(t+t_0)$ 通常称为工作周期。

用电设备的工作制不同，将影响用电负荷的统计计算，影响电力系统的运行，所以在进行工厂电力负荷计算时，对不同工作制的用电设备的容量需按规定进行换算。

2）用电设备额定容量的计算

用电设备的额定容量，是指用电设备在额定电压下，在规定的使用年限内，连续输出或耗用的最大功率。由于不同工作制的设备在其额定功率下对电力系统的影响（出力）不同，所以在明确用电设备的工作制之后，用电设备的额定容量按以下方法计算。

（1）对一般长期工作制和短时工作制的用电设备，设备容量就是所有用电设备的铭牌额定容量之和。

（2）断续周期工作制的用电设备，设备容量是将不同暂载率下的铭牌额定容量统一换算到规定的暂载率下的容量。

这一换算是按在同一周期内有相同的发热条件来进行换算的，即是一种等效换算。这是因为，同一设备在不同暂载率下运行时，其输出功率是不同的。比如某设备在 ε_1 时的设备容量为 P_1，那么设备在 ε_2 时的设备容量 P_2 是多少呢？这应进行等效换算，即按同一周期内不同负荷（P_1 或 P_2）下造成相同的热量损耗条件来进行换算。

① 起重机（吊车）电动机组。其设备容量是指换算到暂载率为 25%时的额定功率（kW），若设备的暂载率不等于 25%，应进行换算，换算公式为：

$$P_e = P_N\sqrt{\frac{\varepsilon_N}{\varepsilon_{25}}} = 2P_N\sqrt{\varepsilon_N} \tag{3.2}$$

式中 P_N——起重电动机的铭牌容量（kW）；

ε_N——与铭牌容量对应的负荷暂载率（计算中用小数）；

ε_{25}——其值为 25%的负荷暂载率（计算中用 0.25）。

② 电焊机组。电焊机及电焊装置的设备容量是指统一换算到暂载率为 100%时的额定功率（kw），ε 不等于 100%时，应进行换算，其换算公式为：

$$P_e = P_N\sqrt{\frac{\varepsilon_N}{\varepsilon_{100}}} = S_N\cos\varphi\sqrt{\frac{\varepsilon_N}{\varepsilon_{100}}} \tag{3.3}$$

式中 P_N、S_N——电焊机的铭牌容量（前者为有功容量，后者为视在容量）；

ε_N——与铭牌容量对应的负荷暂载率（计算中用小数）；

ε_{100}——其值为 100%的负荷暂载率（计算中用 1）；

$\cos\varphi$——铭牌规定的电焊机的额定功率因数（与 P_N、S_N 相对应）。

（3）照明设备的设备容量。

① 白炽灯、碘钨灯的设备容量是指灯泡上标出的额定功率（kW）。

② 荧光灯考虑镇流器中的功率损失（约为灯管功率的 20%），其设备容量应为灯管额定功率的 1.2 倍（kW）。

③ 高压水银荧光灯考虑镇流器中的功率损耗 （约为灯泡功率的 10%），其设备容量应为

灯管额定功率的 1.1 倍（kW）。

④ 金属卤化物灯。考虑镇流器中的功率损失（约为灯泡功率的 10%），其设备容量应为灯泡额定功率的 1.1 倍（kW）。

2. 按需要系数法确定计算负荷

1）需要系数

假设某组用电设备有 M 个用电设备，其用电设备的额定总容量为 P_e（不包括备用容量）。因为设备容量是设备在额定条件下的最大输出功率，但实际上，同组用电设备的所有设备不可能同时工作，在负荷计算时考虑同时使用系数 K_s；工作着的各用电设备，并非所有设备全运行于满负荷情况下，考虑负荷系数 K_L；由于用电设备在工作时都要有功率损耗，考虑用电设备组的平均效率 η_e；由于用电设备组在工作时在供电线路上会产生功率损耗，考虑线路效率 η_{WL}。因此，在考虑以上因素后用电设备组的计算负荷应为：

$$P_C = \frac{K_s K_L}{\eta_e \eta_{WL}} P_e \qquad (3.4)$$

式中 K_s——设备的同时系数，即设备组在最大负荷时运行的设备容量与全部设备容量之比；

K_L——用电设备组的负荷系数，即设备组在最大负荷时的输出功率与运行的设备容量之比；

η_e——设备组的平均效率，即设备组在最大负荷时的输出功率与取用功率之比；

η_{WL}——配电线路的平均效率，即配电线在最大负荷时的末端功率（设备组的取用功率）与首端功率（计算负荷）之比，一般取 0.95～0.98。

令式（3.1）中的 $K_s K_L / \eta_e \eta_{WL} = K_x$，$K_x$ 为需要系数，因此需要系数的定义为：

$$K_x = \frac{P_c}{P_e} \qquad (3.5)$$

即用电设备组的需要系数，是用电设备组的计算负荷与用电设备组的设备容量的比值。

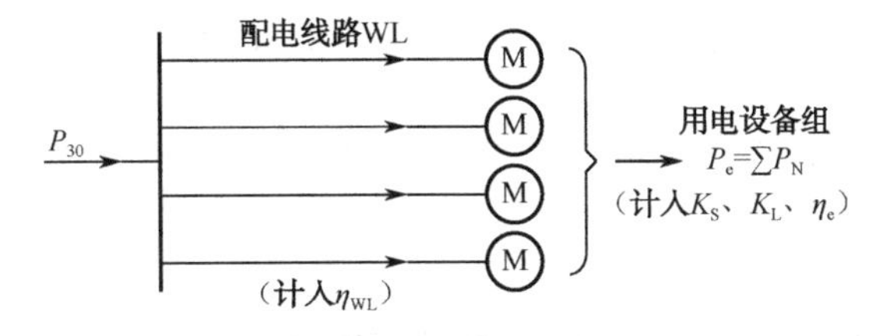

图 3.4 用电设备组的计算负荷

通过以上分析不难看出，用电设备组的需要系数 K_x 表示用电设备组在投入电网运行时，需从电网实际取用的有功功率所必须考虑的一个综合系数。这个系数不仅与用电设备组的负荷系数 K_L、同时运行系数 K_s、用电设备组的平均效率 η_e 及配电线路的平均效率 η_{WL} 等因素有关，而且还与操作人员的技术水平、生产设备自动化程度、生产组织等多种因素有关，因此，需要系数宜尽可能实测分析确定，尽量接近实际。需要系数 K_d 值小于 1。

这里还要指出：需要系数值与用电设备的类别和工作状态关系极大。因此计算时首先要正确判明用电设备的类别和工作状态，否则计算误差较大。例如，机修车间的金属切削机床电动机，应该选用小批生产的冷加工机床电动机组的需要系数，而不应采用大批生产的冷加工机床电动机组的需要系数。又如起重机、行车、电葫芦、卷扬机，实际上都属于吊车类。

附录 A.1 给出了各种用电设备组的需要系数。

2）需要系数法计算电力负荷

用电设备组计算负荷就是将工艺性质相同的设备归类，按附录 A.1～A.4 选取需要系数，进行备用电设备组的负荷计算。其计算公式为：

$$\begin{aligned} P_c &= K_d P_e \\ Q_c &= P_c \tan\varphi \\ S_c &= \sqrt{P_c^2 + Q_c^2} \\ I_c &= S_c / \sqrt{3} U_c \end{aligned} \qquad (3.6)$$

式中 P_c、Q_c、S_c——该用电设备组的有功(kW)、无功(kvar)、视在功率计算负荷(kVA)；

P_e——该用电设备组的设备总额定容量（$P_e = \sum P_N$）(kW)；

U_N——额定电压（V）；

$\tan\varphi$——功率因数角的正切值；

I_c——该用电设备组的计算负荷电流（A）；

K_d——需要系数，由附录 A.1 查得。

例 3.1 某机械加工车间有一冷加工机床组，共有电压为 380V 的电动机 39 台，其中 10kW 的 3 台，4kW 的 8 台，3kW 的 18 台，1.5kW 的 10 台，用需要系数法计算的负荷。

解 由于该组设备均为连续工作制设备，故其设备总容量为

$$P_e = \sum P_N = 10\times3 + 4\times8 + 3\times18 + 1.5\times10 = 131\ \text{kW}$$

查附录 1“大批生产的金属冷加工机床”项，得 $K_x = 0.17 \sim 0.2$，取 $K_x = 0.2$，$\cos\varphi = 0.5$，$\tan\varphi = 1.73$，因此可求得

有功计算负荷 $P_c = K_d P_e = 0.2\times131 = 26.2\text{kW}$

无功计算负荷 $Q_c = P_c \cdot \tan\varphi = 26.2\times1.73 = 45.3\text{kvar}$

视在计算负荷 $S_c = \sqrt{P_c^2 + Q_c^2} = \sqrt{26.2^2 + 45.3^2} = 52.3\text{kVA}$

计算负荷电流 $I_c = \dfrac{S_c}{\sqrt{3}U_N} = \dfrac{52.3\text{kVA}}{\sqrt{3}\times0.38\text{kV}} = 79.6\text{A}$

任务三 低压配电导线与保护装置选择

任务目标

（1）低压配电线路 3 种接线方式的应用。

（2）低压配电线路导线界面的选择方法。

（3）低压熔断器的作用与选择方法。

（4）低压开关设备的作用与选择方法。

3.3.1 低压配电线路接线方式

低压配电与厂区高压配电接线方式一样，有放射式、树干式和环形等基本接线方式。

1. 放射式接线

放射式低压配电系统如图 3.5 所示。其特点是：单个用电设备的电源线和干线均由变电所低压侧引出，当配电出线发生故障时，不会影响其他线路的运行，因此供电可靠性较高。但由于从低压母线引出的线较多，有色金属消耗量较大，使用的开关设备也较多，投资较大。因此低压供配电系统放射式接线方式，多用于用电设备容量大，负荷性质重要，车间内负荷排列不整齐，或车间内有爆炸危险的负荷，必须由与车间隔离的房间引出线路等情况。

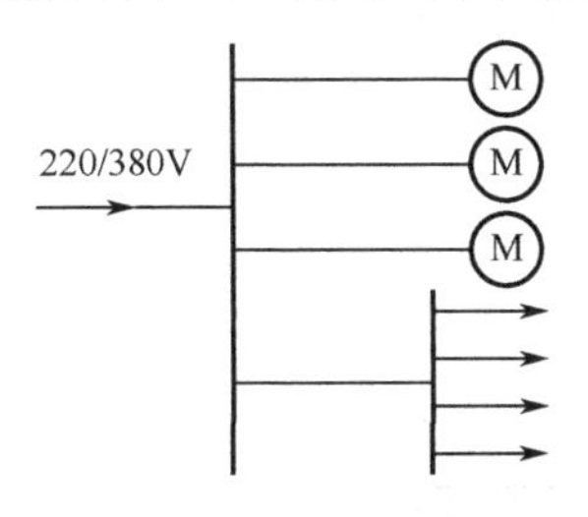

图 3.5 低压放射式接线

2. 树干式接线

低压树干式接线适宜供电给用电容量较小而分布较均匀的用电设备。这种接线方式引出配电干线较少，采用开关设备自然较少，有色金属消耗量也较少，但干线故障使所连接的用电设备均受到影响，供电可靠性较差。

在实际工程中，纯树干式接线极少单独使用，往往采用的是树干式与放射式的混合。如图 3.6（a）所示为低压母线放射式配电的树干式接线，如图 3.6（b）所示为“变压器—干线组”式接线的配电方式。

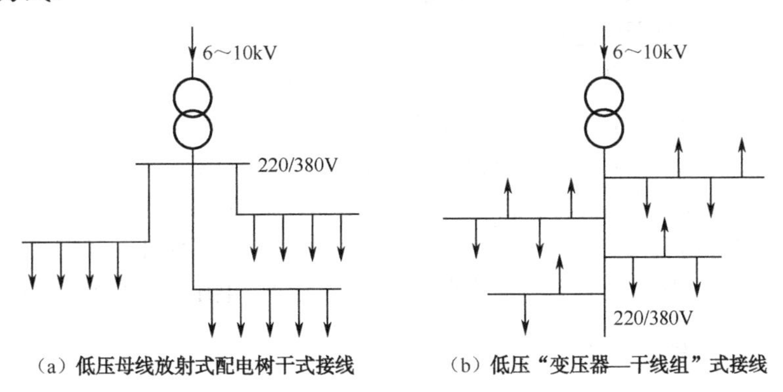

（a）低压母线放射式配电树干式接线　（b）低压“变压器—干线组”式接线

图 3.6 低压树干式接线

如图 3.7 所示为变了形的树干式接线方式，通常称为链式接线。链式接线的特点基本与树干式相同，这种接线适用于用电设备距离近、容量小的一般设备。链式相连的设备每一回路一般不超过 5 台（配电箱不超过 3 台），且容量不宜超过 10kW。

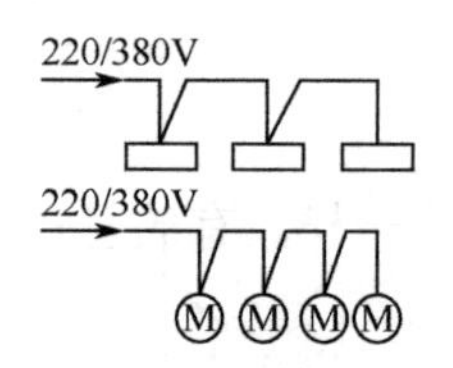

图 3.7　低压链式接线

3．环形接线

企业内各车间变电所的低压侧，可以通过低压联络线连接起来，构成环式（环形）接线，如图 3.8 所示。这种接线方式供电可靠性较高，任一段线路故障或检修，一般只是短时停电或不停电，经切换操作后就可恢复供电。环式接线保护装置整定配合比较复杂，所以低压环形接线方式通常也多采用开环运行。

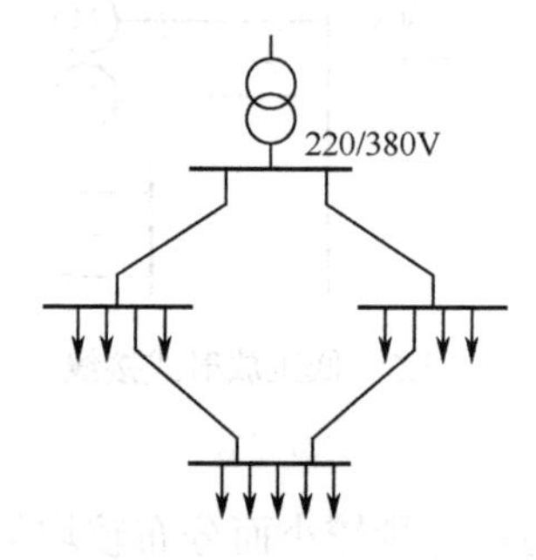

图 3.8　低压环形接线

一般来说，在正常环境的车间或建筑内，当大部分用电设备不是很大且无特殊要求时，宜采用以树干式为主的低压配电。这不仅是由于树干式配电较为经济，而且由于许多企业对采用树干式配电方式积累了相当成熟的运行经验，实践证明这种配电方式一般能满足生产要求。然而，在一些场合下又必须采用放射式配电。例如需对某生产过程进行自动控制时，就必须在这个生产过程的范围内进行放射式配电。

总之，企业配电线路（无论高压和低压线路）的接线方式应力求简单，运行经验证明：配电系统如果接线复杂，层次过多，不仅投资较大，维护不便，而且电路串联的元件过多，会使因误操作或元件故障而产生的事故增多，且事故处理和恢复供电的操作也比较麻烦，延长停电时间。另外接线复杂，层次过多，会造成配电级数多，继电保护级数也会相应增多，保护动作时间也相对延长，这对供配电系统的故障保护也十分不利。因此《供配电系统设计规范》（GB50052-94）规定：供配电系统应简单可靠，同一电压的配电级数不宜多于两级。

3.3.2　配电导线的选择

低压配电线路中使用的导线主要有电线和电缆，导线的选择是否合理不仅关系到配电线路的安全、可靠、经济、优质的运行，也关系到有色金属的消耗量与线路的投资。

在选择电线电缆时应满足允许温升、电压损失、机械强度等要求，电线电缆的绝缘额定电压要大于线路的工作电压，并应符合线路的安装方式和敷设环境的要求。配电线路的导线电缆的选择必须满足下列三个方面的要求：导线的发热条件、允许的电压损失和机械强度。

1. 按发热条件选择

导线本身就是一个阻抗，在负荷电流通过时，就会产生能量损耗，使得导线温度升高，当所流过的电流超过其允许电流时，会破坏导线的绝缘性能，加速老化，甚至引起火灾，影响供电线路的安全性与可靠性。因此，通过导线的正常最大负荷电流发热产生的温度，不应超过其正常运行时的最高允许温度。由这个条件来确定的导线截面称为“按发热条件”或“按允许载流量”选择导线截面。

导线的允许载流量（安全载流量）大于或等于该导线所在线路的计算电流，即：

$$I_N \geqslant I_{JS} \tag{3.7}$$

式中 I_N——不同型号规格的导线，在不同温度及不同辐射条件下的允许载流量（A）；

I_{JS}——该线路的计算电流（A）。

具体方法如下。

（1）根据负荷大小计算负荷电流（环境温度、允许载流量以及不同的敷设方式）。

（2）通过《电力工程设计手册》查表选择导线型号。

例 3.2 某建筑施工现场采用 220/380V 的低压配电系统供电，现场最高气温为 30℃，其干线的计算电流为 140A，架空敷设，试确定进户导线的型号及截面积。

解 考虑到施工现场的特点，采用铝芯导线。在室外架空敷设，可选择价格低廉的橡皮绝缘导线，导线的型号为：BLX 橡皮绝缘铝芯导线。

根据计算电流为 140A，查附录 6，可得在 35℃温度时，大于或等于 140A 的载流量是 163A，截面积为 50mm^2，所以选择截面积为 50mm^2 的橡皮绝缘铝芯为进户线，截面积为 25mm^2 的橡皮绝缘铝芯为工作零线和保护零线。

2. 按允许电压损失选择

线路的电压损耗 ΔU 为：

$$\Delta U = \frac{U_1 - U_2}{U_N} \times 100\% \tag{3.8}$$

式中 U_1——线路始端电压（V）；

U_2——线路末端电压（V）；

U_N——线路额定电压（V）。

配电线路上电压损耗的大小与导线上输送功率的大小、输送距离的远近以及导线截面的大小有关。可用下列公式进行导线截面的选择：

$$S = \frac{P_{JS} L}{C \Delta U} \tag{3.9}$$

式中 S——导线截面（mm^2）；

P_{JS}——该线路负载的计算负荷（kW）；

L——导线长度（m）；

C——电压损耗计算常数，它是由电路相数、额定电压及导线材料的电阻率等因素决定的一个常数，如表 3.1 所示；

ΔU——允许电压损耗。

规范规定：从变压器低压侧母线到用电设备受电端的电压损耗，一般不超过用电设备额定电压的 5%；对视觉要求较高的照明电路，则为 2%～3%。如果线路的电压损耗值超过了允许值，应适当加大导线的截面，减小配电线路的电压降，以满足用电设备的要求。

表 3.1 计算线路电压损耗公式中系数 C 值

线路额定电压（V）	线路系统及电流种类	系数 C 值	
		铜 线	铝 线
380/220	三相四线	77	46.3
380/220	两相三线	34	20.5
220	单相或直流	12.8	7.75
110		3.2	1.9
36		0.34	0.21
24		0.153	0.092
12		0.038	0.023

例 3.3 某工地进户线的计算负荷为 80kW，进户线的长度为 50m，导线架空敷设，如采用 BLV-500（3×25+1×16）规格的导线，是否满足 5%的电压损耗率？

解 由题意可知该建筑工地使用的导线为三相四线制橡皮绝缘铝线，查上表可知 C 为 46.3，则：

$$\Delta U=\frac{P_{\mathrm{JS}}L}{CS}=\frac{80\times 50}{46.3\times 25}=3.5\%<5\%$$

满足电压损耗要求。

例 3.4 某教学楼白炽灯照明的计算负荷为 100kW，由 50m 远处的变电所用橡皮绝缘铝线（BLX）供电，供电方式为三相四线制，要求这段线路的电压损耗不超过 2.5%，试选择导线截面积。

解 由上表可知三相四线制铝线电路中 C 的值为 46.3，则由公式（3.9）可得：

$$S=\frac{P_{\mathrm{JS}}L}{C\Delta U}=\frac{100\times 50}{46.3\times 2.5}=43.2\mathrm{mm}^2$$

所以，选择截面积为 $50\mathrm{mm}^2$ 的橡皮绝缘铝线。

3．按机械强度选择

根据供电线路的实际情况，所选导线应满足机械强度要求。以避免在刮风、结冰时被拉断，使供电中断，造成事故。《配电线路设计规程》规定，在 380V 配电网中，线路导线一般采用铝绞线，其最小截面不得小于 $25\mathrm{mm}^2$，当线路档距或交叉档距较长，杆、柱高差较大时，宜采用钢芯铝绞线，国家有关部门强制规定了在不同敷设条件下，导线按机械强度要求允许的最小截面，见表 3.2。

表 3.2　按机械强度选择导线截面（mm^2）

导线用途	导线和电缆允许的最小截面积	
	铜芯线	铝芯线
照明：户内	0.5	2.5
户外	1.0	2.5
用于移动用电设备的软电线或软电缆	1.0	—
户内绝缘支架上固定绝缘导线的间距：2m 以下	1.0	2.5
6m 以下	2.5	4.0
25m 以下	4.0	10.0
裸导线：户内	2.5	4.0
户外	6.0	16.0
绝缘导线：穿管敷设	1.0	2.5
绝缘导线：户外沿墙敷设	2.5	4.0
户外其他方式	4.0	10.0

导线截面按不同的选择方法，可能得出不同的计算结果，但是导线截面必须同时满足 3 个条件。方法一：可按发热条件选择截面积，再依次校验电压损耗和机械强度，当电压损耗不满足要求时，应加大横截面积，最终得到合适的导线截面积。方法二：分别按 3 种选择方式选出横截面积，取其最大值作为截面积，即 $S=\max\{S_1, S_2, S_3\}$。

例 3.5　某建筑工地上的计算负荷为 50kW，$\cos\varphi=0.8$，距变电所 200m，采用铝线架空敷设，环境温度为 30℃，试选择输电线路的导线截面积。

解　（1）首先按发热条件选择导线截面。

计算电流为：

$$I_{\text{JS}}=\frac{S_{\text{N}}}{\sqrt{3}U_{\text{N}}\cos\varphi}=\frac{50\times1000}{\sqrt{3}\times380\times0.8}=94.96\text{A}$$

查附录 6，铝线明敷设，环境温度为 35℃时，选用 BLX-4×25mm^2 导线，其安全载流量为 103A，大于 94.96A。

（2）按电压损失条件校验。

① 选用 BLX-4×25mm^2 导线，线路上的电压损耗为：

$$\Delta U=\frac{PL}{CS}=\frac{50\times200}{46.3\times25}=8.64\%>5\%$$

不满足要求，应加大导线截面积，拟选 BLX-4×35mm^2 导线

② 若选用 BLX-4×35mm^2 导线，线路上的电压损耗为：

$$\Delta U=\frac{PL}{CS}=\frac{50\times200}{46.3\times35}=6.17\%>5\%$$

仍不满足要求，再加大导线截面积，拟选 BLX-4×50mm^2 导线

③ 若选用 BLX-4×50mm^2 导线，线路上的电压损耗为：

$$\Delta U=\frac{PL}{CS}=\frac{50\times200}{46.3\times50}=4.32\%<5\%$$

满足电压损耗要求。

（3）按机械强度校验。

查表 3.2，绝缘导线在户外敷设，铝线的最小截面为 10mm^2。50mm^2>10mm^2，满足要求。

所以，最后选择导线截面积为 50mm^2。

本题也可按如下方法求解。

解 （1）首先按发热条件选择导线截面。

计算电流为：

$$I_{JS}=\frac{S_N}{\sqrt{3}U_N\cos\varphi}=\frac{50\times1000}{\sqrt{3}\times380\times0.8}=94.96\text{A}$$

查附录 6，铝线明敷设，环境温度为 35℃时，选用 BLX-4×25mm^2 导线，其安全载流量为 103A，大于 94.96A。S_1=25 mm^2。

（2）按允许电压损耗选择导线截面。

$$S=\frac{P_{JS}L}{C\Delta U}=\frac{50\times200}{46.3\times5}=43.2\text{mm}^2$$

应选择 S_2=50 mm^2。

（3）按机械强度选择导线截面。

查表 3.2 可知，绝缘导线在户外敷设，铝线的最小截面为 10mm^2，即 S_3=10 mm^2 。

所以，最后选择导线截面积 $S=\max\{S_1,S_2,S_3\}$=50mm^2。选择导线 BLX-4×50mm^2 。

3.3.3 保护装置的选择

1．熔断器的选择

在建筑电气配电线路中，熔断器起短路保护作用。熔断器应按电气线路额定电压、计算电流、使用场所、分段能力，以及配电系统前后级选择性配合等因素进行选择。选择前，首先搞清楚熔断器的几个基本概念。

熔断器的额定电流：熔断器座的额定运行电流，运行电流只能小于等于该值。以 60A 熔断器为例，可以用于额定工作电流 60A 及以下电流线路中，起过载、短路等故障状态下分断电路的作用。

熔体的额定电流：熔断器内熔丝的额定运行电流，也就是熔断器所保护的电流，超过该值熔断器就会熔断。通常小于熔断器的额定电流。60A 熔断器，可以配实际额定电流为 60A、50A、40A……等规格的熔体，超出熔体的额定电流则会造成电路分断。

熔体的极限分断电流：熔体所能分断的最大短路电流，该熔体只能分断小于等于这个值的短路电流。出现短路类故障时，熔体熔断，但可能会出现电弧、飞溅等现象，这种现象会使事故持续或加重，所以，熔断器应具有分断极端事故状态下分断极限电流的能力。如果计算某回路极限短路电流为 6000A，则采用熔断器作为保护时，熔断器的极限分断电流必须大于 6000A。

1）熔断器的选型原则

（1）熔断器的额定电压应大于等于配电线路的额定电压。

（2）熔断器熔体的额定电流应大于或等于配电线路的计算电流。

（3）熔断器应能耐受正常负荷的浪涌电流（如：电动机的启动电流、变压器的励磁峰值电流、电容器充电电流等）。

（4）熔断器应能在要求的时间内分断被保护电路的最小短路电流。

（5）熔断器的分断能力应大于被保护电路的最大短路电流。

（6）熔断器应有良好的限流特性，使短路电流限制在被保护电路所能承受的范围内。

（7）熔断器的分断过电压应小于被保护电路所能承受的最大过电压。

2）熔断器选型的步骤

（1）根据被保护电路的额定电压，确定熔断器额定电压。

（2）根据被保护电路的额定电流和负载性质，初步确定熔断器额定电流。

（3）根据初步确定的熔断器额定电流，对照熔断器选型手册，选择熔断器的型号。

（4）根据所选熔断器的电流保护特性曲线检验是否满足被保护电路的要求，若不满足，则改选高一级（或高两级）额定电流的熔断器，并重新检验，直至满足被保护电路的要求。

3）熔断器额定电流的确定

（1）无启动过程的平稳负载的保护。

无启动过程的平稳负载，如照明线路、电阻、电炉等。

$$I_{FN} \geqslant I_N \tag{3.10}$$

式中　I_{FN}——熔体额定电流；

I_N——负荷电路的额定电流。

（2）单台长期工作的电动机的保护。

$$I_{FN} \geqslant (1.5 \sim 2.5) I_N \tag{3.11}$$

式中　I_{FN}——熔体额定电流；

I_N——电动机额定电流。

如果电动机频繁启动，式中系数可适当加大至3～3.5。

（3）多台电动机（供电干线）的保护。

$$I_{FN} \geqslant (1.5 \sim 2.5) I_{Nmax} + \Sigma I_N$$

$$\text{或} \quad I_{FN} \geqslant K(I_{gm} + \Sigma I_N) \tag{3.12}$$

式中　I_{FN}——熔体额定电流；

I_{Nmax}——容量最大单台电动机的额定电流；

ΣI_N——其余电动机额定电流之和；

I_{gm}——容量最大单台电动机的启动电流；

K——熔体选择计算系数。

当I_{gm}很小时，K=1；当I_{gm}较大时，K=0.5～0.6。

（4）变压器的保护。

根据变压器额定电流，初选熔断器额定电流，一般取变压器额定电流I_{TN}的1.3～1.5倍，即：

$$I_{FN} \geqslant (1.3 \sim 1.5) I_{TN} \tag{3.13}$$

式中　I_{FN}——熔体额定电流；

I_{TN}——变压器的额定电流。

4）最大分断电流

最大分断电流又称极限分断电流，是指熔断器能够安全、可靠地分断的最大短路冲击电流值，它是熔断器分断电路能力的标志。熔断器的最大分断电流应大于等于配电线路可能发生的短路冲击电流。

5）熔断器的上下级配合

一个系统如果出现故障，应尽量把故障的影响限制在最小范围以内。靠近电源的熔断器称为上一级熔断器，远离电源的熔断器称为下一级熔断器。在短路故障发生时，为了保证动作的选择性，一般要求上一级熔断器的熔断时间是下一级熔断器熔断时间的 3 倍以上。当上下级采用不同型号的熔断器时，应根据给出的熔断时间选取；当上下级采用同型号熔断器时，其电流等级以相差两级为宜。

2．断路器的选择

断路器应按电气线路额定电压、计算电流、使用场所、动作选择性等因素进行选择。具体选择应满足以下条件。

1）额定电压

断路器的额定电压应大于或等于配电线路的额定电压。

2）额定电流

断路器的额定电流 I_N 应大于或等于配电线路的计算电流 I_{JS}。即：$I_N \geqslant I_{JS}$

3）极限分断能力

断路器的极限分断电流是指断路器能够安全、可靠地分断的最大短路电流值。其中对于动作时间在 0.02s 以下的 DZ 型等熔断器，其极限分断冲击电流应大于或等于配电线路最大短路电流。

4）脱扣器整定

（1）配电用断路器延时脱扣器的整定。

① 长延时动作电流整定值取线路允许载流量的 0.8～1 倍；

② 3 倍延时动作电流值的释放时间应大于最大启动电流电动机的实际启动时间，防止电动机启动时断路器脱扣分闸。

（2）电动机保护用断路器延时脱扣器的整定。

① 长延时动作电流整定值应等于电动机额定电流；

② 6 倍延时动作电流值的释放时间应大于电动机的实际启动时间，防止电动机启动时断路器脱扣分闸。

（3）照明回路用断路器延时脱扣器的整定。

为保证线路正常运行，长延时动作电流整定值应不大于线路的计算电流。

（4）断路器与熔断器的配合使用。

断路器与熔断器在配合使用时，应将熔断器串联于断路器前侧，较小电流靠断路器分断，较大电流靠熔断器分断。

3．漏电开关的选择

漏电开关可以正常接通或分断电路，同时具有短路、过载、欠压和失压保护功能，选择方法和断路器相同。

漏电开关的漏电保护特性的选择如下：漏电开关应装设在配电箱电源隔离开关的负荷侧

和开关箱电源隔离开关的负荷侧。开关箱内的漏电保护器的额定漏电动作电流应不大于30mA，额定漏电动作时间应小于 0.1s。使用于潮湿和有腐蚀介质场所的漏电保护器应采用防溅型产品，其额定漏电动作电流应不大于 15mA，额定漏电动作时间应小于 0.1s。

例 3.6 某建筑工地上有一配电箱，总的计算电流为 59A，控制着 5 台电动机。其中两台为 Y 系列振捣器，2.2kW；一台塔吊，型号为：QZ315 型（3+3+15）kW，JC=25%，15kW 电动机的额定电流为 30A，启动电流是额定电流的 7 倍；试选择该配电箱的进线熔断器和进线断路器。

解 （1）进线熔断器的选择。

由于容量最大的一台电动机（塔吊）的启动电流为 7×30=210A，熔体选择计算系数 K 取 0.6。该分配电箱的计算电流中已经包括了塔吊的额定电流 30A，所以熔体的额定电流为：

$$I_{FN} \geqslant K(I_{gm}+\sum I_N)=0.6\times(6\times30+59)=143A$$

该分配电箱的进线熔断器选 RM10，熔断器的额定电流为 200A，熔体的额定电流为 160A。

（2）该分配电箱的进线断路器采用 DZ 系列，其型号为 DZ20Y-200/3300，复式脱扣整定电流为 160A。

任务四 施工现场临时用电

任务目标

（1）了解现场施工用电的特点。

（2）掌握现场施工用电组织设计方案编制的内容。

（3）了解现场施工用电安全管理制度的具体要求。

3.4.1 施工现场临时用电的特点

建筑工地施工现场临时用电具有如下特点。

（1）临时性强。这是由建筑工期决定的，一般单位建筑工程工期只有几个月，多则一两年，交工后临时供电设施马上拆除。

（2）建筑工地环境恶劣、施工单位多、工种多、交叉作业多、施工人员多、人员流动性大，管理难度大。

（3）安全条件差。建筑物装修阶段，可燃物质多且乱堆乱放，文明施工差，手持式电动工具多。建筑施工现场有许多工种交叉作业、到处有水泥砂浆运输和灌注、建筑材料的垂直运输和水平运输，随时有触碰供电线路的可能。尤其是在地下室施工时，一般都潮湿、看不清东西。所以，要有科学、可靠地临时供电设计，才能减少触电事故。

（4）用电量变化大。建筑施工在基础施工阶段用电量比较少，在主体施工阶段用电量比较大，在建筑装修和收尾阶段用电量少。

（5）电工和其他作业人员素质参差不齐、违章情况时有发生。

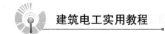

（6）施工单位和人员对临时设施不够重视。

个别施工单位为节约成本，供配电设施拼拼凑凑，设备陈旧马虎，施工质量难以得到可靠保证，给安全用电留下隐患。领导和管理人员对违章现象、违章作业熟视无睹，习以为常，不纠正、不制止、不采取措施，听之任之；施工人员对安全用电工作，多存在侥幸心理。

（7）施工单位存在相关制度陈旧和不规范、管理混乱的情况。

部分工地存在如下问题：有的临时用电设计无配电系统接线图和配电装置布置图、无设备清单；有的计算资料不完整，缺乏实施依据；有的缺乏停送电制度；有的缺乏防火制度；有的无强制性条文的贯彻实施要求；有的管理制度和安全技术措施内容较粗，可操作性不强；有的不进行技术交底或交底不清；极个别施工企业至今仍在引用已于 2005 年 7 月 1 日废止的 JGJ 46-88 规范；有的未按要求履行编制、审核、批准程序等。个别工地在工程实施时全凭施工人员的经验、指挥者的意志，随意性大，极不规范。有的在临时用电工程施工完成后不按要求组织有编制、审核、批准部门和使用单位参加的共同验收就投入使用。

（8）随着建筑施工进度的发展，供电前端不断延伸、发展，因此搬运材料、走路都应注意。

3.4.2 施工现场临时用电的原则

施工现场临时用电因具有其特殊性，要进行合理的临时供电的施工组织设计并严格遵守临时施工用电安全管理制度。

1．建筑施工临时供电的施工组织设计

为了贯彻国家安全生产的方针政策和法规，保障施工现场用电安全，防止触电事故发生，促进建筑事业发展，临时供电对安全用电应可靠地落实。建筑施工现场临时用电中的其他有关技术问题应遵守现行的国家标准、规范或规程的规定。

1）临时用电的施工组织设计

触电事故的几率与用电设备的数量、分布和计算负荷有关，为加强安全技术管理，实现安全用电的目的，需做好临时用电施工组织设计工作。但是考虑到用电设备少、计算负荷少、配电线路简单的小型施工现场的特点，可不作临时用电施工组织设计，只制定安全技术措施和电气防火措施。

临时用电设备在 5 台及以上或设备总容量在 50kW 及以上者，应编制临时用电施工组织设计。临时用电设备在 5 台及以下或设备总容量在 50kW 及以下者，应制定安全用电技术措施和电气防火措施。

2）临时用电施工组织设计的编制

（1）临时用电施工组织设计的编制，主要有以下几个内容。

① 现场勘察。

② 确定电源进线、变电室、配电总量、用电设备的位置及线路的走向。

③ 进行负荷计算。

④ 选择变压器。

⑤ 设计配电系统：a．设计配电线路；b．设计配电装置，选择电器；c．设计接地装置；d．绘制临时用电工程图纸，主要包括用电工程总平面图、配电装置图以及接地装置设计图。

⑥ 设计防雷装置。

⑦ 确定防护措施。

⑧ 制定安全用电措施和电气防火措施。

其中，临时用电工程图纸应单独绘制，临时用电工程应按图施工。

（2）临时用电组织设计及变更时，必须履行“编制，审核，批准”的程序，电气工程技术人员组织编制，经相关部门审核及具有法人资格企业的技术负责人批准后实施。变更用电组织设计时应补充有关图纸资料（强规）。

（3）临时用电工程必须经编制，审核，批准部门和使用单位共同验收，合格后方可投入使用（强规）。

（4）施工现场临时用电，应制定安全用电和电气防火措施，应履行审批手续。

2．建筑施工临时用电安全管理制度

为加强临时用电安全管理，避免人身触电、火灾爆炸及各类电气事故的发生，施工单位需制定临时用电安全管理制度。制度适用于进入以上单位作业的外来施工单位和人员。

1）临时用电审批程序

（1）在运行的生产装置、罐区和具有火灾爆炸危险场所内一般不允许接临时电源。确属生产必须时，在办理临时用电作业许可证的同时，按规定办理用火作业许可证。

（2）施工内部的临时用电，由用电单位持用火作业许可证、电工作业操作证到供电管理部门办理临时用电作业许可证，临时用电作业许可证有效期限应与用火作业许可证一致。

临时用电作业许可证一式三联，第一联由供电审批部门存档，第二联交供电执行单位保存，第三联由临时用电执行人保存。临时用电结束后，临时用电作业许可证第一联由供电执行单位签字后，由用电执行人交供电主管部门注销。

2）施工现场安全用电管理基本要求

（1）临时用电必须严格确定用电时限，超过时限要重新办理临时用电作业许可证的延期手续，同时办理相关的继续用火作业许可证手续。

（2）安装临时用电线路的作业人员，必须具有电工操作证方可施工。严禁擅自接用电源，对擅自接用的按严重违章和窃电处理。电气故障应由电工排除。

（3）临时用电设备和线路必须按供电电压等级正确选用，所用的电气元件必须符合国家规范标准要求，临时用电电源的施工和安装必须严格执行电气施工和安装规范。

① 在防爆场所使用的临时电源，电气元件和线路要达到相应的防爆等级要求，并采取相应的防爆安全措施。

② 临时用电的单相和混用线路应采用五线制。

③ 临时用电线路架空时，不能采用裸线，架空高度在装置内不得低于 2.5m，穿越道路不得低于 5m；横穿道路时要有可靠的保护措施，严禁在树上或脚手架上架设临时用电线路。

④ 采用暗管埋设及地下电缆线路时必须设有“走向标志”及安全标志。电缆埋深不得小于 0.7m，穿越公路在有可能受到机械伤害的地段应采取保护套管、盖板等措施。

⑤ 对现场临时用电配电盘、配电箱要有编号和防雨措施，配电盘箱门必须能牢靠关闭。

⑥ 行灯电压不得超过36V；在特别潮湿的场所或塔、釜、槽、罐等金属设备内作业时，装设的临时照明行灯电压不得超过12V。

⑦ 临时用电设施必须安装符合规范要求的漏电保护器，移动工具、手持式电动工具应一机一闸一保护。

（4）临时供电执行部门送电前要对临时用电线路、电气元件进行检查确认，满足送电要求后，方可送电。

（5）对临时用电设施要有专人维护管理，每天必须进行巡回检查，建立检查记录和隐患问题处理通知单，确保临时供电设施完好。

（6）临时用电单位必须严格遵守临时用电的规定，不得变更临时用电地点和工作内容，禁止任意增加用电负荷，一旦发现违章用电，供电执行单位有权予以停止供电。

（7）临时用电结束后，临时用电单位应及时通知供电执行单位停电，由原临时用电单位拆除临时用电线路，其他单位不得私自拆除。私自拆除而造成的后果由拆除单位负责。

（8）临时用电单位不得私自向其他单位转供电。

（9）临时用电作业许可证是临时用电作业的依据，不得涂改、不得代签，要妥善保管，保存期为一年。

（10）用电结束后，临时施工用的电气设备和线路应立即拆除，由用电执行人所在生产区域的技术人员、供电执行部门共同检查验收并签字。

3）建立安全技术档案

（1）施工现场临时用电必须建立安全技术档案，其中包括用电组织设计的全部资料；用电技术交底资料，如果修改用电设计的，须补修改用电设计资料；用电工程检查验收表；电气设备的试运行和调试记录；接地电阻、绝缘电阻和漏电保护器漏电动作参数测定记录表。

（2）定期复查及检修的内容。

（3）电工安装巡检维修拆除工作记录。

（4）安全技术档案应由电气管理现场的电气技术人员负责建立与管理，其中“电工安装巡检维修拆除工作记录”可指定电工代责，每周由项目经理审核认可，并应在临时用电工程拆除后统一归档。

（5）临时用电工程应定期检查，定期检查时，应复查接地电阻值和绝缘电阻值，发现用电安全隐患必须及时处理与整改。

4）建筑施工电工及用电人员要求

（1）施工现场电工必须经过国家现行标准考核合格后，持证上岗工作；其他用电人员必须通过相关安全教育培训和技术交底，考核合格后方可上岗工作。

（2）安装、巡检、维修或拆除临时用电设备和线路，必须由专业电工完成，并应有人监护。

（3）用电人员移动电气设备时，必须由经电工切断电源并做妥善处理后进行。

（4）电工按规定定期（工地每月、公司每季）对用电线路进行检查，发现问题及时处理，并做好检查和维修记录。

（5）电工操作前应做好防护措施，并应懂得触电急救常识和电器灭火常识。

5）施工监理应做好对施工现场临时用电的安全管理工作

监理要做好施工现场临时用电的安全管理工作，主要的法律、法规依据有以下几个。

（1）国务院颁发的《建设工程安全生产管理条例》。

（2）国标《建设工程施工现场供用电安全标准》GB 50194-93。

（3）行业标准《施工现场临时用电安全技术规范》JGJ 46-2005，此规范从2005年7月1日起实施（原行业标准JGJ　46-88同时废止）。

（4）行业标准《建筑施工安全检查标准》JGJ 59-99。

《条例》规定“工程监理单位在实施监理过程中，发现存在安全事故隐患的，应当要求施工单位整改；情况严重的，应当要求施工单位暂时停止施工，并及时报告建设单位。施工单位拒不整改或者不停止施工的，工程监理单位应当及时向有关主管部门报告。

根据上述要求，监理单位要认真履行好《条例》赋予的职责，从监理的角度做好施工现场临时用电的安全管理工作（不是代行施工单位的安全管理职责），应着重抓好以下工作。

（1）必须认真地、负责任地审查施工单位所报的临时用电组织设计。

① 审核临时用电设计的“编制、审核、批准”是否按程序办理；是否符合强制性条文要求；是否按规定组织了有编制、审核、批准和施工单位参加的验收；是否有临时用电工程检查验收表，验收结论是否合格；验收表和验收结论资料应报监理备查。

② 施工单位报送的施工用电组织设计，编制质量参差不齐，对编制质量高的，可以推广学习。在审核编制质量较差的用电施工组织设计时，要提出问题、纠正错误，提出书面审查意见，或者退回要求重做（退回时应办理发文签字手续）。

③ 检查电工的上岗证（必须持证上岗）。电工必须身体健康，上岗证报监理备案。

（2）工程开工后，第一次对临时施工用电进行检查时，应对整个系统进行全面、认真地检查。检查重点：一是强制性条文执行情况；二是违反规范的情况和习惯性违章情况；三是施工现场电气防火情况；四是规章制度的贯彻执行情况。查出问题，令其整改。

（3）在安全检查中，对现场施工用电的安全情况进行检查，发现问题先口头通知整改，经多次通知仍不整改者，应发监理通知；凡检查出的问题，应同时在工程例会中提出，并在监理月报中反映。

（4）在日常对工程质量进行的巡视检查中，同时检查现场用电情况，以便及时发现问题。

（5）专业监理工程师要加强责任心，要热爱监理工作。同时要加强学习，提高技术业务水平，提高对规范内容特别是对强制性条文的理解，只有这样，才能提高自身的工作水平和监理水平。

（6）临时用电安全工作的管理，应由电气专业监理工程师具体负责，总监、总监代表应对专业监理工程师的工作进行检查和督促。

（7）专业监理工程师可向施工单位发出施工现场供用电安全技术措施和要求，请总包、分包单位在工作中贯彻执行。

（8）专业监理工程师应严格按上述要求从监理的角度管好施工现场临时用电的安全工作，提倡六勤，即勤巡视、勤检查、勤沟通、勤动口、勤动笔、勤汇报，把工作做到位，为减少甚至杜绝触电伤亡、火灾、设备事故做出努力和贡献。

3.4.3 施工现场临时用电的基本保护系统

为了保障安全性，施工现场临时用电必须采取保护措施，有如下几条。

（1）TN-S 系统。

（2）三相五线制（在不用照明的情况下也可以考虑三相四线制，无工作零线）。

（3）三级配电、两级保护。

① 三级配电：配电箱应作分级设置，即在总配电箱下，设分配电箱，分配电箱以下设开关箱，开关箱以下就是用电设备，形成三级配电。这样配电层次清楚，既便于管理又便于查找故障。同时要求，照明配电与动力配电最好分别设置，自成独立系统，不致因动力停电影响照明。

② 两级保护：主要指采用漏电保护措施，除在末级开关箱内加装漏电保护器外，还要在上一级分配电箱或总配电箱中再加装一级漏电保护器，总体上形成两级保护。

（4）一机一闸一漏一箱。

每台用电设备应有各自专用的开关箱，不允许将两台用电设备的电气控制装置合置在一个开关箱内，避免发生误操作等事故。必须实行“一机一闸”制，严禁同一个开关电器直接控制两台及两台以上用电设备，防止误操作事故的发生。

小结

☆ 企业供配电系统是用于企业内部接受、变换、分配和消费电能的，必须安全可靠，由外部电源系统、内部变配电系统两部分组成，根据企业用电容量大小选用不同等级的供电电压和配电电压。

☆ 电力负荷有多种分类方法，按对供电可靠性的要求分为一级负荷、二级负荷和三级负荷，不同级别的负荷有不同供电要求。

☆ 用电设备工作制分为连续运行工作制、短时运行工作制和断续周期工作制。连续运行工作制、短时运行工作制的设备容量为设备的额定容量，断续周期工作制的设备容量是将不同暂载率下的铭牌额定容量统一换算到规定的暂载率下的容量。

☆ 电力负荷计算常用的方法是需要系数法，电力用户的需要系数可查附表。

需要系数：$K_x = \dfrac{K_s K_L}{\eta_e \eta_{WL}}$

电力负荷计算：$P_c = K_x P_e$

$Q_c = P_c \tan\varphi$

$S_c = \sqrt{P_c^2 + Q_c^2}$

$I_c = S_c / \sqrt{3} U_c$

☆ 低压配电方式有放射式、树干式和环形等基本接线方式，每种接线方式的优缺点不同其应用范围也不一样。

☆ 低压配电线路中使用的导线主要有电线和电缆，在建筑供配电系统中，导线截面积按

发热条件选择，校验允许的电压损失和机械强度。

☆ 熔断器在低压供配电系统中起短路保护作用。按电气线路额定电压、计算电流、使用场所、分段能力，以及配电系统前后级选择性配合等因素进行选择。

☆ 施工现场临时用电情况复杂，安全隐患大，务必引起高度重视，必须进行建筑施工临时供电施工组织设计，建立建筑施工临时用电安全管理制度，建立安全技术档案。

自评表

序号	自评项目	自评内容	项目配分	项目得分
1	建筑供配电系统	供配电系统基本要求	5分	
		供配电系统的作用	4分	
		建筑供配电系统常见的形式	6分	
2	电力负荷计算	电力负荷分类方法	5分	
		各级电力负荷供电要求	6分	
		各种工作制设备容量的计算	6分	
		需要系数的含义	5分	
		利用需要系数法计算电力负荷	12分	
3	低压配电线路与保护装置的选择	低压配电线路的接线方式及其应用	5分	
		导线截面选择条件	4分	
		按热条件计算导线截面	4分	
		低压熔断器的选择方法	8分	
		低压开关的选择方法	8分	
4	施工现场临时用电	施工临时用电的主要特点	5分	
		临时施工用电组织设计编制的基本内容	5分	
		临时施工用电管理审批程序	4分	
		电工及用电人员的基本要求	4分	
		施工临时用电的基本保护系统	4分	
合计				

习题 3

1．供配电系统的基本要求是什么？

2．用电量为 1000kVA 的小型企业通常采用哪种形式的供配电系统？

3．什么叫电力负荷？电力负荷可分为几类？各自的供电要求是什么？

4．用电设备工作制分为哪几类？建筑工地的起重机属于其中哪一类？

5．某施工现场有一吊车，额定功率为 25kW，负载持续率 JC=40%，求换算到 JC=25%时的设备容量。

6．低压配电线路的接线方式有哪几种？

7．导线选择的一般原则和要求是什么？

8．某建筑工地上的计算负荷为30kW，$\cos\varphi$=0.8，距变电所300m，铝线架空敷设，环境温度为30℃，试选择输电线路的导线截面积。

9．保护装置包括哪些？

10．施工现场临时用电必须采取哪些保护措施？

项目四

建筑电气照明

项目描述：建筑电气照明是建筑物的重要组成部分，照明质量优劣既影响建筑物的功能，又影响建筑的艺术效果，因此必须学好建筑电气照明的相关知识。本项目主要介绍了照明基础知识、照明标准，灯具布置、工作面照度计算，建筑物照明及照明线路。通过学习，熟悉民用建筑照度标准，会根据环境照度标准要求，合理选择光源、灯具，并合理布局，学会初步规划设计民用建筑电气照明系统。

教学导航

任　务	重　点	难　点	关键能力
照明基础知识和照明标准	照度标准值	根据环境照明质量要求选取照度标准值	根据环境照明质量要求选取照度标准值
灯具布置与照度计算	灯具布置	工作面照度计算(利用系数法和单位电功率法)	设置灯具布局的最大允许距高比 S/H；工作面照度计算（利用系数法和单位电功率法）
建筑物照明	住宅照明、办公室照明、夜景照明的基本要求	住宅、学校、工厂、办公室、夜景照明的规划设计	住宅、学校、工厂、办公室、夜景照明的规划设计
照明线路	需要系数法； 单位建筑面积负荷法	估算照明线路的计算电流	估算照明线路的计算电流；根据具体需要选择照明线路导线的类型、导线截面积

任务一　照明基础知识和照明标准

任务目标

（1）理解光的概念，常用光度量及单位。

（2）掌握光源色温，熟悉照明方式、照明种类。

（3）理解照度标准值，熟悉照明质量主要因数。

（4）会根据环境要求选择适当色温的光源，会根据环境照明质量要求选取照度标准值。

4.1.1　照明基础知识

电气照明是建筑物的重要组成部分。照明设计的优劣除了影响建筑物的功能，还影响建筑的艺术效果。因此必须熟悉照明系统的概念和掌握基本的照明技术。

1．光的概念

光是指能引起视觉的电磁波，这部分的波长约在红光的 0.78μm 到紫光的 0.38μm 之间。它在电磁波中的位置如图 4.1 所示。

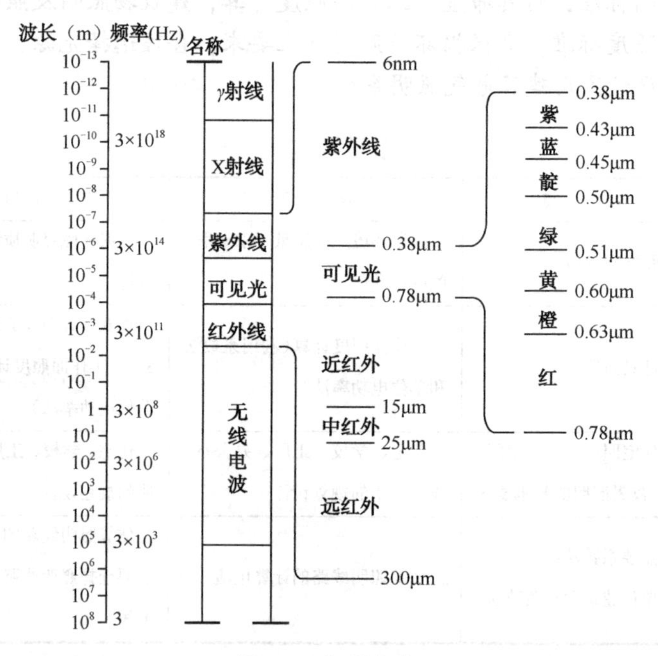

图 4.1　电磁波谱

如图 4.1 所示光的电磁波谱图描述了光的波动性。波长在 0.78μm～1000μm 的电磁波称为“红外线”，在 0.38μm 以下的电磁波称为“紫外线”。红外线和紫外线不能引起视觉，但是可以用光学仪器或通过摄影来察觉这种光线，所以在光学上，光也包括红外线和紫外线。

2．常用光度量及其单位

建筑照明的标准是在广泛的调查研究基础上，认真总结了我国工业与民用建筑照明设计

的实践经验，参考国际标准和国外先进标准，由建设部会同各部门确定的。本章中所涉及的各种术语及标准，均以国际及国内标准《建筑照明设计标准》（GB 50034-2004）、《城市道路照明设计标准》（GJJ 45-2006）为依据。

1）光通量

光源以辐射形式发射、传播并能使标准光度观察者产生光感的能量，称为光通量。用 Φ 表示，单位为流明（lm），流明是国际单位制单位。

光通量是光源的一个基本参数，是说明光源发光能力的基本量。例如，220V/40W 普通白炽灯的光通量为 350lm，而 220V/36W 荧光灯的光通量大于 3000lm，是白炽灯的几倍。简单地说，光源光通量越大，人们感觉周边的环境越亮。

2）发光效率

光源的发光效率通常简称光效。针对照明灯而言，它是指光源发出的总光通量与灯具消耗电功率的比值，也就是单位功率的光通量。例如，一般白炽灯的发光效率约为 7.3～18.6lm/W，荧光灯的发光效率约为 85～95lm/W，可见荧光灯的发光效率比白炽灯高。发光效率高，说明在同样的亮度下，荧光灯光源的使用功率小，即可以节约电能。

3）发光强度

一个光源在给定方向上立体角元内发射的光通量 $d\Phi$ 与该立体角元 $d\Omega$ 的比值，称为光源在这个方向上的发光强度，用 I 表示，单位是坎德拉（cd）。发光强度的计算公式为：

$$I=\frac{d\Phi}{d\Omega} \tag{4.1}$$

式中 I——发光强度，单位坎德拉，符号为 cd。

$d\Omega$——球面上某一微元面积对球心形成的立体角元，单位为球面度，符号为 sr。对整个球体而言，它的球面度 $\Omega=4\pi$。

工程上，光源或光源加灯具的发光强度常见于配光曲线图，表示了空间各个方向上光强的分布情况。

4）照度

照度指物体被照亮的程度，采用单位面积所接受的光通量来表示，单位为勒克斯（lx），即 lm/m^2。1 勒克斯等于 1 流明（lm）的光通量均匀分布于 $1m^2$ 面积上的光照度。常见情况下的照度对比见表 4.1。

表 4.1 照度对比

各种情况照度对比	照度（lx）
无月夜晚的地面上	0.002
月夜里的地面上	0.2
中午太阳光的地面上	100000
晴天室外太阳散射光（非直射）下的地面上	1000
白天采光良好的室内	100～500

5）亮度

亮度是指发光体（反光体）表面发光（反光）强弱的物理量。人眼从一个方向观察光源，在这个方向上的光强与人眼所“见到”的光源面积之比，定义为该光源单位的亮度，即单位投影面积上的发光强度。亮度的单位是坎德拉/平方米（cd/m^2），亮度是人对光的强度的感受，它是一个主观的量。

表面一点在给定方向上的亮度，是包含这点的面元在该方向的发光强度 dI 与面元在垂直于给定方向上的正投影面 d$A\cos\theta$ 的比值。亮度用 L 表示，单位是坎德拉每平方米，符号为 cd/m^2 。亮度定义的图示如图 4.2 所示，计算公式为：

$$L=\frac{\mathrm{d}I}{\mathrm{d}A\cos\theta} \tag{4.2}$$

式中 L——亮度（cd/m^2）；

I——发光强度；

A——发光面积（m^2）；

θ——表面法线与给定方向之间的夹角，单位为度。

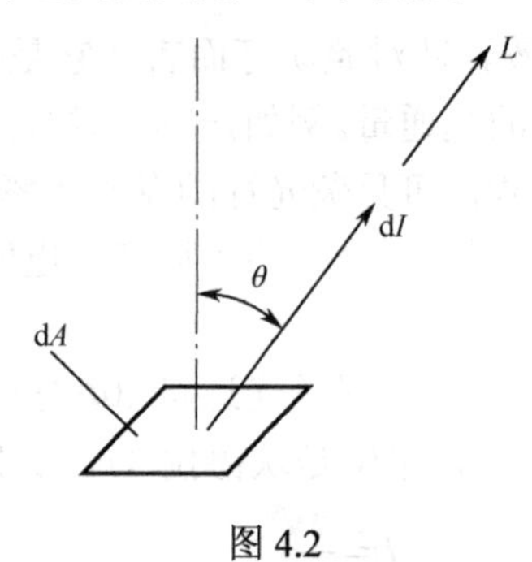

图 4.2

3．光源色温

色温是表示光源光谱质量最通用的指标。色温是按绝对黑体来定义的，光源的辐射在可见区和绝对黑体的辐射完全相同时，此时黑体的温度就称此光源的色温。例如，温度为 2000K 的光源发出的光呈橙色，3000K 左右的光源发出的光呈橙白色，4500～7000K 的光源发出的光近似白色。低色温光源的特征是能量分布中，红辐射相对要多些，通常称为“暖光”；色温提高后，能量分布中，蓝辐射的比例增加，通常称为“冷光”。

光源既然有颜色，就会给人带来冷暖的感觉，这种感觉可以由光源的色温高低来确定。通常色温小于 3300K 时产生温暖感，大于 5000K 产生冷感，3300～5000K 时产生爽快感。所以在照明设计时，可根据不同场合，采用具有不同色温的光源，使人在其中时获得最佳舒适感。

4．照明方式与种类

1）照明方式

一般照明：不考虑特殊部位的需要，为照亮整个场地而设置的照明方式。局部照明适用场所：仓库、某些生产车间、办公室、会议室、教室、候车室、营业大厅等。

分区一般照明：根据需要提高特定区域照度的一般照明方式，如工厂车间的组装线、运输带、检验场地等。

局部照明：为满足某些部位的特殊需要而设置的照明方式。在很小范围内的工作面，通常采用辅助照明设施来满足特殊工作的需要，如车间内的机床灯、商店橱窗的射灯、办公桌上的台灯等。

混合照明：由一般照明和局部照明组成的照明方式，即在一般照明的基础上再增加局部照明，这样有利于提高照度和节约电能。

2）照明种类

按光照形式分类：直接照明、半直接照明、均匀漫射照明、半间接照明、间接照明、定向照明、重点照明、漫射照明、泛光照明。

按照明用途分类：正常照明、应急照明、疏散照明、安全照明、备用照明、值班照明、警卫照明、障碍照明、装饰照明、广告照明、艺术照明。

4.1.2　照度标准

照度的正确选择与计算是电气照明设计的重要任务。在照明工程中，照度的设计计算应按照国家标准进行。目前我国的照明设计标准有《工业企业照明设计标准》（GB 50034-92），和《民用建筑照明设计标准》（GBJ 133-90）。

工业企业和民用建筑照明照度标准值均按以下系列分级：0.5lx、1lx、2lx、3lx、5lx、10lx、15lx、20lx、30lx、50lx、75lx、100lx、150lx、200lx、300lx、500lx、750lx、1000lx、1500lx和2000lx。

常见建筑物照明设计的照度标准值见表4.2～4.4。

表4.2　办公楼建筑照明的照度标准值

类别	参考平面及其高度	照度标准值（lx）		
		低	中	高
教室、办公室、报告厅、会议室、接待室、陈列室、营业厅	0.75m水平面	100	150	200
有视觉显示屏的作业	工作台水平面	150	200	300
设计室、绘图室、打字室	实际工作面	200	300	500
装订、复印、晒图、档案室	0.25m水平面	75	100	150
值班室	0.75m水平面	50	75	100
门厅	地面	30	50	75

注：对于有视觉显示屏的作业，屏幕上的垂直照度不应大于150lx。

表4.3　商店建筑照明的照度标准值

类　别		参考平面及其高度	照度标准值（lx）		
			低	中	高
一般商店营业厅	一般区域	0.75m水平面	75	100	150
	柜台	柜台面上	100	150	200
	货架	11.5m垂直面	100	150	200
	陈列柜、橱窗	货物所处平面	200	300	500
室内菜市场营业厅		0.75m水平面	50	75	100
自选商场营业厅		0.75m水平面	150	200	300
试衣室		试衣位置1.5m高处垂直面	150	200	300
收款处		收款台面	150	200	300
库房		0.75m水平面	30	50	75

注：陈列柜和橱窗是展示重点、时新商品的展柜和橱窗。

表 4.4　住宅建筑照明的照度标准值

类　别		参考平面及其高度	照度标准值（lx）		
			低	中	高
起居室、卧室	一般活动区	0.75m 水平面	20	30	50
	书写、阅读	0.75m 水平面	150	200	300
	床头阅读	0.75m 水平面	75	100	150
	精细作业	0.75m 水平面	200	300	500
餐厅或方厅、厨房		0.75m 水平面	20	30	50
卫生间		0.75m 水平面	10	15	20
楼梯间		地面	5	10	15

在《民用建筑照明设计标准》中根据各类建筑的不同活动或作业类别，将照度标准值规定为高、中、低 3 个值。设计人员应根据建筑等级、功能要求和使用条件，从中选取适当的标准值，一般情况取中间值。

照明装置在使用期间，由于光源光通量的衰减以及光源、灯具和被照面受污染等因素，不能长久保持初使用时的照度值，因此在照明设计计算时，需要计入照度维护系数。经过一段时间工作后，照明系统的作业面上产生的平均照度（即维持照度），与系统安装时的平均照度（初始照度）的比值称为照度维护系数。维持照度等于设计的初始照度乘以照度维护系数。常用照明系统的照度维护系数见表 4.5。

表 4.5　照度维护系数

环境污染特征		房间或场所	灯具最少擦拭次数（次/年）	照度维护系数
室内	清洁	卧室、办公室、餐厅、阅览室、教室、病房、客房、仪器仪表装配间、电子元器件装配间、检验室等	2	0.80
	一般	商店营业厅、候车室、影剧院、机械加工车间、机械装配车间、体育馆等	2	0.70
	污染严重	厨房、锻工车间、铸工车间、水泥车间	3	0.60
室外		雨棚、站台	2	0.65

照度是决定受照物体明亮程度的间接指标，因此，常将照度水平作为衡量照明质量最基本的技术指标之一。由于在影响视力的因素方面，最重要的是被观察物的大小和同背景亮度的对比程度，所以在确定被照环境所需照度水平时，必须考虑被观察物的大小尺寸，要使电气照明达到良好的质量，必须处理好影响照明的照度均匀与稳定性、适当的亮度分布、限制眩光和减弱阴影、光源的显色性和照明的经济性几个主要因素。

任务二 灯具布置与照度计算

任务目标

（1）了解常用照明电光源。

（2）理解灯具的作用、分类，灯具布局。

（3）会设置灯具布局的最大允许距高比 *S/H*。

（4）会计算工作面照度（利用系数法和单位电功率法）。

人类最早发明的电光源是弧光灯和白炽灯。1807 年英国的戴维制成了碳极弧光灯。1878 年美国的布拉许利用弧光灯在街道和广场照明取得成功。1879 年 10 月 22 日，美国著名电学家和发明家爱迪生点燃了第一盏真正有广泛实用价值的电灯，揭开了电应用于日常生活的序幕。随着科学技术突飞猛进，各种发光效率高、显色效果好、使用寿命长的新型电光源产品相继出现，广泛应用于建筑照明中。

4.2.1 照明电光源

1. 分类

根据发光原理，电光源可分为热辐射发光光源、气体放电发光光源和其他发光光源。电光源分类如图 4.3 所示。

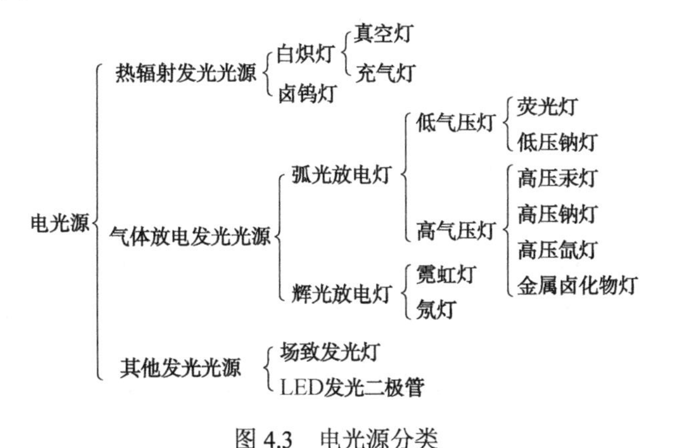

图 4.3 电光源分类

2. 常用电光源的命名方法

白炽灯光源的型号一般包括 3 部分，如图 4.4 所示。

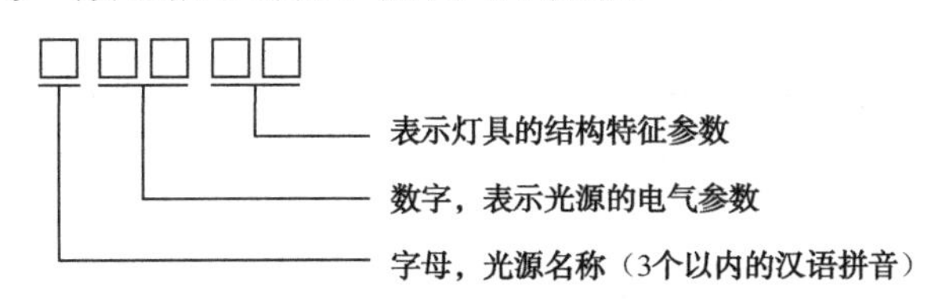

图 4.4 白炽灯光源的型号组成

型号标注由 5 部分组成，从左至右，第一部分为字母，由表示电光源名称主要特征的 3 个以内的汉语拼音字母组成；第二部分和第三部分一般为数字，主要表示光源的电气参数；有些名称、电气参数相同，但结构形式不同的灯泡，则需要增加第四部分和五部分，由表示灯结构特征的 1～2 个词头汉语拼音字母或有关数字组成。第四和第五部分作为补充部分，在生产或流通领域中使用时可以灵活取舍。

例如，PZ 220-100-E 27，PZ 表示普通照明；220 表示额定工作电压为 220V；100 表示功率为 100W；E 表示螺口式灯头（B 表示插口）；27 表示灯头（螺口）直径为 27mm。常用白炽灯光源型号的组成见表 4.6。

表 4.6　常用白炽灯光源型号的组成

电光源名称	型号的组成			举　例
	第 一 部 分	第 二 部 分	第 三 部 分	
白炽普通照明灯泡	PZ	额定电压	额定功率	PZ220-40
反射照明灯泡	PZF			PZF220-40
装饰灯泡	ZS			ZS220-40
摄影灯泡	SY			SY6
卤钨灯	LJG			LJG220-500

气体放电光源的型号一般由 3 部分组成，如图 4.5 所示。

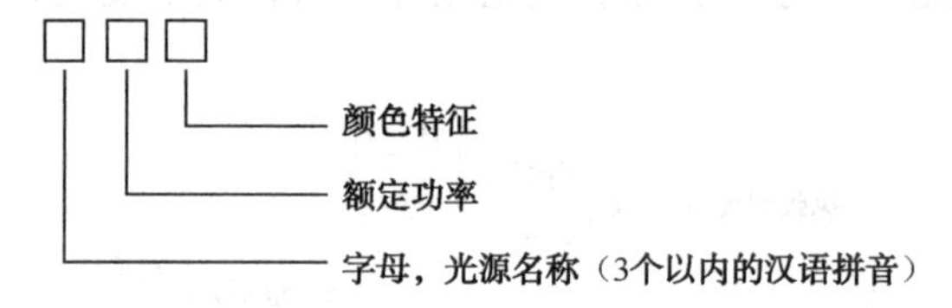

图 4.5　气体放电光源的型号组成

第一部分为字母，由表示光源名称的 3 个以内的汉语拼音字母组成；第二部分表示额定功率；第三部分表示颜色特征。常用气体放电光源型号的组成见表 4.7。

例如，YH 40 RR，YH 表示环形荧光灯管；40 表示功率 40W；RR 表示日光色。

表 4.7　常用气体放电光源型号的组成

电光源名称	型号的组成			举　例
	第 一 部 分	第 二 部 分	第 三 部 分	
直管型荧光灯	YZ	额定功率	RR 如光色 RL 冷光色 RN 暖光色	YZ40RR
U 型荧光灯	YU			YU40RL
环形荧光灯	YH			YH40RR
自镇流荧光灯	YZZ			YZZ40
紫外线荧光灯	ZW			ZW40
荧光高压汞灯泡	GGY			GGY50
自镇流荧光高压汞灯泡	GYZ			GYZ250
低压钠灯	ND			ND100

续表

电光源名称	型号的组成			举 例
	第 一 部 分	第 二 部 分	第 三 部 分	
高压钠灯	NG	额定功率	RR 如光色 RL 冷光色 RN 暖光色	NG200
管型氙灯	XG			XG1500
球形氙灯	XQ			XQ1000
金属卤化物灯	ZJD			ZJD100
管型镝灯	DDG			DDG1000

4.2.2 灯具布置

灯具是透光、分配和改变光源分布的器具，包括除光源之外的所有用于固定和保护光源的全部零、部件，以及与电源连接所必需的线路附件。照明灯具在节约能源、保护环境和提高照明质量等方面具有重要作用，常见的照明灯具有白炽灯、荧光灯、霓虹灯等。

1．灯具的作用

1）光控作用

利用灯具如反射罩、透光棱镜、格栅或散光罩灯等，将光源所发出的光重新分配，照射到被罩面上，满足各种照明场所的光分布，达到照明的控光作用。

2）保护光源

保护光源免受机械损伤和外界污染；将灯具中光源产生的热量尽快散发出去，避免因灯具内部温度过高，使光源和导线过早老化和损坏。

3）操作安全

灯具具有电气和机械安全性。在电气方面，采用符合使用环境条件（如防潮、防水，确保绝缘性和耐压性）的电气零件和材料。避免带来触电与短路；在灯具的构造上，要有足够的机械强度，有抗风、雨、雪的性能。

4）美化环境

灯具分功能性照明灯具和装饰性照明灯具。功能性主要考虑保护光源，提高光效，降低眩光，而装饰性就要达到美化环境和装饰效果，所以要考虑灯具的造型和光线的色泽。

2．灯具的分类

照明灯具通常根据方式的不同，大致可分为如下几类：壁灯、吸顶灯、嵌入式灯、吊灯、地脚灯、台灯、落地灯、庭院灯、道路广场灯、移动台灯、自动应急照明灯、民间灯与节日灯、投光灯、专业用灯。

3．灯具的选择

选择灯具时，在保证满足使用功能和照明质量的前提下，应重点考虑灯具的效率和经济性，并进行初始投资费、年运行费和维修费的综合计算。其中初始投资费包括灯具费、安装费等；年运行费包括每年的电费和管理费；维修费包括灯具检修和更换费用等。

在经济条件比较好的地区，可选用灯具效率高，造型美观并且实用的新型灯具，进行一次性较大投资，降低年运行费和维修费用。

4.2.3 灯具布局

灯具的布置即确定灯具在房间内的空间位置。它与光的投射方向、工作面的照度、照度的均匀性、眩光的限制以及阴影等都有直接的关系。灯具的布置是否合理还关系到照明安装容量和投资费用，以及维护检修的方便与安全性。

1．布灯要求

（1）灯具布置必须以满足生产工作、活动方式的需要为前提，充分考虑被照面照度分布是否均匀，有无挡光阴影及光的强度。

（2）考虑灯具布置的艺术效果与建筑物是否协调，产生的心理效果以及造成的环境气氛是否恰当。

（3）考虑灯具安装是否符合电气技术规范和电气安全的要求，并便于安装、检修与维护。

2．一般照明方式的典型布灯法

1）点状光源布灯

点状光源布灯是将灯具在顶棚上均匀地按行列布置，如图 4.6 所示。灯具与墙的间距取灯间距的 1/2 倍，如果靠墙区域有工作桌或设备，灯具与墙的间距也可取 1/3～1/4 灯间距。

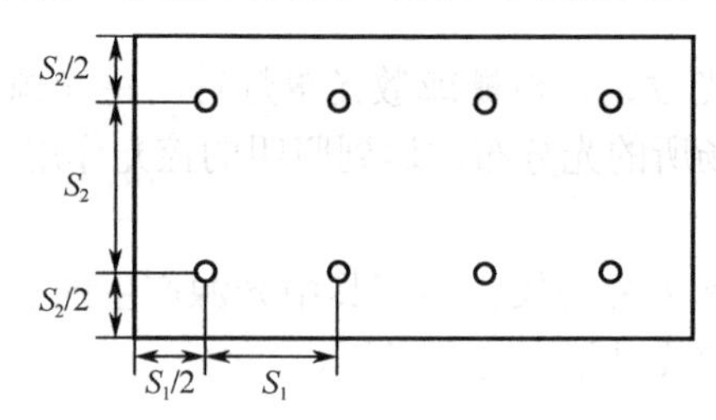

图 4.6 点状光源布灯法

2）线状光源布灯

如图 4.7 所示，布置线状光源时希望光带与窗平行，光线从侧面投向工作桌，灯管的长度方向与工作桌面长度方向垂直，这样可以减少光幕反射引起的视觉功能下降。靠墙光带与墙之间的距离一般取 $S/2$，若靠墙有工作台，可取 $S/3$～$S/4$，光带端部与墙的距离不大于 500mm。

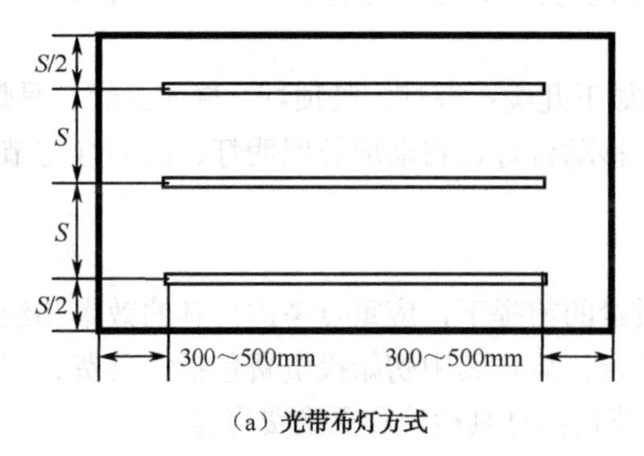

（a）光带布灯方式

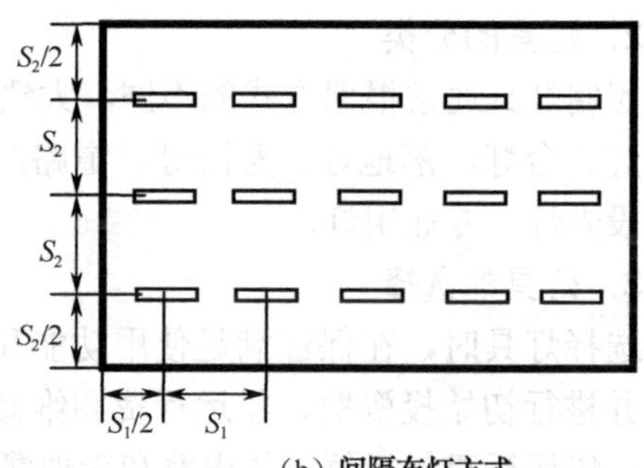

（b）间隔布灯方式

图 4.7 线状光源布灯法

线状布灯方式下，房间内光带的最少排数：

$$N = \frac{房间宽度}{最大允许间距}$$

线光源纵向灯具的个数：

$$N_1 = \frac{房间长度-1}{光源长度}$$

式中，房间长度和光源长度的单位是米（m）。

3．灯具的悬挂高度

为了达到良好的照明效果，避免眩光的影响，保证人们的活动空间，防止碰撞，避免发生触电，保证用电安全，灯具要有一定的悬挂高度。对于室内照明而言，通常最低悬挂高度为 2.4m。

4．满足照度分布均匀的合理性

与局部照明、重点照明、加强照明不同，大部分建筑物都会按均匀的布灯方式布灯。例如将同类型的灯具按照不同的几何图形，如矩形、菱形、角形、满天星等布置在车间、商店、大厅等场所的灯棚上，以满足照度分布均匀的基本要求。一般在这些场所要求的设计照度均匀度不低于 0.7 。

照度是否均匀还取决于灯具布置间距和灯具本身的光分布特性（配光曲线）两个条件。为了设计方便，常常给出灯具的最大允许距高比 S/H。

如图 4.8 所示，当灯下面的照度 E_0 等于相邻灯具中点处的照度 E_1 时，此两灯的距离 S 与高度 H 之比称为最大允许距高比，此时，$E_1 = \frac{E_0}{2} + \frac{E_0}{2} = E_0$。

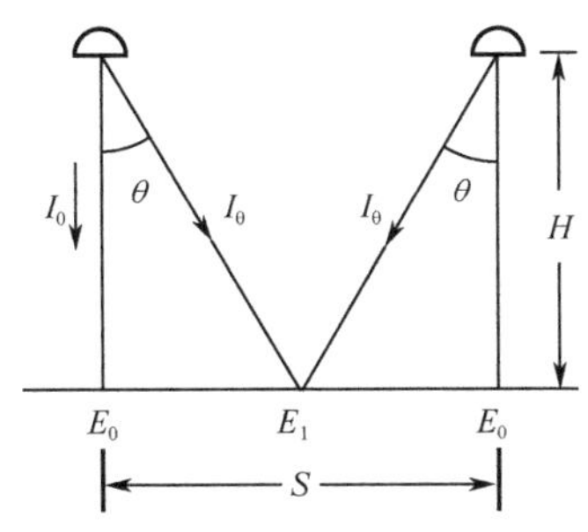

I_0—灯具投射角为$\theta°$ 时的光强（cd）；I_θ—灯具投射角为θ时的光强（cd）；

H—灯具安装高度（m）；S—两灯具的间距（m）

图 4.8 最大允许距高比 S/H 示意图

最大允许距高比还有另一种定义方法，即四个相邻灯具在场地中央的照度之和与一个灯具在垂直地面下方的照度相等时，布灯的 S/H 值称为最大允许距高比。

最大允许距高比利用照明器直射光计算得出。对漫射配光灯具，要考虑房间内的光反射作用，应将距高比提高 1.1～1.2 倍，如荧光灯具、混光灯具等应给出两个方面的 S/H 值。为保证照度的均匀性，在任何情况下布灯的距高比要小于允许距高比。

根据研究，各种灯具最有利的距高比如表 4.8 和表 4.9 所示，已知灯具至工作面的高度为 H，根据表中的 S/H 值，就可以确定灯具的间距 S。如图 4.9 所示给出了电光源灯具的几种布置方法和 S 的计算公式。

表 4.8　灯具最有利的距高比 *S/H*

灯具形式	多列布置时的距高比 S/H		单列布置时的距高比 S/H	
	最有利值	最大允许值	最有利值	最大允许值
圆球灯，防水防尘灯	2.3	3.2	1.9	2.5
无罩，磨砂罩万能型灯	1.8	2.5	1.8	2.0
深罩型灯，塔型灯	1.5	1.8	1.5	1.7
镜面深罩灯，下部有玻璃格栅的荧光灯	1.2	1.4	1.2	1.4

表 4.9　荧光灯的最大允许距高比值

名　称	功率（W）	型　号	效率（%）	光通量（lm）	距高比 S/H	
					A—A	B—B
筒式荧光灯	1×40	YG1-1	81	2400	1.62	1.22
	1×40	YG2-1	88	2400	1.46	1.28
	2×40	YG2-2	97	2×2400	1.33	1.28
封闭型	1×40	YG4-1	84	1×2400	1.52	1.27
封闭性	2×40	YG4-2	80	2×2400	1.41	1.26
吸顶式	2×40	YG6-2	86	2×2400	1.48	1.22
吸顶式	3×40	YG6-3	86	3×2400	1.50	1.26
塑料格栅嵌入式	3×40	YG15-3	45	3×2400	1.07	1.05
铝格栅嵌入式	2×40	YG15-2	63	2×2400	1.28	1.20

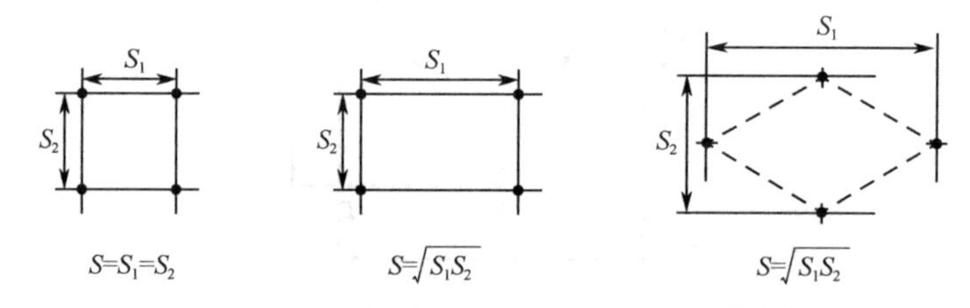

图 4.9　电光源灯具的几种布置方法及 *S* 的计算公式

4.2.4　照度计算

照度计算的方法通常有利用系数法、单位功率法和逐点计算法 3 种。利用系数法和单位功率法主要用来计算工作面的平均照度；逐点计算法主要用来就算工作面任意点的照度。任何一种计算方法，都只能保证基本准确，计算结果误差范围在-10%～+20%，这里只介绍前两种方法。

1．利用系数法

利用系数法是计算工作面上平均照度常用的一种计算方法。它是根据光源的光通量、房间的几何形状、灯具的数量和类型确定工作面平均照度的计算方法，又称流明计算法。工作面上的光通量通常是直接照射和经过室内表面反射后间接照射的光通量之和，因此，在计算

光通量时，要进行直接光通量与间接光通量的计算，增加了计算的难度。因此，在实际设计时，引入利用系数的概念，使问题简单化。

1）平均照度的基本公式

计算平均照度的基本公式为：

$$E_{av}=\frac{\Phi NUK}{A} \tag{4.3}$$

式中 E_{av}——工作面上的平均照度（lx）；

Φ——光源光通量（lm）；

N——光源数量；

U——利用系数；

K——灯具的维护系数，见表4.5；

A——工作面面积（m^2）。

2）室内空间的表示方法

为了方便计算，以 $l\times w$ 的房间举例，把房间从空间高度 h 上分成3部分，灯具出光口平面到顶棚之间的空间叫做顶棚空间 h_c；工作面到地面之间的空间叫做地板空间 h_f；灯具出光口平面到工作面之间的空间叫做室内空间 h_r，如图4.10所示，它们的空间比为：

室空间比
$$RCR=\frac{5h_r(l+w)}{l\times w} \tag{4.4}$$

顶棚空间比
$$CCR=\frac{5h_c(l+w)}{l\times w}=\frac{h_c}{h_r}\times RCR \tag{4.5}$$

地板空间比
$$FCR=\frac{5h_f(l+w)}{l\times w}=\frac{h_f}{h_r}\times RCR \tag{4.6}$$

式中 l——室长（m）；

W——室宽（m）；

h_c——顶棚空间高，即灯具的垂度（m）；

h_r——室空间高，即灯具的计算高度（m）；

h_f——地板空间高，即工作面的高度（m）。

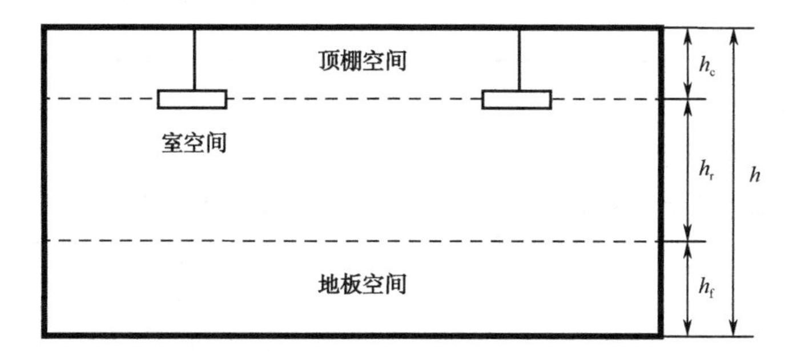

图4.10 室内空间的划分

3）有效空间反射比

为了计算简化，将顶棚空间视为位于灯具平面上且具有有效反射比ρ_c的假想平面。同样，将地板空间视为位于工作平面下且具有有效反射比ρ_f的假想平面。光在假象平面上的反射效果同实际效果一样。空间假想平面的有效反射比（空间有效反射比）为：

$$\rho_0=\frac{\rho A_0}{A_s-\rho A_s+\rho A_0} \tag{4.7}$$

式中 ρ_0 ——顶棚或地板空间各表面的平均反射比；

A_0——顶棚或地板平面面积（m^2）；

A_s——顶棚或地板空间内所有表面的总面积（m^2）。

ρ——顶棚或地板空间平均反射比。

顶棚空间或地面空间，一般由一个面或多个面组成，空间内各部分的实际反射比不相同时，其空间反射比的平均值是：

$$\rho=\frac{\sum \rho_i A_i}{\sum A_i} \tag{4.8}$$

式中 A_i——第 i 块表面的面积（m^2）；

ρ_i——该表面的实际反射比。

长期连续作业（超过 7 小时）受照房间的反射比可按表 4.10 确定，实际建筑表面（含墙壁、顶棚和地板）的反射比近似值可按表 4.11 确定。

表 4.10 房间表面的反射比

表面名称	顶　棚	墙　壁	地　面	设　备
反射比	0.6～0.9	0.3～0.8	0.1～0.5	0.2～0.6

表 4.11 建筑表面的反射比近似值

建筑表面情况	反射比（%）
刷白的墙壁、顶棚、装有白色窗帘的窗子	70
刷白的墙壁，但窗子未装窗帘或挂有深色窗帘布；刷白的顶棚，但房间潮湿；虽未刷白，但墙壁和顶棚干净光亮	50
有窗帘的水泥墙壁、水泥顶棚；木墙壁、木顶棚；糊有浅色纸的墙壁、顶棚；水泥地面	30
有大量灰色灰尘的墙壁、顶棚；无窗帘遮蔽的玻璃窗；未粉刷的砖墙；糊有深色纸的墙壁、顶棚；较脏污的水泥地面、油漆、沥青等地面	10

4）利用系数 U

利用系数是灯具光强分布、灯具效率、房间形状、室内表面反射比的函数，其计算比较复杂。为此常按一定条件编制灯具利用系数表，以供设计人员使用。

YG1-1 型 40W 荧光灯具的利用系数表见附录 8，该表在使用时允许采用内插法计算。表上所列的利用系数是地板空间反射比为 0.2 时的数值，若地板空间反射比不是 0.2，则应该应用适当的修正系数进行修正（附录 9）。如计算精度不高，也可不进行修正。

5）应用系数法计算平均照度的步骤

（1）计算室空间比 RCR、顶棚空间比 CCR 和地板空间比 FCR。

（2）计算顶棚的有效空间反射比。按照公式 4.7 求出顶棚空间有效反射系数ρ_c，当顶棚空间各面反射比不相等时，由公式 4.8 求出顶棚空间的平均反射比ρ，然后由公式 4.7 求出。

（3）计算墙面平均反射比。由于房间开窗或装饰物遮挡等原因，会引起的墙面的变化，

求利用系数时，墙面反射比采用加权平均值，可利用公式 4.8 求得。

（4）计算地板空间的有效反射比。地板空间同顶棚空间一样，可利用同样的方法求出有效反射比。计算地板空间有效反射比时应注意，利用系数表中的数值按照ρ=0.2 算出，当不是该值时，若要求较精确的结果，则应修正利用系数，修正系数见附录 9，如果计算精度要求不高，也可不做修正。

（5）查灯具维护系数。

（6）确定利用系数。

（7）计算平均照度。

例 4.1 已知教室长 11.3m，宽 6.4m，高 3.6m，在离顶 0.5m 的高度内安装 YG1-1 型 40W 荧光灯 10 只，光源的光通量为 2400lm，课桌高度为 0.8m，室内空间及各表面的反射比如图 4.11 所示。试用利用系数法计算课桌面上的平均照度。

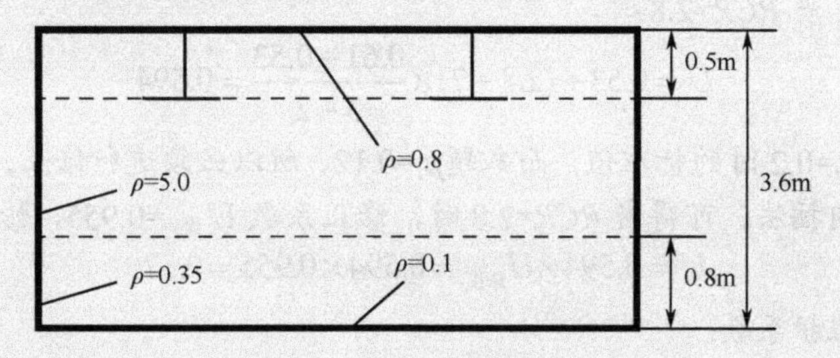

图 4.11 室内各表面的反射比

解 （1）求室内空间比。

$$RCR=\frac{5h_{\mathrm{r}}(l+w)}{l\times w}=\frac{5\times(3.6-0.5-0.8)\times(11.3+6.4)}{11.3\times6.4}=2.8$$

（2）求顶棚空间的有效反射比ρ_{c}

顶棚空间的平均反射比

$$\rho=\frac{\sum\rho_{\mathrm{i}}A_{\mathrm{i}}}{\sum A_{\mathrm{i}}}=\frac{0.5\times(0.5\times11.3)\times2+0.5\times(0.5\times6.4)\times2+0.5\times(11.3\times6.4)}{(0.5\times11.3)\times2+(0.5\times6.4)\times2+(11.3\times6.4)}=0.701$$

顶棚的有效反射比

$$\rho_{\mathrm{c}}=\frac{\rho A_0}{A_{\mathrm{s}}-\rho_0A_{\mathrm{s}}+\rho A_0}$$

$$=\frac{0.701\times(11.3\times6.4)}{[11.3\times6.4+(0.5\times11.3)\times2+(0.5\times6.4)\times2]-0.701\times90.02+0.701\times72.32}$$

$$=0.65$$

（3）求地板空间的有效反射比ρ_{f}。

地板空间的平均反射比

$$\rho=\frac{\sum\rho_{\mathrm{i}}A_{\mathrm{i}}}{\sum A_{\mathrm{i}}}=\frac{0.35\times(0.8\times11.3)\times2+0.35\times(0.8\times6.4)\times2+0.1\times(11.3\times6.4)}{(0.8\times11.3)\times2+(0.8\times6.4)\times2+(11.3\times6.4)}=0.17$$

地板空间的有效反射比

$$\rho_f = \frac{\rho A_0}{A_s - \rho_0 A_s + \rho A_0}$$
$$= \frac{0.17\times(11.3\times6.4)}{[11.3\times6.4+(0.8\times11.3)\times2+(0.8\times6.4)\times2]-0.17\times100.64+0.17\times72.32}$$
$$= 0.128$$

（4）求墙面的有效反射比ρ_w。

因为墙面的反射比为 0.5，所以取ρ_w=0.5。

（5）确定利用系数。

查附录 A.8:

若取 RCR=2，ρ_w=0.5，ρ_c =0.7，得 U=0.61;

若取 RCR=3，ρ_w=0.5，ρ_c =0.7，得 U=0.53;

用内插法可得，当 RCR=2.8 时，

$$U = 0.53+(2.8-2)\times\frac{0.61-0.53}{3-2} = 0.594$$

因附录 A.8 是ρ_f=0.2 时的标准值，而本题ρ_f=0.12，所以必须进行修正。查附录 A.9(ρ_f=0.1)的修正系数，仍用内插法，可得当 RCR=2.8 时，修正系数 $U_{修正}$=0.955，修正后的利用系数为

$$U = 0.594\times U_{修正} = 0.594\times0.955 = 0.57$$

（6）查灯具的维护系数。

查表 4.5，得维护系数 K=0.80。

（7）求平均照度。

$$E_{av} = \frac{\Phi NUK}{A} = \frac{2400\times10\times0.57\times0.80}{11.3\times6.4} = 151.33\text{lx}$$

通过以上计算，说明室内桌面上的平均照度为 151.33lx。更详细的计算还应考虑窗户面积，在求墙面的平均反射比时，应计入玻璃反射比较低的影响，玻璃的反射系数大约为 0.08 ~ 0.1，此时室内桌面的平均照度将降低。

2．单位功率法

单位功率就是单位面积的安装功率，用单位被照面积上所需功率（W/m^2）来表示；为了简化计算，按照不同的照明器类型、不同的计算高度（灯具到工作面的高度）、不同的房间面积和不同的平均照度要求，应用利用系数法计算出单位面积安装功率，并列成表，供设计时查用；该方法通常称为单位功率法，附录 10～附录 14 列出了不同灯具和光源的单位功率。

单位功率法计算非常简单，但计算结果不精确，一般适用于生产及生活用房平均照度的照明设计方案及初步设计的近似计算。初步设计时，还可以按单位建筑面积照明用电指标来估算照明功率。

1）计算公式

每单位面被照面积所需的灯泡安装功率：

$$P_0 = \frac{P_\Sigma}{A} = \frac{nP_L}{A} \tag{4.9}$$

式中　P_Σ——房间安装光源的总功率；

A——房间的总面积（m^2）；

n——房间灯的总盏数；

P_L——每盏灯的功率；

P_0——单位功率，即房间每平方米应安装功率或灯数（W/m^2）。

2）使用单位功率法求照明灯具的安装功率或灯数

单位功率 P_0 取决于下列各因素：灯具类型，最小照度，计算高度及房间面积，顶棚、墙壁、地面的反射系数和照度补偿系数 K 等。此外还与灯具的布置和所选用的灯泡效率有关。

根据已知的面积及所选的灯具类型、最小照度、计算高度，从附录 10～附录 14 中查出单位面积的安装功率 P_0，再使用公式 4.9 算出全部灯泡的总安装功率 P_Σ，然后除以从较佳布置灯具方法中所得的灯具数量，即得每盏灯泡的功率。

例 4.2 有一教室长 11.3m，宽 6.4m，灯至工作面高为 2.3m，若采用带反射罩荧光灯照明，每盏 40W，且规定照度为 150lx，需要安装多少盏荧光灯？

解 已知高 2.3m，照度 150lx，面积 A=11.3×6.4=73.32m^2，查附录 11 可得 P_0=10.2W/m^2。教室照明总的安装功率为：

$$P_\Sigma = P_0 \times A = 10.2 \times 72.32 = 737.664\text{W}$$

应安装荧光灯的灯盏数为

$$n = \frac{P_\Sigma}{P_L} = \frac{737.664}{40} = 18.44 \approx 18\text{盏}$$

与例 4.1 计算结果比较，可以看出单位功率法求得的灯数比利用系数法计算的灯数要多些。

例 4.3 某教室面积为 7.6m×6.6m，高 3.8m。试进行灯具布置，用单位功率法确定灯具容量；进行灯具开关、插座的选择布置；确定进线位置和导线敷设方式。

解 （1）确定灯具类型。教室一般要求照度均匀、照度始终、经济合理，所以选择荧光灯，型号为 YG2-1，带反射罩，链吊式。

照度确定，查表 4.2 可得，教室照度标准为 100、150 和 200lx，在这里考虑经济合理，对一般教室取 100lx。

（2）确定教室灯具的安装功率。

教室面积：$S = 7.6 \times 6.6 = 50.16\text{m}^2$

因房间高度为 3.8m，考虑安全、避免碰撞，确定灯具垂吊高度为 h_3=0.8m，教室课桌桌面离地面高度 h_2=0.75m，所以该教室灯具的计算高度 H 为：

$$H = h - h_2 - h_3 = 3.8 - 0.75 - 0.8 = 2.25\text{m}$$

带反射罩荧光灯，查附录 11，照度为 100lx，计算高度为 2～3m，房间面积 50～150m^2，得教室单位面积安装功率为 $P_0 = 6.8\text{W/m}^2$，则该教室灯具安装总功率为：

$$P_\Sigma = P_0 \times A = 6.8 \times 50.16 = 341.1\text{W}$$

（3）确定灯具的数量。

查表 4.9，采用简式荧光灯，YG2-1 型荧光灯的最大允许距高比值为：

$$\left(\frac{S}{H}\right)_{A-A} = 1.46\text{，}\left(\frac{S}{H}\right)_{B-B} = 1.28$$

则灯间最大允许距离为：

$$S_{A-A}=\left(\frac{S}{H}\right)_{A-A}\times H=1.46\times2.25=3.285\text{m}$$

$$S_{B-B}=\left(\frac{S}{H}\right)_{B-B}\times H=1.28\times2.25=2.88\text{m}$$

灯与墙之间的距离为：

$L=\left(\frac{1}{3}\sim\frac{1}{4}\right)L_{A-A}=1.095\sim0.82$，取 L=0.9m

又因为荧光灯端与墙距离应小于 0.5m，取 0.4m。

如图 4.10 所示，取 9 盏灯布置形式，则：

$$L_{A-A}=\frac{6.6-0.4-0.4}{2}=2.9\text{m}\leqslant3.285\text{m}$$

$$L_{B-B}=\frac{7.6-0.4-0.4-1.3}{2}=2.75\text{m}\leqslant2.88\text{m}$$

满足条件，所以确定为 9 盏荧光灯布置形式，如图 4.12 所示，其中灯管长度为 1.3m。

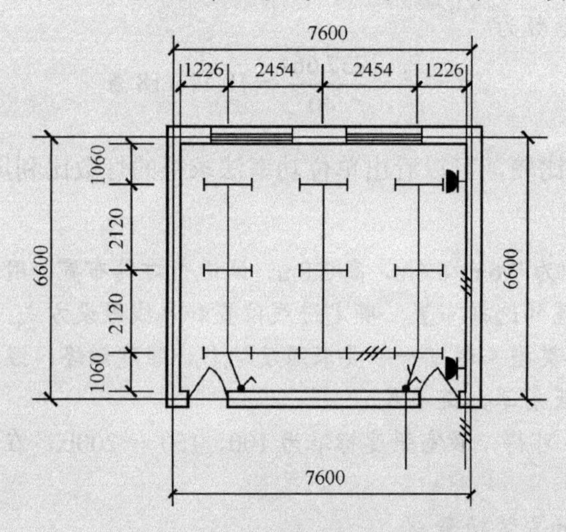

图 4.12 教室照明设计示意图

（4）每盏灯的功率。

$$P_L=\frac{P_\Sigma}{n}=\frac{341.1}{9}=37.9\text{W}$$

取 P_L=40W，其布置形式及尺寸如图 4.10 所示。

（5）开关插座的位置确定。

教室开关的布置，考虑控制方便，所以将其安装在门边顺手侧，采用暗装形式，距地 1.3m。每极开关控制三盏灯，即一个两极开关，一个单极开关。插座的布置，考虑多媒体教学需要，所以在黑板两侧各暗装一个“2+3”孔单联插座，暗装距离为 0.5m。插座与灯分设各自回路。考虑到教室的整体美观效果、电气的安全性能，所有的配电导线采用暗敷设，暗敷设线路应走捷径。

任务三　建筑物照明

任务目标

（1）理解住宅照明、学校照明、工厂照明、办公室照明、夜景照明特点及其基本要求。

（2）掌握住宅、学校、工厂、办公室、夜景照明的规划设计。

建筑物照明分为室内和室外两种照明。建筑物室内灯光的作用侧重于使用功能，配合内部空间、室内陈设、室内装饰，利用灯具造型及其光色的协调，使室内环境具有某种气氛和意境，增加建筑艺术的美感。现代建筑照明设计，除了满足工作面必须达到规定水平照度外，更多融入了装饰照明的艺术风格和手法。建筑物室外照明的作用侧重于利用灯光，在建筑空间上创造出明暗变化、层次分明、格调高雅、异彩纷呈、富有立体感和装饰感效果的环境气氛，为人们的工作、生活和娱乐创造一个优美而舒适的环境。

4.3.1　住宅照明

随着人们生活水平的提高，居室装修的档次也不断提升，照明除了本身的使用意义外，更多地担负起了装饰和感观上的功能。灯饰、家具和其他陈设协调配合，使人们的生活空间表现出华丽、宁静、温馨、舒适的情趣和气氛。

1．住宅照明设计要考虑的因素

光线是衡量住宅的一个重要因素。高照明度能令人兴奋，低照明度则能营造温馨的气氛。光的颜色也是构成环境气氛的首要因素之一。人的大部分时间要在住宅里度过，住宅照明直接关系到人们的日常生活，还与人们的年龄、心理和要求有关。所以，住宅照明设计应考虑居住者的年龄和人数、视觉活动形式、工作面的位置和尺寸、应用的频率和周期、空间和家具的形式、空间的尺寸和范围、结构限制、建筑和电气规范的有关规定要求、节能等因素。

2．住宅照明的基本要求

住宅照明的基本要求要考虑以下几个方面。

1）合适的照度

住宅的各个部分由于功能不同，对照度的要求也不一样。为了满足使用功能，一般住宅可以参照表4.12选择相应的照值度。

表4.12　一般住宅照度推荐值

推荐照度 lx	房间或场所名称
5	厕所、盥洗间、楼梯间、电视室
10	卧室、婴儿哺乳处
15	起居室、音乐欣赏处
20	厨房、浴室的一般照明
30	单身宿舍的一般照明
50	家庭用餐、社交活动、娱乐活动

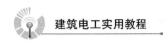

续表

推荐照度 lx	房间或场所名称
75	床头阅读（短时间）及手工洗涤、穿衣镜（全身）、单身宿舍活动室
100	学生课外学习、业余学习、浏览报刊、业余从事电子元件组装
150	厨房备餐、烹调，多人用餐的客桌、洗衣、洗餐具、梳妆
200	长时间伏案抄写、阅读、工作，长时间床头阅读、衣服裁剪、熨衣
300	学生查阅小号字的词典
500	机器缝纫（中色、浅色纺织品）
750	机器缝纫（深色纺织品、对比小的精细缝纫）

2）平衡的亮度

住宅房间不只功能不同，大小差别也很大。要创造一个舒适的环境，住宅里各处的照度不能过明或过暗，要注意主要部分与附属部分亮度的平衡。一般较小的房间可采用均匀照度，而对于较大的房间，可以在墙壁上加上壁灯。壁灯的安装高度应在视线高度的范围内，不能超过 1.8m，这样能起到增大生活空间的效果。

3）电气设施留有余度

随着人们生活水平的不断提高，家电数量会日益增多，电源线的截面积和瓦计时的容量应适当留有一定的富余，确保用电安全。

4）利用灯光创造氛围

灯光照明设计时，既要考虑创造良好的学习、生活环境，又要创造舒适的视觉环境，让灯光照明在家庭装饰中真正达到赏心悦目的效果。通过光源和灯具的合理选配，创造出完美的光影世界。

4.3.2 学校照明

学校设施有教室、实验室、报告厅、阶梯教室、图书阅览室以及操场等，这里主要介绍教室照明。教室的面积一般不大，学生在此需长时间阅读和写字，远距离看黑板。依据以上这些特点，对教室照明有以下要求。

1．应有足够的照度

教室内的视觉作业主要有：学生看书，写字，看黑板上的字与图，注视教师的演示；教师看教案，观察学生，在黑板上书写等。学校以白天教学为主，也应考虑晚间上课、自习等活动。教室内除自然采光外，还必须设置人工照明。在阴、雨天或冬季的下午，人工照明应能灵活、有效地补充自然采光的不足。所以，教室照明应有足够的照度以满足教学需求。

2．合理分布亮度

当眼睛注视一个目标时，便确立了一种适应水平。眼睛从一个区域转向另一个区域时，就要适应新的水平。如果两个区域亮度水平相差很大，瞳孔会急骤变化，从而引起视觉疲劳。视看对象的亮度与环境亮度差别越小，舒适感越好。教室亮度分布最佳的条件如下。

（1）物件的亮度应该等于或稍大于整个视觉环境的亮度。

（2）环境视场中较大面积区域的亮度不应与工作面亮度差别过大，两者越接近，舒适感越好。

（3）高亮度不宜超过工作面亮度的 5 倍，低亮度最低不得低于 1/32。

（4）工作物件临近表面的亮度不应超过工作物件本身的亮度，也不应低于工作物件亮度的 1/3。

（5）不存在有害的直射眩光和反射眩光。

3．应防止直射眩光，减少光幕反射

有的被视物体表面存在漫反射，也有的存在镜面反射。当视看方向恰好与光源入射光线的镜面反射方向重合时，视看对象亮度显著提高，使原有的对比大为减弱，造成被视物体模糊不清，如同笼罩了一层光幕，这种现象称为光幕反射。光幕反射损害作业的对比度，使可见度下降，同时造成视觉干扰，破坏视觉舒适感。

运用减少光幕反射的方法时应注意下列几点。

（1）在干扰区不应布灯，因为干扰区的灯光会加重光幕反射。

（2）灯具布置在教室课桌的侧面，使大部分投到桌面上的光来自非干扰区，以增加有效照明。

（3）灯具选用蝠翼式照明器，它从中间向下发射的光很少，大部分光从侧面投向工作面，因此光幕反射也最小。

（4）如果环境的几何关系不变，可以通过提高照度补偿对比损失，但不应使经济代价较高。

（5）应注意减少失能眩光与瞬时适应对视功能的影响。

照明设计时应注意不允许在教室内使用露明荧光灯，如盒式荧光灯，因为它会造成严重的失能眩光。由于眼睛经常扫视周围环境，为降低瞬时适应造成的视觉疲劳，应减少周围环境亮度与工作面亮度的差别。二者亮度越一致，瞬时适应造成的影响越小。

学校照明除应满足视觉作业要求外，还应做到安全、可靠，方便维护与检修，并与环境协调。

4.3.3 办公室照明

办公室是长时间进行公务活动的场所，它的照明不能只考虑工作面的照明，而要根据办公室的具体工作内容来考虑，通过照明使整个房间的视觉环境舒适。办公室照明质量有以下几点要求。

1．照度水平

国家标准《民用建筑照明设计标准》GBJ 133-90 给出了 3 挡数值，要慎重考虑采取哪一挡数值。照度的选择应注意以下方面：一是在确定照度时，不仅要考虑视力方面，对心理需要方面也必须考虑；二是根据实际需要选择照度值。若办公室出租给外商使用，其照度值应取高值，对于普通办公室则可取低值。

2．亮度比

室内空间的识别正是因为有了亮度比。如果室内亮度差别太大，会引起视觉适应问题，极端情况下会产生眩光；相反，亮度差太小，空间就会显得呆板，宜使人产生郁闷的感觉。亮度变化主要取决于灯具的亮度和颜色的变化，这些可以通过不同表面的反射、颜色的变化和照度的变化来达到。办公室照明设计应注意平衡总体亮度与局部亮度的关系，以满足使用要求。办公室照明推荐的亮度比见表4.13。

表4.13　办公室照明推荐的亮度比

所处场合	亮度之比	所处场合	亮度之比
工作对象与周围环境之间（例如，书与桌面之间）	3:1	灯具或窗与其附近环境之间	10:1
工作对象与离开它的表面之间（例如，书与地面或墙壁之间）	5:1	在普通视野范围内	30:1

3．反射比

环境的颜色往往决定着工作人员的情绪。对于小办公室可以把墙、工作面和靠墙的柜子漆成一样的颜色，因它们的反射相同，故给人的感觉是房间增大。对于大办公室，在照度水平较低的情况下，应尽量减少颜色的种类，应避免在视场内出现大面积的饱和色彩。办公室内表面反射比推荐值见表4.14。

表4.14　办公室内表面反射比推荐值

表面类型	反射比等效值范围
顶棚表面	70%～80%
墙壁	40%～60%
家具	25%～45%
办公室机器设备	25%～45%
地板	20%～40%

注：表面仅指涂层，吸声材料的平均反射比要低一些。

4．光源颜色

它包括色温和显色指数两个含义。一般办公室照明光源的色温选择在3300～5300K之间比较适合。显色指数一般选择在60～80的范围内，同时还要考虑初期投资、安装维修费用及节能等因素。

5．眩光

办公室是进行视觉工作的场所，特别是配有视频显示屏幕的办公室，眩光问题尤为重要。从眩光角度考虑，视觉舒适概率应在70%以上。

4.3.4　工厂照明

工厂包括的范围很广，从基础工业的巨大厂房到精细的微电子工业的超净车间，它们对于照明的要求是迥然不同的，但容易看、不疲劳的要求则是相同的。

工厂的照明必须满足生产和检验的需要，这两项工作的要求在某些情况下是相似的，在另外一些情况下，特别是生产工序自动化的情况下，检验工作则需要单独的照明设备。

《建筑照明设计标准》规定工作区域一般照明均匀度不应小于0.7，而作业面与临近周围的照度均匀度不应小于0.5。

非工作区的照度与工作区照度之比宜小于1/3。根据近年来对工作环境的研究发现，均匀无变化的环境影响人的觉醒程度，而觉醒程度又影响到工作效率，一般难度较高的工作要求

觉醒程度低一些，环境应以均匀少变化为主，而难度低的工作则要求环境多一些变化，但觉醒程度太高后，又可能分散注意力而降低工作效率，故均匀度的问题尚待深入研究。

4.3.5　夜景照明

灯光夜景已成为现代城市文明的重要标志。夜景照明对美化城市，展现城市风采，增强城市的魅力，提高城市的知名度和美誉度，优化人们夜生活，促进旅游、商业、交通运输、服务业，特别是照明工业的发展，减少交通事故与夜间犯罪等均具有重要的意义和深远的影响。

1．夜景照明的应用范围

运用灯光表现物体的自身特征时，可以是自然物或风景点，也可以是古代建筑或现代建筑，主要对象通常有下列几种：纪念性建筑、重要建筑物、商业建筑、自然景点、艺术品和亭阁、公园、水景、巨型标志牌、城市广场。

2．夜景照明的照度标准

夜景照明的照度标准与被照明的反射率、颜色、被照面的清洁度和光源的光谱成分有关，还与周围环境有关。环境亮度高所需照度高，环境亮度低所需要照度也低。表 4.15 为我国景观照明的行业标准。

表 4.15　景观照明照度值

建筑物或构筑物表面特征		周围环境特征	
		明	暗
外观颜色	反射系数	照度值（lx）	
白色（如白色、乳白色）	0.7～0.8	75～100～150	30～50～75
浅色（如黄色）	0.45～0.7	100～150～200	50～75～100
中间色（如浅灰色）	0.2～0.45	150～200～300	75～100～150

建筑物的亮度取决于建筑物材料表面的反射系数和光滑程度。反射系数越低，表面越光滑，则表面的亮度越低，此时应提高照度。极光滑表面类似一面镜子，绝大部分的反射光会投向空中。而带有漫射性质的表面会有各个方向的反射光，从而有较多的光线反射至观看者，使他们能感受到较高的亮度。因此，较粗糙的材料表面所需照度比光滑面低。表 4.16 列出了不同建筑材料的反射系数，应根据建筑物表面光滑粗糙的程度增减照度。

表 4.16　各种不同建筑材料的反射系数

材　料	条　件	反 射 系 数
红砖	脏	0.05
水泥和石头（浅颜色）	很脏	0.05～0.10
花岗岩	相当清洁	0.10～0.15
水泥和石头（浅颜色）	脏	0.25
黄砖	新的	0.35
水泥和石头（浅颜色）	相当清洁	0.40～0.50
仿造水泥（颜料）	清洁	0.5
白色大理石	相当清洁	0.60～0.65
白砖	清洁	0.80

任务四　照明线路

任务目标

（1）理解照明线路的电压、负荷等级。
（2）理解需要系数法，单位建筑面积负荷法。
（3）熟悉照明线路的计算电流。
（4）能够估算照明线路的计算电流。
（5）能够根据具体需要选择照明线路导线的类型和导线截面积。
（6）掌握中性线（N）、保护线（PE）的选择。

合理选择和设计供配电系统，是建筑照明系统正常工作的前提。按照设计标准和电气设计规范设计照明电气线路，是建筑照明系统安全运行的关键。

4.4.1　照明供配电系统

1．照明线路电压

照明线路的供电电压，直接影响到配电方式和线路敷设的投资费用。当负荷相同时，若采用较高的电压等级，线路负荷电流便相应减小，因而就可以选用较小的导线截面。我国的配电网络电压，在低压范围内的标准等级为 500V、380V、220V、127V、110V、36V、24V、12V 等。而一般照明用的白炽灯电压等级主要有 220V、110V、36V、24V、12V 等。所谓光源的电压是指对光源供电的网络电压，不是指灯泡（灯管）两端的电压降。

2．负荷等级的划分

按照供电的可靠性、中断供电所造成的损失或影响程度，将照明负荷分为三级，即一级负荷、二级负荷和三级负荷。一级和二级负荷的具体分级情况见表 4.17，不属于一级和二级负荷的均为三级负荷。

表 4.17　照明负荷的分级

负荷级别	场　所
一级负荷	1．重要办公建筑的主要办公厅、会议室、总值班室、档案室及主要照明道路； 2．一、二级旅馆的宴会厅、餐厅、娱乐厅、高级茶房、康乐设施、厨房及主要通道照明； 3．大型博物馆、展览馆的珍贵展品展室照明； 4．甲级剧场演员化妆室照明； 5．省、自治区、直辖市级以上体育馆和体育场的比赛厅（场）、主席台、贵宾室、接待室及广场照明； 6．大型百货公司营业厅、门厅照明； 7．直播的广播电台播音室、控制室、微波设备室、发射机房的照明； 8．电视台直播的演播厅、中心机房、发射机房的照明； 9．民用机场候机楼、外航驻机场办事处、机场宾馆、旅客过夜用房、站坪照明及民用机场旅客活动场所的应急照明； 10．市话局、电信枢纽、卫星地面站内的应急照明及营业厅照明等

续表

负荷级别	场　所
二级负荷	1. 高层普通住宅楼梯照明，高层宿舍主要通道照明； 2. 部、省级办公建筑的主要办公室、会议室、总值班室、档案室及主要通道照明； 3. 高等院校高层教学楼主要通道照明； 4. 一、二级旅馆一般客房照明； 5. 银行营业厅、门厅照明（对面积较大的营业厅供继续工作的应急照明为一级负荷）； 6. 广播电台、电视台楼梯照明； 7. 市话局、电信枢纽、卫星地面站楼梯照明； 8. 冷库照明； 9. 具有大量一级负荷建筑的附属锅炉房、冷冻站、空调机房的照明

对城市中的重要道路、交通枢纽及人流集中的广场等区段的照明应采用双电源供电，每个电源均应能承受100%的负荷。

4.4.2　照明负荷计算及导线的选择

1. 照明负荷计算

照明用电负荷计算的目的，是为了合理地选择供电导线和开关设备等元件，使电气设备和材料得到充分的利用，同时也是确定电能消耗量的依据。计算结果准确与否，对选择供电系统的设备、有色金属材料的消耗，及一次性投资的费用有着重要的影响。

照明供配电系统的负荷计算，通常采用需要系数法。需要系数是有关部门通过长期实践和调查研究，统计计算得出的。随着技术和经济的发展，需要系数也在不断地修改。

1）需要系数法计算

照明供配电系统的负荷计算，通常也采用项目三所介绍的需要系数法。照明干线的需要系数见表 4.18，民用建筑照明负荷的需要系数见附录 15，照明灯具及照明支线的需要系数为 1。

表 4.18　照明干线需要系数

建筑类别	需要系数 K_x	建筑类别	需要系数 K_x
住宅区、住宅	0.6～0.8	小型房间组成的车间或厂房	0.85
医院	0.5～0.8	辅助小型车间、商业场所	1.0
办公室、实验室	0.7～0.9	仓库、变电所	0.5～0.6
科研楼、教学楼	0.8～0.9	应急照明、室外照明	1.0
大型厂房（由几个大跨度结构组成）	0.8～1.0	厂区照明	0.8

各种气体放电光源配用的整流器，其功率损耗通常用功率损耗系数α（或光源功率的百分数）来表示。气体放电光源整流器的功率损耗系数见表 4.19。

表 4.19 气体放电光源整流器的功率损耗系数

光 源 种 类	损耗系数α	光 源 种 类	损耗系数α
荧光灯	0.2	金属卤化物灯	0.14～0.22
荧光高压汞灯	0.07～0.3	涂荧光物质的金属卤化物灯	0.14
自镇流器荧光高压汞灯	—	低压钠灯	0.2～0.8
高压钠灯	0.12～0.2		

对于自镇流器的气体放电光源，考虑镇流器的损耗，其设备容量计算应为：

$$P_{气} = P_e(1+\alpha) \tag{4.10}$$

式中 $P_{气}$——气体放电光源照明设备安装容量（kW）；

P_e——气体放电光源的额定功率（kW）；

α——镇流器的功率损耗系数。

2）单位建筑面积负荷法

在初步设计时，为计算用电量和规划方案，需要估算负荷。估算公式为：

$$P_j = P_d \times A \tag{4.11}$$

式中 P_d——单位建筑面积照明负荷（kW/m^2），参考附录 16；

A——被照建筑面积（m^2）。

3）照明线路的计算电流

计算电流是选择导线截面积的直接依据，也是计算电压损失的主要参数之一。在进行照明供电设计时，要注意照明设备多数都是单相设备。若采用三相四线制 220/380V 供电，按建筑电气设计技术规范规定：单相负载应逐相均匀分配。当回路中单相负荷的总容量小于该网络三相对称负荷总容量的 15%时，全部按三相对称负荷计算，超过 15%时应将单相负荷转换为等效三相负荷，再同三相对称负荷相加。等效三相负荷为最大单相负荷的 3 倍。

（1）当采用一种光源时，线路电流 I_L 计算可按公式（4.12）和（4.13）计算。

三相对称线路线的计算电流式为：

$$I_j = \frac{P_j}{\sqrt{3}U_L \cos\varphi} \tag{4.12}$$

式中 P_j——三相照明线路负荷（W）；

I_j——照明线路计算电流（A）；

U_L——线路线电压（V）；

$\cos\varphi$——光源的功率因数。

单相线路线计算电流式为：

$$I_j = \frac{P_{单}}{U_P \cos\varphi} \tag{4.13}$$

式中 $P_{单}$——单相照明线路负荷（W）；

I_j——照明线路计算电流（A）；

U_P——线路相电压（V）；

$\cos\varphi$——光源的功率因数。

（2）对于白炽灯、卤钨灯与气体放电灯混合的线路，其线电流由公式（4.14）计算为：

$$I_j = \sqrt{(I_{j1} + I_{j2}\cos\varphi)^2 + (I_{j2}\sin\varphi)^2} \tag{4.14}$$

式中　I_{j1}——混合照明线路中，白炽灯、卤钨灯的计算电流（A）；

I_{j2}——混合照明线路中，气体放电灯的计算电流（A）；

φ——气体放电灯的功率因数角。

例 4.5　某厂房是 220/380V 三相四线制照明供电线路，其上接有 250W 高压汞灯和白炽灯两种光源，高压汞灯的功率因数取为 0.6，各相符合的分配情况如下。

A 相：250W 高压汞灯 4 盏，白炽灯 2kW；

B 相：250W 高压汞灯 8 盏，白炽灯 1kW；

C 相：250W 高压汞灯 2 盏，白炽灯 3kW；

试求线路的电流和功率因数。

解　查表 4.19，取高压汞灯镇流器的损耗系数 $\alpha = 0.15$，各相支线的需要系数 $K_x = 1$，查表 4.18 可知厂房照明干线的需要系数 $K_x = 0.85$。

A 相白炽灯组的计算负荷和计算电流为：

$$P_{jA1} = K_x \times P_{\Sigma 1} = 1 \times 2000\text{W} = 2000\text{W}$$

$$I_{jA1} = \frac{P_{A1}}{U_P} = \frac{2000}{220} = 9.1\text{A}$$

A 相高压汞灯的计算负荷及计算电流为：

$$P_{jA2} = K_x \times P_{\Sigma 2}(1+\alpha) = 1 \times 4 \times 250 \times (1+0.15)\text{W} = 1150\text{W}$$

$$I_{jA2} = \frac{P_{A2}}{U_P\cos\varphi} = \frac{1150}{220 \times 0.6}\text{A} = 8.71\text{A}$$

则 A 相的计算电流为：

$$\begin{aligned} I_{jA} &= \sqrt{(I_{jA1} + I_{jA2}\cos\varphi)^2 + (I_{jA2}\sin\varphi)^2} \\ &= \sqrt{(9.1 + 8.71 \times 0.6)^2 + (8.71 \times 0.8)^2} \\ &= 15.93\text{A} \end{aligned}$$

$$\cos\varphi_A = \frac{I_{LA1} + I_{LA2}\cos\varphi}{I_{LA}} = 0.9$$

同理，可以计算出 B 相和 C 相的计算电流和功率因数如下：

$$I_{jB} = 20.26\text{A}，\cos\varphi_B = 0.74；I_{jC} = 16.61\text{A}，\cos\varphi_C = 0.98$$

因 B 相的计算电流（负荷）最大，故在干线的计算中以它为准，则干线的计算电流为：

$$I_j = \frac{3K_x P_{jB}}{\sqrt{3}U_L\cos\varphi_B} = \frac{1 \times 0.85 \times [1000 + 250 \times 8 \times (1+0.15)]}{\sqrt{3} \times 380 \times 0.74} = 17.28\text{A}$$

2．照明线路导线选择

照明线路一般具有距离长、负荷相对比较分散的特点，所以配电网络导线和电缆的选择一般按下列原则进行：按使用环境和敷设方法选择导线和电缆线的类型；按线缆敷设的环境条件来选择线缆和绝缘材质；按机械强度选择导线的最小允许截面；按允许载流量选择导线和电缆的截面；按电压损失校验导线和电缆的截面。按上述条件选择的导线和电缆具有集中规格的截面时，应取其中较大的一种。

1）导线类型选择

（1）导线材料的选择。

导线一般采用铜芯或铝芯的线，照明配电干线和分支线，应采用铜芯绝缘电缆或电缆；分支线面积不应小于 $2.5mm^2$。

（2）绝缘及护套的选择。

塑料绝缘线的绝缘性能良好，价格较低，无论明设或穿管敷设均可代替橡皮绝缘线。由于不能耐高温，绝缘容易老化，所以塑料绝缘线不宜在室外敷设。

橡皮绝缘线根据玻璃丝或棉纱原料的货源情况选配编织层材料，其型号不再区分，而统一用 BX 及 BXL 表示。

氯丁橡皮绝缘线的特点是耐油性能好、不易霉、不易燃、光老化过程缓慢，因此可以在室外敷设。

在各类导线中，氯丁橡皮线耐气候老化性能和不延燃性能较好，并且具有一定的耐油、耐腐蚀性能。聚氯乙烯绝缘塑料导线价格较低，但易于老化而生硬；橡皮绝缘线耐老化性能较好，单价较高。

照明线路常用的护套导线型号及主要用途见表 4.20。

表 4.20　照明线路常用的护套导线型号及用途

导线型号	名　称	主要用途
BX（BLX）	铜（铝）芯橡皮绝缘线	固定明、暗敷
BXF（BLXF）	铜（铝）芯氯丁橡皮绝缘线	固定明、暗敷，尤其用于户外
BV（BLV）	铜（铝）芯聚氯乙烯绝缘线	固定明、暗敷
BV-105（BLV-105）	耐热 105℃铜（铝）芯聚氯乙烯绝缘线	用于温度较高的场所
BVV（BLVV）	铜（铝）芯聚氯乙烯绝缘、聚氯乙烯护套线	用于直贴墙壁敷设
BXR	铜芯橡皮绝缘软线	用于 250V 以下的移动电器
RV	铜芯聚氯乙烯软线	用于 250V 以下的移动电器
RVB	铜芯聚氯乙烯绝缘扁平线	用于 250V 以下的移动电器
RVS	铜芯聚氯乙烯绝缘绞线	用于 250V 以下的移动电器
RVV	铜芯聚氯乙烯绝缘、聚氯乙烯护套软线	用于 250V 以下的移动电器
RV-105	铜芯耐热聚氯乙烯绝缘软线	同上，耐热 105℃

2）按允许载流量选择导线截面

电流在导线中通过时会产生热而使导线温度升高，温度过高会使绝缘材料老化或损坏。为了使导线具有一定的使用寿命，各种电缆根据其绝缘材料特性规定最高允许工作温度。导线在持续电流的作用下，其温升不得超过允许值。

在照明配电设计中一般使用已经标准化的计算和实验结果，即所谓载流量数据。导线的载流量是在正常使用条件下，温度不超过允许值时的长期持续电流，附录 17～20 列出了部分常用导线的载流量，表中导线最高允许工作温度为 65℃，环境温度为 25℃。

根据载流量数据，便可按下列关系式根据导线允许温升选择导线截面：

$$I \geqslant I_{\mathrm{j}} \tag{4.15}$$

式中　I_{j}——照明配电线路计算电流（A）;

I——导线允许载流量（A）。

例 4.6　有一个混凝土加工场，环境温度为 25℃，负载总功率为 176kW，平均功率因数为 $\cos\varphi = 0.8$，需要系数 $K_{\mathrm{x}} = 0.5$，电源线电压为 380V，用 BV 线，请根据安全载流量求导线的截面积。

解　根据照明负荷的需要系数法，三相线路中每相负载的计算电流为：

$$I_{\mathrm{j}} = \frac{P_{\mathrm{j}}}{\sqrt{3}U_{\mathrm{L}}\cos\varphi} = \frac{K_{\mathrm{x}} \times P_{\Sigma}}{\sqrt{3}U_{\mathrm{L}}\cos\varphi} = \frac{0.5 \times 176 \times 1000}{\sqrt{3} \times 380 \times 0.8} = 167\mathrm{A}$$

查附录 A.7 可知，在 25℃时导线明敷设可用截面积为 35mm^2 的铜芯线，它的安全载流量为 170A，大于实际电流 167A。

3）中性线（N）和保护线（PE）的选择

（1）中性线截面的选择。

中性线截面积可按下列条件选定：在单相或两相的线路中，中性线截面积应与相线相等；在三相四线制的平衡线路中（如负荷为白炽灯或卤钨灯），其中性线截面积不应小于相线载流量的 50%，但当相线截面积为 10mm^2 及以下时，中性线宜与相线相同；荧光灯、荧光高压汞灯、高压钠灯等气体放电的三相四线制供电线路中，即使三相平衡，但由于各项电流中存在 3 的倍数的奇次谐波电流，因此截面应按最大相的电流进行选择。

（2）保护线截面的选择。

选择保护线（PE）截面时，按规定其电导不得小于相线电导的 50%，且满足单相接地故障保护要求。

（3）保护中线（PEN）截面的选择。

对于兼有保护线（PE）和中线（N）双重功能的 PEN 线，其截面积应同时满足上述保护线和中线的截面积要求，即按它们的最大者选取。采用单芯导线作 PEN 线干线时，铜芯导线不小于 10mm^2，铝芯导线不应小于 16mm^2。采用多芯导线或电缆线作 PEN 线干线时，其截面积不应小于 4mm^2。

小结

☆ 光是指能引起视觉的电磁波，常用光度量及其单位有：光通量（lm）、发光效率（lm/W）、发光强度（cd）、照度（lx）和亮度（cd/m^2）。光源色温是表示光源光谱质量最通用的指标，常见光源色温有“暖光”和“冷光”。

☆ 照明按方式分为：一般照明、局部照明和混合照明。也可按光照形式和光照用途分类。

☆ 工业企业和民用建筑照明照度标准值均按以下系列分级：0.5lx、1lx、2lx、3lx、5lx、10lx、15lx、20lx、30lx、50lx、75lx、100lx、150lx、200lx、300lx、500lx、750lx、1000lx、1500lx 和 2000lx。

☆ 经过一段时间的工作后，照明系统在作业面上产生的平均照度（即维持照度），与系统安装时的平均照度（初始照度）的比值称为照度维护系数。

☆ 照明电光源根据发光原理，可分为热辐射发光光源、气体放电发光光源和其他发光光源。

☆ 灯具的作用：光控作用、保护光源、操作安全、美化环境。灯具按安装方式和功能可分为：壁灯、吸顶灯、嵌入式灯、吊灯、地脚灯、台灯、落地灯、庭院灯、道路广场灯、移动台灯、自动应急照明灯、民间灯与节日灯、投光灯、专业用灯。灯具的选择在保证满足使用功能和照明质量的前提下，应重点考虑灯具的效率和经济性。

☆ 灯具布局即确定灯具在房间内的空间位置，它与光的投射方向、工作面的照度、照度的均匀性、眩光的限制以及阴影等都有直接的关系。一般照明方式典型布灯法有：点状光源布灯，线状光源布灯。

☆ 照度是否均匀还取决于灯具布置间距和灯具本身的光分布特性（配光曲线）两个条件。为了设计方便，常常给出灯具的最大允许距高比 *S/H*。

☆ 照度计算的方法通常有利用系数法、单位功率法和逐点计算法 3 种。

☆ 利用系数法是计算工作面上平均照度常用的一种计算方法，又称流明计算法。利用系数法计算平均照度的步骤如下。

① 计算室空间比 *RCR*、顶棚空间比 *CCR*、地板空间比 *FCR*；

② 计算顶棚的有效空间反射比；

③ 计算墙面平均反射比；

④ 计算地板空间的有效反射比；

⑤ 查灯具维护系数；

⑥ 确定利用系数；

⑦ 计算平均照度。

☆ 单位功率就是单位面积的安装功率，用单位被照面积上所需功率（W/m^2）来表示；按照不同的照明器类型、不同的计算高度、不同的房间面积和不同的平均照度要求，用利用系数法计算出单位面积的安装功率，并列成表，供设计时查用。

☆ 常见建筑物照明有：住宅照明、学校照明、办公室照明、工厂照明、夜景照明。

☆ 照明用白炽灯电压等级主要有 220V、110V、36V、24V、12V 等。

☆ 负荷等级按照供电的可靠性、中断供电所造成的损失或影响程度，将照明负荷分为 3 级，即一级负荷、二级负荷和三级负荷。

☆ 照明供配电系统负荷的计算方法有单位建筑面积负荷法和需要系数法。

☆ 照明线路的计算电流是选择导线截面积的直接依据，也是计算电压损失的主要参数之一。照明设备多数都是单相设备，若采用三相四线制 220/380V 供电，按建筑电气设计技术规范规定：单相负载应逐相均匀分配。

☆ 照明线路导线的选择原则：按使用环境和敷设方法选择导线和电缆线的类型；按线缆敷设的环境条件来选择线缆和绝缘材质；按机械强度选择导线的最小允许截面；按允许载流量选择导线和电缆的截面；按电压损失校验导线和电缆的截面。

自评表

序　　号	自评项目	自评标准	项目配分	项目得分
1	照明基础知识和照明标准	光的概念、常用光度量及单位	2分	
		光源色温，照明方式、照明种类	5分	
		照度标准值	5分	
		照明质量主要因数	3分	
		根据环境要求选择适当色温的光源	5分	
		根据环境照明质量要求选取照度标准值	5分	
2	灯具布置与照度计算	常用照明电光源	2分	
		灯具的作用、分类	3分	
		灯具布局（典型布灯法、悬挂高度）	5分	
		设置灯具布局的最大允许距高比 *S/H*	5分	
		计算工作面照度（利用系数法和单位电功率法）	10分	
3	建筑物照明	住宅照明特点及其基本要求	3分	
		学校照明特点及其基本要求	3分	
		工厂照明特点及其基本要求	3分	
		办公室照明特点及其基本要求	3分	
		夜景照明特点及其基本要求	3分	
		规划设计住宅、学校、工厂、办公室照明	5分	
		规划设计夜景照明	5分	
4	照明线路	照明线路的电压、负荷等级	2分	
		需要系数法	5分	
		单位建筑面积负荷法	5分	
		照明线路的计算电流	3分	
		估算照明线路的计算电流	5分	
		根据具体需要选择照明线路导线的类型、导线截面积	3分	
		中性线（N）、保护线（PE）的选择	2分	
合计				

习题 4

1．人眼可见光的范围是多少？

2．发光体的颜色由什么因数确定？

3．按照国家标准，照明方式分为哪几种？

4．按光照的形式，分为哪几种照明？

5．按照明的用途，可分为哪几类照明？

6．照度标准值的选取原则有哪些？

7．荧光灯的可见光是如何产生的？

8．高压钠灯的最大优点是什么？适用于哪些场合？

9．霓虹灯的工作电压时多少？其产生的颜色与什么有关？

10．选用电光源应遵循哪些原则？

11．灯具有哪些作用？

12．什么是眩光？眩光有哪几种作用？

13．灯具是如何分类的？

14．某教室长 11.3m，宽 6.4m，高 3.6m，在离顶棚 0.5m 的高度内安装 YG1-1 型 40W 荧光灯，光源的光通量为 2200lm，课桌高度为 0.8m，室内空间及表面的反射比如图 4.13 所示。若要求课桌表面的照度为 150lx，试确定所需灯具数。

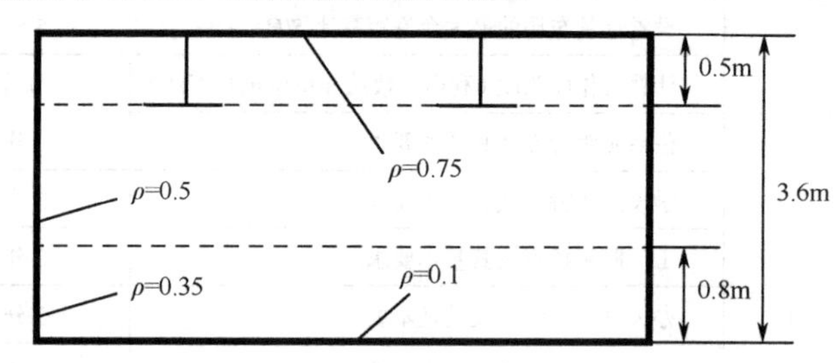

图 4.13　室内空间及各表面的反射比

项目五

接地和防雷

项目描述：接地装置、防雷装置是建筑物的基本组成之一，是保证人身、设备和建筑物安全的重要措施；触电和电气火灾是人们在日常工作、学习和生活中，可能会遇到的灾害。因此建筑行业的人都需要学习相关的基本知识，掌握常规防护技术，这是保证人身、设备和建筑物安全的有效途径。

教学导航

任　务	重　点	难　点	关键能力
接地装置	保护接地的应用	接地技术的有关名词	接地技术的有关名词； 接地装置的组成； 接地电阻的测量； 保护接地的应用
防雷装置	常用防雷装置	防雷常识	常用防雷装置； 防雷常识； 雷电的形成与活动规律
安全用电常识	预防人身触电的安全措施	触电急救步骤	预防人身触电的安全措施； 触电急救步骤； 影响触电严重程度的因素
电气火灾	防护措施	产生原因	电气火灾产生的原因； 电气火灾的防护措施

任务一　接地装置

任务目标

（1）掌握接地的类型、接地技术的有关名词。

（2）知道接地装置的组成、接地的一般要求。

（3）了解零线的要求，会进行接地电阻的测量。

（4）掌握保护接地的应用和漏电保护断路器使用的注意事项。

接地是利用接地装置将电气设备和装置的某一点与大地构成回路，实现可靠的电连接。接地是保证电气设备安全运行和人身安全的重要措施之一。

5.1.1　接地分类

按接地的作用分类，常用的有以下几种。

1．保护接地

电气设备或装置的金属外壳因意外带电后（如电动机发生接地故障而使机壳带电），人身和设备安全受到威胁，这时就需要将设备或装置的金属外壳接地，这种接地称为保护接地。

2．工作接地

电气设备运行需要而进行的接地，叫做工作接地，如变压器中性点接地。

3．过电压保护接地（防雷接地）

电气设备或装置遭受大气（如雷击）或操作不当会引起危险的过电压，为防止这些过电压的接地，叫做过电压保护接地。

4．静电接地

电气设备或装置在使用中可能产生或聚集静电荷，从而对设备、设施和人身安全构成威胁，为防止这种情况而进行的接地，叫做静电接地。

5.1.2　接地技术的有关名词

1．土壤电阻率

土壤电阻率是指土壤的导电性能。土壤中水分越多电阻率越小，而水分中含盐浓度越高，电阻率也会越小。

2．接地电阻

接地电阻由包括接地装置的导体电阻、接地体与土壤之间的接触电阻和散流电阻组成。接地装置的导体电阻很小，可忽略不计；接触电阻的大小取决于接地体表面积的大小和接地体的安装质量；散流电阻的大小取决于土壤电阻率。接地电阻的大小是反映接地装置质量好坏的重要技术指标之一，通常接地电阻越小性能越好。

3．接触电压

当地面上有电位分布时，设备接地点与地面的某一点之间就存在电位差。人体触及到这两点后，就会承受到一个电压，这个电压就称为接触电压。接触电压（U_c）的形成

如图 5.1 所示。

4．跨步电压

当地面上有电位分布，两脚分开站立在这一地面上时，两脚之间会因电位差而形成电压，这个电压就称为跨步电压。跨步电压（U_S）的形成如图 5.2 所示。以 0.8m 的距离为标准来测定跨步电压的大小。

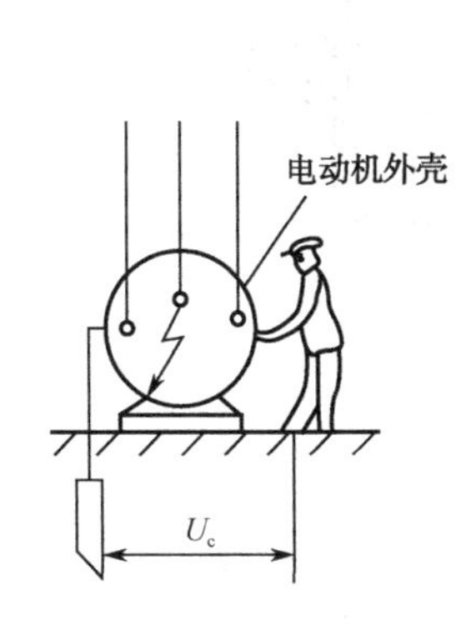

图 5.1　接触电压的形成

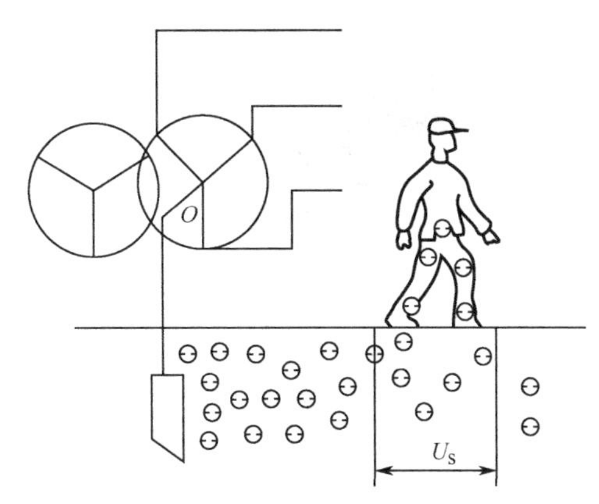

图 5.2　跨步电压的形成

5．低压保护接地和低压保护接零

它们的简称分别是接地和接零。在低压中性点非直接接地的系统中，电气设备外壳仅与独立的接地装置连接而不与零线连接，称为低压保护接地。在低压电网中性点直接接地的系统中，电气设备外壳与零线连接（电气设备的外壳相当于通过中性点接地），称为低压保护接零。

6．重复接地

采用保护接零时，若零线断线，则会使断线点后接的电气设备全部失去保护，为了克服此缺陷，在零线上采用多点接地，这就是所谓的重复接地。

5.1.3　接地装置

1．组成

接地装置由接地体和接地线两个基本部分组成。

1）接地体

接地体是指埋入大地中直接与土壤接触的金属导体，是接地装置的主要组成部分。分为人工接地体和自然接地体两种，安装方式有垂直埋设和水平埋设两种。

2）接地线

接地线是指连接接地体和设备（线路）接地点的金属导体，按照连接位置分为接地干线和接地支线；按照形成方式分为自然接地线和人工接地线。如图 5.3 所示为接地装置示例。

2．接地的一般要求

（1）所有的电气设备都应采用接地或接零。设计中应首先考虑自然接地。输送易燃、易爆物质的金属管道不能做接地体。

（2）在允许不同的电气设备使用一个总的接地装置时，其接地电阻值应满足其中最小值的要求。

（3）接地极与独立避雷针接地极之间的地下距离不应小于 3m。

（4）防雷保护的接地装置可与一般电气设备的接地装置相连接，并与埋地金属管道相互连接。

（5）专用电气设备的接地应与其他设备的接地以及防雷接地分开，并应单独设置接地装置。

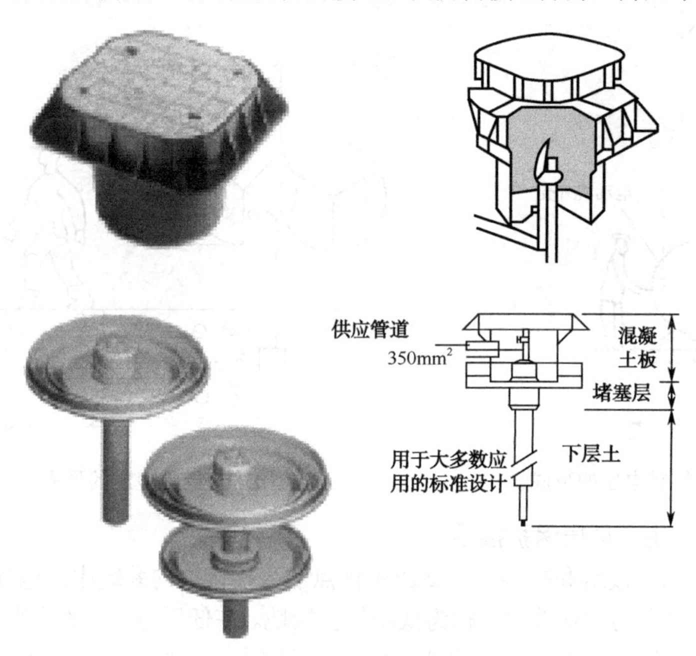

图 5.3　接地装置示例

3．降低接地电阻的措施

（1）另选安装地点。

（2）增大接地体与土壤的接触面积。

（3）土壤中加入食盐或木炭。

（4）土壤置换。

4．接地电阻测量仪

接地电阻通常采用 ZC 型接地电阻测量仪（或称接地电阻摇表）进行测量。ZC-8 型测量仪其外形与普通绝缘摇表差不多，也就按习惯称为接地电阻摇表。ZC 型摇表的外形结构随型号的不同稍有变化，但使用方法基本相同。ZC-8 型接地电阻测量仪的结构如图 5.4 所示，测量仪还附带接地探测棒两支和导线三根。

其使用方法和测量步骤如下（如图 5.5 所示）。

（1）拆开接地干线与接地体的连接点，或拆开接地干线上所有接地支线的连接点。

（2）将两根接地棒分别插入地面深 400mm，一根距离接地体 40m，另一根距离接地体 20m。

（3）把摇表置于接地体附近平整的地方，然后进行接线。接线方法如下：

① 用一根连接线连接表上接线桩 E 和接地装置的接地体 E′；

② 用一根连接线连接表上接线桩 C 和距离接地体 40m 的接地棒 C′；

③ 用一根连接线连接表上接线桩 P 和距离接地体 20m 的接地棒 P′。

（4）根据被测接地体的接地电阻要求，调节好粗调旋钮（上有三挡可调范围）。

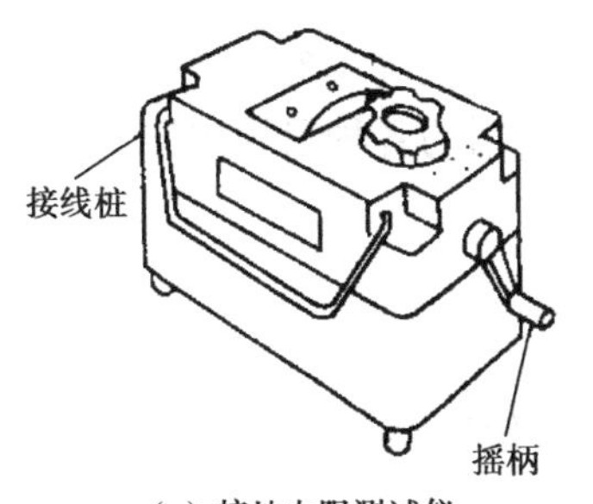

（a）接地电阻测试仪

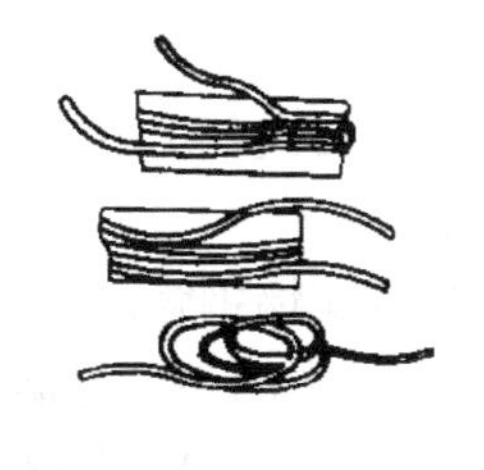
（b）连接线

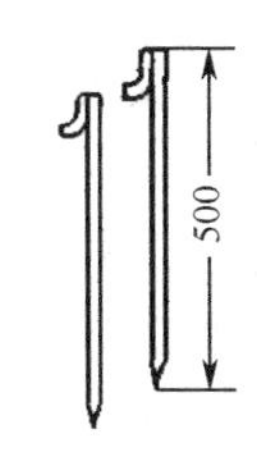

（c）测量接地棒

图 5.4　ZC-8 型接地电阻测量仪的结构

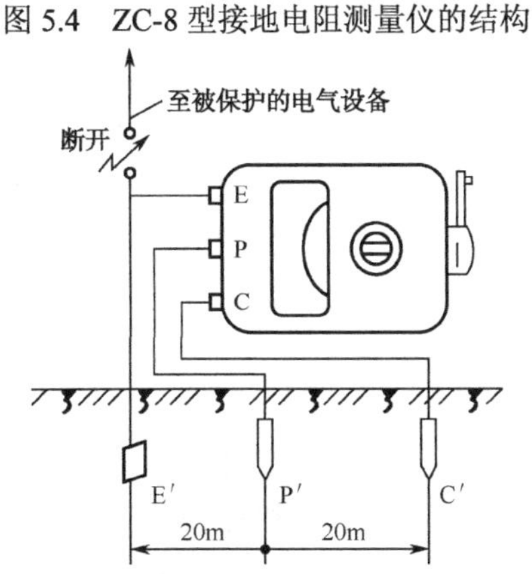

图 5.5　用 ZC-8 型接地电阻摇表测量接地电阻

（5）以约 120 转/分钟的速度均匀地摇动摇表。当表针偏转时，随即调节微调拨盘，直至表针居中为止。以微调拨盘调定后的读数，去乘以粗调定位倍数，即是被测接地体的接地电阻。例如微调读数为 0.6，粗调的电阻定位倍数是 10，则被测的接地电阻是 6Ω。

（6）为了保证所测接地电阻值的可靠性，应改变方位进行复测。取几次测得值的平均值作为接地体的接地电阻。

5.1.4　保护接地

1．保护接地的应用

为了确保人身安全，避免造成触电事故，下列各项设备、器具的金属外壳和金属体必须进行可靠的保护接地。

（1）生产上使用的各种电气设备或工具。

（2）公共场所或导电地面使用的电动工具或日用移动电器。

（3）装有带电设备或者邻近有带电设备的金属结构建筑物或生产设备。

（4）输电线路的金属护层或金属支持物。

保护接地用的接地装置的接地电阻不可超过 4Ω，应尽量采用多支接地体的结构形式，以加强接地装置的可靠性。

2．免予保护接地

有以下几种的情况，可免除保护接地。

（1）安装在离地 2.2m 以上不导电的建筑材料上、人体不能直接触及的电气设备，或若要触及时人体已与大地隔绝。

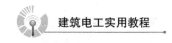

（2）直接安装在已有接地装置的机床或其他金属构架上的电气设备。

（3）在干燥和不良导电地面的居民住房或办公室里所使用的各种日用电器。

（4）电度表和铁壳熔断器盒。

（5）线路上导线的短段保护或穿墙钢管。

（6）由 36V 或 12V 安全电源供电的各种电器的金属外壳。

（7）采用 1∶1 隔离变压器提供的 220V 或 380V 电源的移动电器。

3．保护接地与保护接零的比较

由于保护接零在系统出现对地短路故障时的短路电流很大，能保证保护装置的可靠动作，因此在 1000V 以下中性点接地的系统中，一般采用保护接零。但在公用低压电网中，由于用户多，零线支接点频繁而复杂，较难保证零线不中断，也难保证重复接地的稳妥可靠，所以，一般不允许采用接零的保护方式，规定只准采用接地的保护方式。另外由同一台配电变压器供电的，或在同一个回路中，不准同时存在接地和接零的两种保护方式，否则当采用接地保护的设备发生对地短路时，若短路电流不能及时切除，就会使零线电位升高。还有在零线上绝对不可安装熔断器，以免因熔体熔断时使零线中断。

4．对零线的基本要求

零线的连接应牢固可靠、接触良好。零线的截面选择要适当，一方面考虑三相不平衡时通过零线的电流密度，另一方面零线要有足够的机械强度。所有电气设备的接零线，均以并联的方式接在零线上，不允许串联。在有腐蚀性物质的环境中，零线的表面要涂上必要的防腐涂料。

5.1.5　漏电保护断路器

漏电保护断路器当所接线路或电气设备发生漏电时，能自动切断电源，以避免发生设备或人身事故。

1．结构

1）零序电流互感器

零序电流互感器的一次绕组由双绕组或多绕组构成，每个绕组分别串接在每根电源线上。

2）电流放大器

由于零序电流互感器二次输出的电流很小，不能使断路器脱扣机构产生分闸动作，因此必须对零序电流互感器二次输出电流进行放大。

3）电磁脱扣器

它的结构和作用与断路器用作短路保护的电磁脱扣器类似。

2．安装方法

漏电保护断路器的安装方法和要求与 DZ 型塑料外壳式断路器基本相同，但三相四线漏电保护断路器必须把电源线路上的零线接在断路器上。

3．使用注意事项

（1）安装漏电保护断路器的同时还要进行可靠的保护接地。

（2）安装漏电保护断路器前，应先经过漏电保护动作试验（有试验按钮），不能正常动作的不准使用。

（3）使用漏电保护断路器时，应每月进行一次漏电保护动作试验，不能产生正确保护动

作的，应及时检修。

（4）不合格的漏电保护断路器不能使用。

任务二　防雷装置

任务目标

（1）了解雷电的形成与活动规律。

（2）了解常用防雷装置。

雷电产生的强电流、高电压、高温热具有很大的破坏力和多方面的破坏作用，会给电力系统和人类造成严重的灾害。

5.2.1　雷电的形成与活动规律

1．雷电的形成

雷鸣与闪电是大气层中强烈的放电现象。雷云在形成过程中，由于摩擦、冻结等原因，积累起大量的正电荷或负电荷，产生很高的电位。当带有异性电荷的雷云接近到一定程度时，就会击穿空气而发生强烈的放电。

2．雷电的活动规律

南方比北方多，山区比平原多，陆地比海洋多，热而潮湿的地方比冷而干燥的地方多，夏季比其他季节多。

3．容易受到雷击的物体或地点

（1）空旷地区的孤立物体，高于20m的建筑物，如水塔、宝塔、尖形屋顶、烟囱、旗杆、天线、输电线路杆塔等。在山顶行走的人畜，也易遭受雷击。

（2）金属结构的屋面，砖木结构的建筑物或构筑物。

（3）特别潮湿的建筑物、露天放置的金属物。

（4）排放导电尘埃的厂房、排废气的管道和地下水出口、烟囱冒出的热气（含有大量导电质点和游离态分子）。

（5）金属矿床、河岸、山谷风口处、山坡与稻田接壤的地段、土壤电阻率小或电阻率变化大的地区。

4．雷电种类及危害

雷电有直击雷、感应雷、球形雷和雷电侵入波4种类型。

1）直击雷

雷云较低时，在地面较高的凸出物上产生静电感应，感应电荷与雷云所带电荷相反而发生放电，产生的电压可高达几百万伏。

2）感应雷

感应雷分为静电感应雷和电磁感应雷两种，感应雷产生的感应过电压，其值可达数十万伏。

3）球形雷

雷击时形成的一种发红光或白光的火球。

4）雷电侵入波

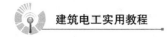

雷击时在电力线路或金属管道上产生的高压冲击波。

雷击的破坏和危害，主要有 4 个方面：一是电磁性质的破坏；二是机械性质的破坏；三是热性质的破坏；四是跨步电压破坏。

5.2.2 常用防雷装置

防雷的基本思想是疏导，即设法构成通路将雷电流引入大地，从而避免雷击的破坏。常用的避雷装置有避雷针、避雷线、避雷网、避雷带和避雷器等。

1．避雷针

一种尖形金属导体，装设在高大、凸出、孤立的建筑物或室外电力设施的凸出部位。

2．避雷线、避雷网和避雷带

保护原理与避雷针相同。避雷线主要用于电力线路的防雷保护，避雷网和避雷带主要用于工业建筑和民用建筑的保护。

3．避雷器

有保护间隙、管形避雷器和阀形避雷器 3 种，其基本原理类似。 正常时，避雷器处于断路状态，出现雷电过电压时避雷器发生击穿放电，将过电压引入大地。过电压终止后，迅速恢复阻断状态。3 种避雷器中，保护间隙是一种最简单的避雷器，性能较差。管形避雷器的保护性能稍好，主要用于变电所的进线段或线路的绝缘弱点。工业变配电设备普遍采用阀形避雷器，通常安装在线路进户点。

4．防雷常识

（1）为防止感应雷和雷电侵入波沿架空线进入室内，应将进户线最后一根支承物上的绝缘子铁脚可靠接地。

（2）雷雨时，应关好室内门窗，以防球形雷飘入；不要站在窗前、阳台上或有烟囱的灶前；应离开电力线、电话线、无线电天线 1.5m 以外。

（3）雷雨时，不要洗澡、洗头，不要呆在厨房、浴室等潮湿的场所。

（4）雷雨时，不要使用家用电器，应将电器的电源插头拔下。

（5）雷雨时，不要停留在山顶、湖泊、河边、沼泽地、游泳池等易受雷击的地方；最好不用带金属柄的雨伞。

（6）雷雨时，不能站在孤立的大树、电杆、烟囱和高墙下，不要乘坐敞篷车和骑自行车。避雨应选择有屏蔽作用的建筑或物体，如汽车、电车、混凝土房屋等。

（7）如果有人遭到雷击，应不失时机地进行人工呼吸和胸外心脏挤压，并送医院抢救。

任务三 安全用电常识

任务目标

（1）了解触电伤害和触电形式。

（2）知道影响触电严重程度的因素。

（3）掌握预防人身触电的安全措施。

（4）了解触电急救步骤。

随着电能应用的不断拓展，以电能为介质的各种电气设备广泛进入企业、社会和家庭生活中，与此同时，使用电气所带来的不安全事故也不断发生。为了实现电气安全，对电网本身的安全进行保护的同时，更要重视用电的安全问题。因此，学习安全用电基本知识，掌握常规触电防护技术，是保证用电安全的有效途径。

电气危害有两个方面：一方面是对系统自身的危害，如短路、过电压、绝缘老化等；另一方面是对用电设备、环境和人员的危害，如触电、电气火灾、电压异常升高造成用电设备损坏等，其中尤以触电和电气火灾危害最为严重。触电可直接导致人员伤残、死亡。另外，静电产生的危害也不能忽视，它是电气火灾的原因之一，对电子设备的危害也很大。

5.3.1 触电

如不能正确使用电能，或粗心大意，或操作不熟练，或不遵守操作规程和安全技术规程等，都有可能触电，造成设备损坏，甚至引起火灾事故，给生产和生活造成损失。因此，安全用电很重要。

1．触电伤害

人体是导体，当人体与带电体相接触，或在进行带电操作时产生强烈电弧，电流通过人的身体，使人体受到伤害的，即称为触电。触电对人体的伤害，主要有电击和电伤两种。

1）电击

电击即触电造成的人体内伤，它是由于电流通过人体时，使肌肉收缩，人体细胞组织受到损害，当电流达到一定的数值时，就会使肌肉发生抽搐，造成呼吸困难、心脏麻痹，甚至会导致死亡。

2）电伤

电伤即触电造成的人体外伤，与电击所不同的仅仅是电流没有通过人体内部。它是由于电流的热效应、化学效应、机械效应，以及在电流作用下发生电弧或使熔化和蒸发的金属微粒等侵袭人体皮肤，导致局部皮肤受到伤害，严重的电伤也可致人死亡。

2．触电形式

1）单相触电

人体某一部位接触带电体时，电流通过人体流入地下，称为单相触电。

2）两相触电

人体同时接触带电的两根相线时，电流就会通过人体，与两根相线形成回路，称为两相触电。

3）跨步电压和接触电压触电

当人受到跨步电压的作用时，电流从一只脚经胯部再到另一只脚流入地下，形成回路，叫做跨步电压触电。当人受到接触电压的作用时，电流就从手经身体流入地下，形成回路，叫做接触电压触电。

5.3.2 影响触电严重程度的因素

1．人体电阻

在一般情况下，人体电阻可按 1000～2000Ω计算，人体电阻因人而异，手有毛茧，皮肤潮湿、多汗，有损伤，带有导电粉尘的电阻较小，危险性较大。

2．电流大小

感觉电流是引起人感觉的最小电流（1.1mA/0.7mA），摆脱电流是人触电后能自动摆脱电源的最大电流（16mA/10.5mA），而致命电流是在短时间内能危及生命的最小电流（>50mA）。

3．触电时间

触电时间长、情绪紧张、发热出汗、人体电阻减小的危险大。若可迅速脱离电源则危险小。

4．电流频率

电流频率为50～60Hz最危险。

5．电流途径

最危险的是经过心脏（手—手，手—脚），危险较小的是不经过心脏（脚—脚）。

6．环境影响

低矮潮湿，仰卧操作，特别是在金属容器中工作，不易脱离现场的情况下触电危险大，在这些场所中安全电压应取12V。其他条件较好的场所，可取24V或36V的安全电压。

7．触电部位的压力

触电部位的压力越大，接触电阻就越小，危险性就越大。

8．人体健康情况及精神状态

身心健康，情绪乐观的人电阻大，较安全。情绪悲观，疲劳过度的人电阻小，较危险。

5.3.3 预防人身触电的安全措施

1．预防人身直接触电的安全措施

（1）绝缘导线连接处可用绝缘胶带包扎。

（2）用屏障或围栏防止触及带电体。

（3）保持间隔距离以防止无意触及带电体。对易于接近的带电体，应保持在手臂所能触及的范围以外。

（4）漏电保护装置只可用作附加保护，动作电流不宜超过30mA。

（5）根据工作场所的特点，可采用相应等级的安全电压，36V多用于触电危险性大的工作场所，24V和12V用于有高度触电危险的工作场所。

2．预防人身间接触电的安全措施

（1）根据低压配电系统的运行方式和安全需要，常采用适当的自动化元件和连接方法，当发生故障时使线路能自动断开电源。

（2）采用双重绝缘或加强绝缘的电器设备，或者采用具有共同绝缘的组合电器设备，防止工作绝缘损坏后，在易接近部位出现危险的对地电压。

（3）采用绝缘的工作环境，这种措施是防止工作绝缘损坏时人体同时触及不同电位的两点而触电。

（4）采用等电位工作环境。等电位工作环境是把设备以外所有容易接触的裸露导体互相连接起来，以防出现危险的接触电压。

（5）根据工作环境，采用相应等级的安全电压。安全电压是指人体不戴任何防护设备时，触及带电体不受电击或电伤的电压。国家标准制定了安全电压系列，称为安全电压等级或额

定值，这些额定值指的是交流有效值，分别为42V、36V、24V、12V、6V等几种。

5.3.4 触电急救

触电急救的要点是：动作迅速，救护得法。当发现有人触电时，首先要使触电者尽快地脱离电源，然后根据触电者的受伤情况，进行相应的救治。人触电以后，会出现神经麻痹、呼吸中断、心脏跳动停止等征象，外表上呈现昏迷不醒的状态，但应看做是假死，要迅速而持续地进行抢救。

1. 脱离电源

人触电以后，可能不能自行摆脱电源。这时，应尽快使触电者脱离电源，是救活触电者的首要因素。

1）发生低压触电事故时，使触电者脱离电源的方法

（1）附近有开关或插头时，应立即断开电源开关或拔掉电源插头，断开电源。

（2）附近没有开关时，则用具有良好绝缘的钢丝钳将电线剪断，或用有干燥木柄的斧头或其他工具将电线砍断。如果触电者单相触电时，也可用绝缘物插入触电者身下，隔断电流通路，使触电者尽快脱离电源。

（3）如果什么工具都没有，也可用干衣服、围巾等衣物，厚厚地把一只手严密地包裹起来，拉触电者的衣服使其脱离电源。如有干燥木板或其他不导电的东西，救护者应站在上面进行救护。

总之，要迅速用现场可以利用的一切绝缘物体进行抢救，绝不能用潮湿的东西，更不能用金属体去接触触电者，防止自己也触电。如果人在高处触电，应防止触电者在脱离电源后从高处摔下而加重伤势。

2）发生高压触电事故时，使触电者脱离电源的方法

（1）立即通知有关部门拉闸停电。

（2）近处有开关（或跌落式熔断器）时，要立即戴上绝缘手套，穿上绝缘靴，用相应电压等级的绝缘棒（操作棒）将开关（或跌落式熔断器）拉开。

（3）抛掷裸金属线，使线路发生短路跳闸。

2. 现场急救

触电者脱离电源后，要根据触电者的具体情况，迅速对症救护。

（1）触电者神志清醒，但有心慌、四肢发麻、全身无力，或曾一度昏迷，但已清醒过来。此时，应使触电者不要走动，安静休息，并请医生诊治或送往医院治疗。

（2）触电者已失去知觉，但还有心脏跳动和呼吸存在，这时应使触电者舒适安静地平卧，解开触电者的衣服以利于呼吸，如天气寒冷，要注意保暖，并让空气流通，并速请医生诊治或送医院治疗；如触电者呼吸困难或发生痉挛，应准备一旦呼吸停止，立即作进一步的抢救。

（3）触电者呼吸停止或心脏跳动停止，或两者都已停止时，应立即施行人工呼吸法和胸外心脏挤压法进行抢救，并速请医生诊治或送医院抢救。在送往医院的途中不能中止急救。

3. 人工呼吸法救护

人工呼吸法是用人工的力量在触电者呼吸停止后，促使肺部膨胀和收缩，达到恢复呼吸目的的急救方法。常见的人工呼吸方法有：口对口吹气法、牵臂压胸法、俯卧压背法、心脏挤压法等。

任务四　电气火灾

任务目标

（1）了解电气火灾产生的原因。

（2）了解电气火灾的防护措施。

（3）掌握电气火灾灭火注意事项。

1．电气火灾产生的原因

电器、照明设备、手持电动工具以及通常采用单相电源供电的小型电器，有时会引起火灾，其原因通常是电气设备选用不当或由于线路年久失修，绝缘老化造成短路，或由于用电量增加、线路超负荷运行，或由于维修不善导致接头松动，或由于电器积尘、受潮、热源接近电器、电器接近易燃物和通风散热失效等。

2．防护措施

其防护措施主要是合理选用电气装置。例如，在干燥少尘的环境中，可采用开启式和封闭式的电气装置；在潮湿和多尘的环境中，应采用封闭式的电气装置；在易燃易爆的危险环境中，必须采用防爆式的电气装置。防止电气火灾，还要注意线路电气负荷不能过高，注意电气设备安装位置距易燃、可燃物不能太近，注意电气设备运行是否异常，注意防潮等。

3．电气灭火

（1）发现电子装置、电气设备、电缆等冒烟起火，要尽快切断电源。

（2）使用砂土、二氧化碳或四氯化碳等不导电灭火介质，忌用泡沫和水进行灭火。

（3）灭火时不可将身体或灭火工具触及导线和电气设备。

小结

☆ 接地是利用接地装置将电气设备和装置的某一点与大地构成回路，实现可靠的电连接，是保证电气设备安全运行和人身安全的重要措施之一。按接地的作用分为保护接地、工作接地、过电压保护接地（防雷接地）和静电接地4种类型。

☆ 接地装置由接地体和接地线组成，接地体分为自然接地体和人工接地体两种，接地线也分为自然接地线和人工接地线两种。

☆ 所有的电气设备都应采用接地或接零，在允许不同的电气设备使用一个总的接地装置时，其接地电阻值应满足其中最小值的要求，接地极与独立避雷针接地极之间的地下距离不应小于3m，防雷保护的接地装置可与一般电气设备的接地装置相连接，并与埋地金属管道相互连接，专用电气设备的接地应与其他设备的接地以及防雷接地分开，并应单独设置接地装置。

☆ 零线的连接应牢固可靠、接触良好，零线的截面选择要适当，所有电气设备的接零线，均以并联的方式接在零线上，不允许串联。在有腐蚀性物质的环境中，零线的表面要涂上必要的防腐涂料。零线上绝对不可安装熔断器，以免因熔体熔断时使零线断开。

☆ 保护接零一般应用在1000V以下中性点接地的系统中，在公用低压电网中，一般不允

许采用接零的保护方式，规定只准采用接地的保护方式。同一台配电变压器供电的，或在同一个回路中，不准同时存在接地和接零两种保护方式。

☆ 漏电保护断路器要进行可靠的保护接地，安装前应先经过漏电保护动作试验，每月进行一次漏电保护动作试验。

☆ 接地电阻是衡量接地装置技术性能的重要指标之一，会使用接地电阻测量仪测量接地电阻。当接地电阻不符合设计要求时，应采用另选安装地点、增大接地体与土壤的接触面积、土壤中加入食盐或木炭、土壤置换等方法降低接地电阻。

☆ 雷电产生的强电流、高电压、高温热具有很大的破坏力和多方面的破坏作用，给电力系统、给人类造成了严重的灾害。雷电有直击雷、感应雷、球形雷和雷电侵入波 4 种类型。

☆ 防雷的基本思想是疏导，即设法构成通路将雷电流引入大地，从而避免雷击的破坏。常用的避雷装置有避雷针、避雷线、避雷网、避雷带和避雷器等。

☆ 为了防止感应雷和雷电侵入波沿架空线进入室内，应将进户线最后一根支承物上的绝缘子铁脚可靠接地。雷雨时应关好室内门窗，不要站在窗前、阳台上和有烟囱的灶前，应离开电力线、电话线、无线电天线 1.5m 以外，不要洗澡、洗头，不要呆在厨房、浴室等潮湿的场所，不要使用家用电器，应将电器的电源插头拔下，不要停留在山顶、湖泊、河边、沼泽地、游泳池等易受雷击的地方，最好不用带金属柄的雨伞，不能站在孤立的大树、电杆、烟囱和高墙下，不要乘坐敞篷车和骑自行车，避雨应选择有屏蔽作用的建筑或物体。如果有人遭到雷击，应不失时机地进行人工呼吸和胸外心脏挤压，并送医院抢救。

☆ 触电可直接导致人员伤残、死亡，有电击和电伤两种伤害形式。触电形式有单相触电、两相触电、跨步电压和接触电压触电 3 种。

☆ 影响触电严重程度的因素有人体电阻、电流大小、触电时间、电流频率、电流途径、环境影响、触电部位的压力、人体健康情况及精神状态。

☆ 预防人身触电的安全措施有直接触电的安全措施和间接触电的安全措施

☆ 触电急救应尽快使触电者脱离电源，然后根据呼吸停止或心脏跳动停止，或两者都已停止，立即施行人工呼吸法和胸外心脏挤压法进行抢救，并速请医生诊治或送医院抢救。在送医院的途中不能中止急救。

☆ 防护措施是合理选用电气装置，注意线路电气负荷不能过高，注意电气设备安装位置距易燃、可燃物不能太近、注意电气设备运行是否异常，注意防潮等。

☆ 电气火灾灭火时要尽快切断电源，使用砂土、二氧化碳或四氯化碳等不导电介质灭火，忌用泡沫和水进行灭火，不可让身体或灭火工具触及导线和电气设备。

自评表

序　号	自评项目	自评标准	项目配分	项目得分	自评成绩
1	接地装置	接地的类型、作用	3 分		
		土壤电阻率、接地电阻、接触电压	6 分		
		跨步电压、重复接地、低压保护接地和低压保护接零	10 分		
		接地装置组成、接地的一般要求	5 分		
		降低接地电阻的措施	5 分		
		接地电阻测量步骤	5 分		

续表

序　号	自评项目	自评标准	项目配分	项目得分	自评成绩
1	接地装置	免予保护接地的几种情况	5分		
		保护接地与保护接零的适用范围	5分		
		零线的基本要求	5分		
		漏电保护断路器使用注意事项	5分		
		雷电种类	3分		
		常用防雷装置	3分		
		防雷常识	5分		
3	安全用电常识	触电伤害类型、触电形式	3分		
		影响触电严重程度的因素	4分		
		预防人身直接触电的安全措施	4分		
		预防人身间接触电的安全措施	4分		
		触电急救步骤、人工呼吸法、胸外心脏挤压法	10分		
4	电气火灾	电气火灾防护措施	5分		
		电气灭火注意事项	5分		
合计					

习题5

1．什么是接地？接地有什么作用？

2．接地按作用分有哪些类型？什么是保护接地？

3．人行走时，虽未触及什么物体但却有触电的感觉，应如何尽快离开这些地面？

4．什么是土壤电阻率？如何降低土壤电阻率？

5．保护接地和保护接零有什么区别？

6．接地装置由哪些部分组成？接地干线用来连接什么？

7．什么是接地电阻？如何降低接地电阻？

8．如何测量接地电阻？

9．接地的一般要求是什么？

10．在什么情况下，可免除保护接地？

11．对零线有哪些基本要求？

12．雷击的破坏和危害有哪些？

13．漏电保护断路器的作用和使用注意事项是什么？

14．常用防雷装置有哪些？基本指导思想是什么？

15．什么是触电？触电有哪些形式？

16．没呼吸但有心跳应用什么方法急救？有呼吸但没心跳应用什么方法急救？

17．如何进行电气灭火？

项目六 智能建筑系统

项目描述：智能建筑系统是现代楼宇中必不可少的一部分，通过本项目 6 个任务的学习和知识拓展，可以达到对智能建筑系统的专业级认识，可以掌握智能建筑系统及各子系统的功能结构和监控原理，并具备对系统设备初级选型的能力，结合项目七能够增强对智能建筑系统工程图的识读能力。

教学导航

任　务	重　点	难　点	关键能力
认识智能建筑系统	智能建筑系统的理解； 智能建筑楼宇的目标	智能建筑系统的分类	智能建筑的基本概念； 智能建筑的功能和特点； 智能建设的业务范围
楼宇自动化系统（BAS）	BAS 的对象和内容； DDC 的作用； 中央空调监控系统工作体系； 给排水监控系统工作体系； 供配电监控系统工作体系	BAS 的体系结构； BAS 中监控信息的转化与传输 BAS 系统结构图识读	BAS 体系结构； BAS 的组成和监控功能； BAS 子系统的监控原理及功能； 识读 BAS 系统结构图
安全自动化系统（SAS）	安全防范术语； 门禁系统的基本结构； 防盗报警系统的基本结构； 闭路电视监控系统的基本结构	防盗报警设备的选型； 监控摄像机的选型； 闭路电视监控系统的控制内容	SAS 的基本设备运作原理； 识读 SAS 的结构图； SAS 设备的选型要点
消防自动化系统（FAS）	FAS 的基本结构； 消防联动控制的基本结构	FAS 前端感应设备的选型与配合； FAS 各子系统的感性认识	识读 FAS 的结构图； 识读消防联动控制图
通信自动化系统（CAS）	有线电视系统的组成及传输方式； 计算机网络中的 ADSL 技术及光纤接入技术	有线电视的系统框图； 三网融合的技术实现和功能	有线电视系统的组成、传输方式及应用； 计算机网络中的 ADSL 技术、光纤接入技术、三网融合的宽带接入技术
办公自动化系统（OAS）	OAS 在现代办公中的意义和功能； OAS 的基本配置； OAS 的基本验收方式	OAS 的基本安装和测试方法	OAS 的基本构成和功能； OAS 基本验收方式

任务一　认识智能建筑系统

学习目标

（1）了解智能建筑的发展背景及现状。

（2）明白智能建筑的基本概念、功能、特点及核心技术。

（3）掌握楼宇智能化的业务范围。

智能建筑是一门集自动控制技术、通信技术和计算机技术于一体的系统工程学科，它的发展是人们提高生活和工作质量的重要标志。目前系统主要涵盖对中央空调、给排水、变配电、照明、电梯等系统的监控，这些系统一般运用在大中型建筑场所中。

6.1.1　智能建筑系统概述

智能建筑系统是根据建筑物的结构、系统、服务和管理方面的功能以及其内在联系，以最优化的设计，提供一个投资合理又拥有高效率的优雅舒适、便利快捷、高度安全的环境空间。智能楼宇能够帮助楼宇的主人、财产的管理者和拥有者等意识到，他们在诸如费用开支、生活舒适、商务活动和人身安全等方面将得到最大利益的回报。

1．智能楼宇的基本功能

（1）通过其结构、系统、服务和管理的最佳组合，提供一种高效和经济的环境。

（2）能在上述环境下为管理者实现以最小的代价提供最有效的资源管理。

（3）能够帮助其业主、管理者和住户实现他们的造价、舒适、便捷、安全、长期的要求，以及市场效应的目标。

2．智能楼宇的特点

世界上第一幢智能大楼于1984年在美国康涅狄格州哈特福德市建成，命名为“都市办公大楼”。该栋 38 层的办公建筑具有空调设备、照明设备、防灾和防盗系统、电梯系统，并且将计算机与通信设施连接，廉价地向大楼中其他住户提供计算机服务和通信服务。智能楼宇具有以下特点。

（1）住户不必自购设备，以分租方式获得设备的使用权，既节省空间又节省费用。

（2）这幢大楼拥有计算机、程控交换机和计算机局域网络，能为用户提供语音通信、文字处理、电子邮件、情报资料检索和科技计算机等服务。UTBS 公司作为工程总体设计和安装方以租赁的形式提供廉价服务：提供道琼斯美国股票行情、案例资料检索服务；通过向电话公司租用通信线路，使住户的电话费得到折扣。

（3）这幢大楼内的建筑设备实现了综合管理自动化。该大楼当时采用了新型空调系统与防灾设备，以及新型电梯，各类相关产品都以节约能源与达到综合性的安全为目标。这样，不仅因为节约能源可使住户付出的租费减少，而且使住户感到更加安全、舒适和方便。

3．智能楼宇系统的构成

从上述最早的智能楼宇功能来看，实现智能楼宇功能主要依赖于计算机技术、自动控

制技术、通信技术以及集成技术。随着科技的发展逐渐形成了三大系统：楼宇自动化系统（BAS）、通信自动化系统（CAS）、办公自动化系统（OAS），简称 3A 系统。如今又在楼宇自动化系统的基础上衍生了消防自动化系统（FAS）和安全自动化系统（SAS）两个较独立的系统。

（1）楼宇自动化系统（BAS）。

通过对建筑物内的各种电力设备、空调设备、冷热源设备、防火设备、防盗设备等进行集中监控，保证建筑内的环境舒适和人身安全。

（2）通信自动化系统（CAS）。

通过建设通信网络实现建筑内的语音、图像和数据传输，同时与外部通信连接，实现信息互通。

（3）办公自动化系统（OAS）。

采用 Internet/Intranet 技术，基于工作流的概念，实现迅速、全方位的信息采集、处理，使企业内部人员方便快捷地共享信息，高效地协同工作。

（4）消防自动化系统（FAS）。

通过自动监测机构、灭火控制机构和避难诱导机构，及时发现并报告火情，尽早扑灭火灾，控制火灾的发展，保证人员的人身和财产安全。

（5）安全自动化系统（SAS）。

以维护社会公共安全为目的，运用安全防范产品和其他相关产品构成入侵报警系统、视频监控系统、出入口控制系统、防爆安全检查系统等。

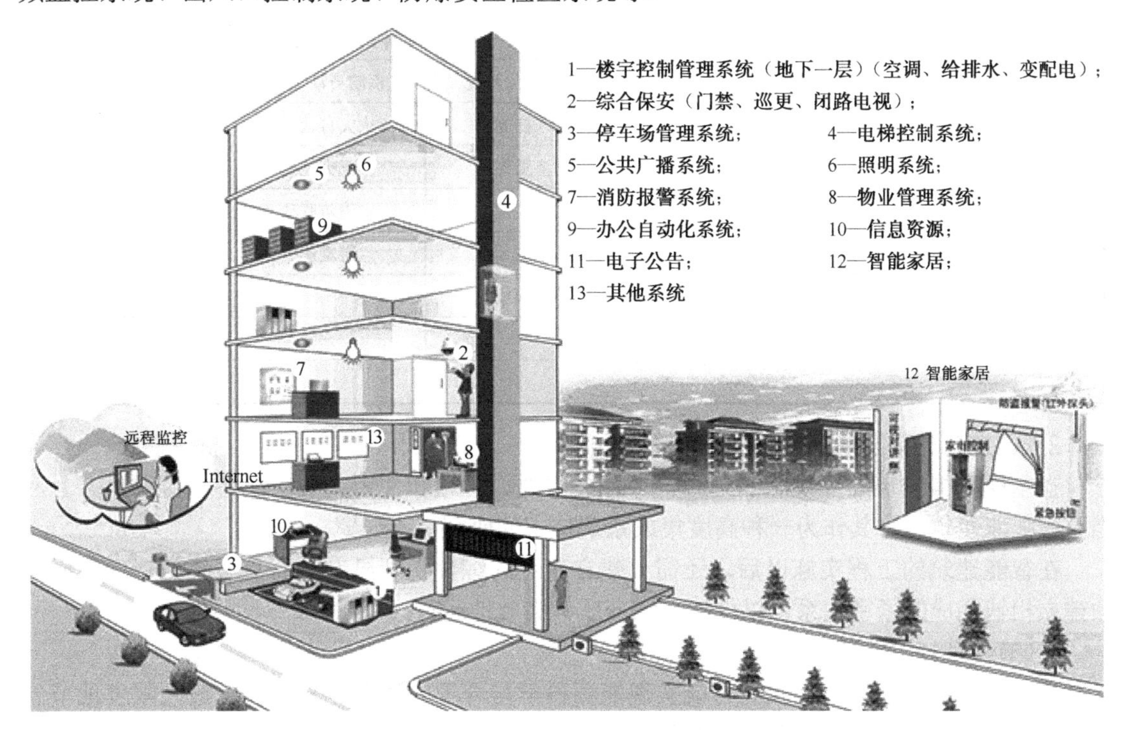

图 6.1　智能建筑系统结构

6.1.2 建设智能楼宇的目标

建设智能楼宇的目标主要体现在提供安全、舒适、便捷高效的优质服务；建立先进的管理机制；节省能耗与降低人工成本 3 个方面。

1. 提供安全、舒适、便捷高效的优质服务

1）安全性方面

可由如下子系统来实现：防盗报警系统、出入口控制系统、闭路电视监视系统、安保巡更系统、火灾报警与消防联动系统、紧急广播系统、紧急呼叫系统、停车场管理系统、电梯运行监控、应急照明等。

2）舒适性方面

可由如下子系统来实现：空调与供热系统、供电与照明控制系统、卫星及共用天线电视系统、背景音乐系统、多媒体音像系统、给排水系统等。

3）便捷高效性方面

可由如下子系统来实现：结构化综合布线系统、信息传输系统、通信网络系统、办公自动化系统、物业管理系统等。

智能建筑的内容按 3A 系统分类，如表 6.1 所示。

表 6.1 智能建筑内容分类

智能建筑系统				
办公自动化系统	通信自动化系统	楼宇自动化系统		
		安全自动化系统	消防自动化系统	楼宇自动化系统
文字处理	程控电话	出入控制	火灾自动报警	空调监控
公文流转	有线电视	防盗报警	灭火控制	冷热源监控
档案管理	卫星电视电话	电视监控	消防联动	照明监控
信息服务	公共广播	巡更	避难诱导	给排水监控
电子账务	公共通信网	车库管理		电梯监控
一卡通	宽带数据通信			物业管理系统
电子邮件	视频会议			三表自动抄送

2. 建立先进科学的综合管理机制

在重视智能建筑硬件设施的同时，须有关软件、管理和使用人员的配备和协调，并且应当重视智能建筑，将其作为一种高度集成系统技术的研究。

在智能建筑的工程实施以后，还需要建立先进的综合管理机制，而且系统与管理之间还须建立相辅相成的紧密关系，以保证系统高质、高效地运行。

3. 节省能耗与降低人工成本

通过建设智能化大厦，就有可能实现能源科学与合理的消费，从而达到最大限度地节省能源的目的。同时，通过科学化和智能化的管理，使楼宇各类机电设备的运行管理、保养维修更加自动化，从而节省能耗与降低人工成本。

任务二 楼宇自动化系统

任务目标

（1）了解 BAS 的体系结构。

（2）掌握 BAS 的组成和监控功能。

（3）掌握 BAS 各子系统的监控原理及功能。

（4）能够识读 BAS 系统结构图。

BAS 是智能建筑必不可少的组成部分，其任务是对建筑的能源使用、环境及各种设施进行监控与管理，以提供一个安全可靠、节约、舒适的环境。

6.2.1 楼宇自动化系统（BAS）概述

1. BAS 的对象和环境

建筑智能化首先是从楼宇自动化系统（BAS）开始的。智能楼宇内部有大量的建筑机电设备，如空调设备、照明设备、给排水系统的设备等，它们为楼宇内人们的生活和生产提供了必需的环境。

楼宇自动化系统的功能是调节、控制建筑内的各种设施，包括暖通、通风、空气调节、变配电、照明、电梯、给排水、消防、安保、能源管理等，检测、显示其运行参数，监视、控制其运行状态，根据外界条件、环境因素、负载变化情况自动调节各种设备，使其始终运行于最佳状态；自动监测并处理，如停电、火灾、地震等意外事件；自动实现对电力、供热、供水等能源的使用、调节与管理，从而保障工作或居住环境既安全可靠，又节约能源，而且舒适宜人。

智能建筑中的建筑机电设备和设施就是楼宇自动化系统的对象和环境，通常可将建筑机电设备和设施按功能划分为 7 个子系统。

（1）电力供应监控系统（高压配电、变电、低压配电、应急发电）。

（2）照明监控系统（工作照明、事故照明、艺术照明、障碍灯等特殊照明）。

（3）环境控制系统（空调及冷热源、通风环境监测与控制、给水、排水、卫生设备、污水处理）。

（4）消防系统（自动监测与报警、灭火、排烟、联动控制、紧急广播）。

（5）保安系统（防盗报警、电视监控、出入口控制、电子巡更）。

（6）运输监控系统（电梯、电动扶梯、停车场）。

（7）广播系统（背景音乐、事故广播、紧急广播）。

在楼宇中设置 BAS 的目的就是为了优化生活和工作的环境，确保这些设备安全、正常、高效地运行。安全、正常是指设备能按照设计性能指标运转；高效是指节省能源、节省人力和长寿命运行。这些设备多而散，多，即数量多，被控制、监视、测量的对象多，多达上千点到上万点；散，即这些设备分散在各层次和角落，所以需要一个科学完善的结构作支撑。

2．BAS 体系结构

在楼宇中，需要实时监测与控制的设备品种多、数量大，而且分布在楼宇各个部分。大型的建筑物有几十层楼面，多达十多万平方米的建筑面积，需数千台、套设备遍布建筑物内外。对于楼宇自动化（BAS）这一个规模庞大、功能综合、因素众多的大系统，要解决的不仅是各子系统的局部优化问题，而且是一个整体综合优化的问题。若采用集中式计算机控制，则所有现场信号都集中于同一地方，由一台计算机进行集中控制。这种控制方式虽然结构简单，但功能有限，且可靠性不高，故不能适应现代楼宇管理的需要。与集中式控制相反的就是集散控制，集散控制以分布在现场被控设备附近的多台计算机控制装置，完成被控设备的实时监测、保护与控制任务，克服了集中式计算机控制带来的危险性高度集中和常规仪表控制功能单一的局限性。以安装于集中控制室并具有很强的数字通信、CRT 显示、打印输出与丰富控制管理软件功能的管理计算机，完成集中操作、显示、报警、打印与优化控制功能，避免了常规仪表控制分散后人机联系困难与无法统一管理的缺点。管理计算机与现场控制计算机的数据传递由通信网络完成。集散控制充分体现了集中操作管理、分散控制的思想。因此集散控制系统是目前 BAS 广泛采用的体系结构。

集散型楼宇自动化系统的体系结构，如图 6.2 所示，其基本特征是功能层次化。

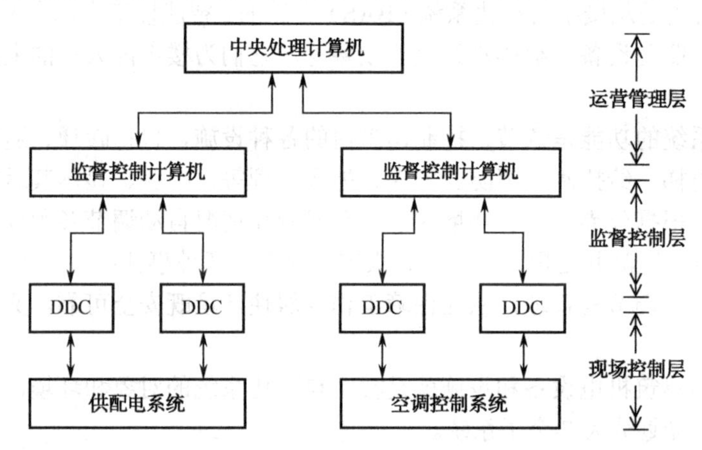

图 6.2　集散型 BAS 的体系结构

1）现场控制层

现场控制层计算机直接与传感器、变送器、执行装置相连。实现对现场设备的实时监控，并通过通信网络实现与上层机之间的信息交互。在这一层中实现对单个设备或小型区域内的设备进行自动控制，即单机自动化，功能实现是由安装在被控设备附近的现场控制器来完成的。

现场控制器采用直接数字控制技术，因此又被称为直接数字控制器（Direct Digital Controller，DDC）。每台现场控制器含可控制的 DO（数字信号输出）、DI（数字信号输入）、AO（模拟信号输出）、AI（模拟信号输入）。点位一般在 10～100 个点，当一个楼宇自动化系统规格较大时，就需配用若干个现场控制器。

现场控制层末端装置包括传感器和执行机构。传感器用来将各种不同的被测物理量，如温度、压力、流量、电量等，转换为能被现场控制器接收的模拟量或开关量，执行机构能够对被控设备进行控制。现场控制器具有可靠性高、控制能力强、可编写程序等特点，既能独

立监控有关设备又可联网，并通过管理计算机接受统一控制与管理。

2）监督控制层

监督控制层计算机是现场控制层计算机的上位机，可分为监控站和操作站。监控站直接与现场控制器通信，监视其工作情况并将来自现场控制器的系统状态数据传递给操作站及运营管理层计算机。而操作站则为管理人员提供操作界面，并将操作请求传递给监控站，再由监控站实现操作。在这一层中实现各子系统内各种设备的协调控制和集中操作管理，即分系统的自动化。

3）运营管理层

运营管理层计算机位于整个系统的最顶端，通常具有很强大的处理能力。它协调管理各个子系统，实现全局的优化控制和管理，从而达到综合自动化的目的。

4）系统通信

系统通信采用两级或多级网络结构，设备直接控制均由分布在设备附近的现场控制器（DDC）完成，与监督控制层计算机的通信构成第一级网。监督控制层计算机之间构成第二级网。为参与更高的管理级，需将上述局域网连至更高速的广域网，这是第三级网。

分布在现场的直接数字控制器与监督控制层计算机之间需要大量检测与控制数据，各控制器之间也需要相互通信以实现协调控制。一般通过 EIA 标准总线 RS485 或 RS422 进行互连，并与通信控制器进行连接。为保证信息的实时性，通信速率应不低于 9600bps。

6.2.2 中央暖通空调监控系统

1. 中央暖通空调的组成

中央暖通空调系统是制造适量温度、湿度、纯净度合适的新鲜空气，通过送风管道分配到建筑内的各个空间，保证建筑内环境舒适的系统。一般空调系统包括以下几部分：进风部分、空气过滤部分、空气热湿处理部分、空气输送和分配部分、冷热源部分。

中央暖通空调系统的工作流程：循环空气通过热湿处理系统，高温空气经过冷却盘管先进行热交换，盘管吸收了空气中的热量，使空气温度降低，然后再将冷却后的循环空气吹入室内。通过循环方式把房间里的热量带走，以维持室内温度在一定值。如果要想使室内温度升高，需要以热水进入风机盘管，空气加热后送入室内。典型的集中式空调新风系统如图 6.3 所示。

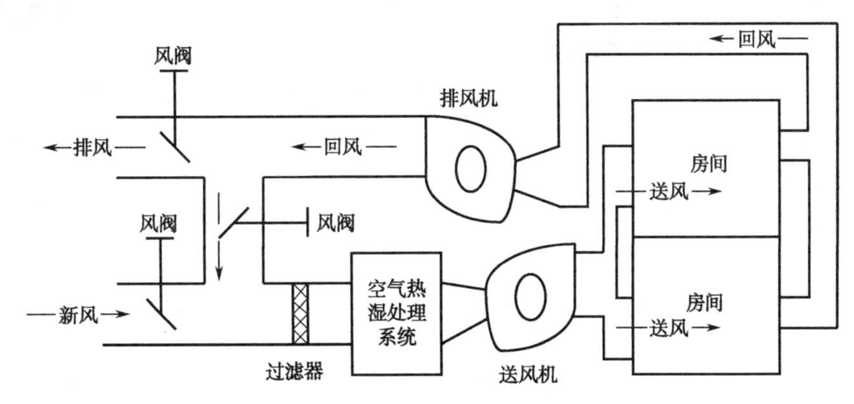

图 6.3 典型的集中式空调新风系统

2. 中央暖通空调的监控

空调系统的监控是指对空调机组、通风设备、冷热源设备以及环境监测仪器等设备的运行状况进行监测、控制和管理，主要包括对冷、热源设备运转周期的控制，空调机组最佳启、停时间的控制，风机的风量控制，冷却水塔等设备的运行控制，冷、热水温度的自动控制，室内温、湿度的自动检测以及事故报警等。

中央空调的空气热湿处理系统如图 6.4 所示。一般现场数据和执行命令通过 DDC 收集和发送，DDC 再将数据信息传送给上层管理机。

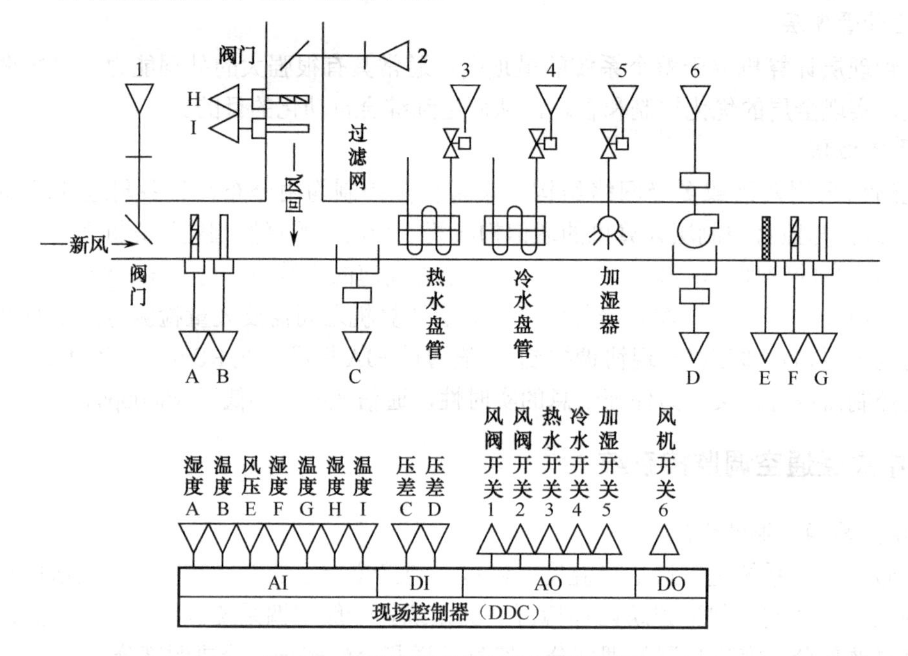

图 6.4 中央空调的空气热湿处理系统

空气热湿处理系统主要有如下现场设备。

（1）温度传感器。温度传感器主要用于监控系统的风管和水管以及将室内外采集的实时数据转化为电信号传输给现场控制器（DDC）。温度传感器有接触式和非接触式两类。

（2）湿度传感器。湿度传感器主要用于室内室外的空气湿度、风道的空气湿度的检测。湿度传感器同样把采集的参数用电信号发送给现场控制器（DDC）。常用的湿度传感器有烧结型半导体陶瓷湿敏元件、电容式相对湿度传感元件等。

（3）压力、压差传感器。压力、压差传感器主要用于检测风道静压、供水管压和差压，有时也用来测量液位的程高，如水箱的水位等。常用的压力、压差传感器，有弹簧管式、波纹管式、单膜片式和电容式。

（4）流量传感器。流量传感器用于检测风道里的风速以及水管道的水流速度，与风阀、水阀配合以达到控制风流量、水流量的目的。流量传感器有节流式、容积式、速度式、电磁式等。使用流量检测仪表时需考虑控制系统容许的压力损失，最大、最小额定流量，使用场所的环境特点以及被测流体的性质和状态。

（5）电磁阀。电磁阀利用电磁铁的吸合和释放对小口径阀门作通、断两种状态的控制。

（6）电动调节阀。电动调节阀是以电动机为动力元件，将控制器输出信号转换为阀门的

开度，它是一种连续动作的执行器。电动执行机构根据配用的调节机构不同，输出方式有直行程、角行程和多转式 3 种类型，分别与直线移动的调节阀、旋转的蝶阀、多转的感应调节器等配合工作。

（7）风门。风门用来精确控制风的流量。风门由若干叶片组成，当叶片转动时改变流道的等效截面积，即改变了风门的阻力系数，其流过的风量也就相应地改变，从而达到调节风流量的目的。空调通风系统中，用得最多的执行器是风门。

（8）现场控制器（DDC）。现场控制器（DDC）是楼宇自动化管理系统的一部分。它可完成对楼控系统及各种工业现场标准开关量信号与模拟量信号的采集，并且对各种模拟量以及开关量设备进行控制。

空调空气热湿处理系统的监控功能如下。

（1）将回风管内的温度与系统设定的值进行比较，用 PID（比例加积分、微分）方式调节冷水/热水电动阀开度，调节冷冻水或热水的流量，使回风温度保持在设定的范围之内。

（2）对回风管、新风管的温度与湿度进行检测，计算新风与回风的焓值，按回风和新风的焓值比例，控制回风门和新风门的开启比例，从而达到节能的效果。

（3）检测送风管内的湿度值与系统设定的值进行比较，用 PI（比例加积分）调节，控制湿度电动调节阀，从而使送风湿度保持在所需要的范围之内。

（4）测量送风管内接近尾端的送风压力，调节送风机的送风量，以确保送风管内有足够风压。

（5）其他方面：风机启动/停止的控制、风机运行状态的检测及故障报警、过滤网堵塞报警等。

6.2.3　给排水监控系统

1．供水监控系统

一般城市管网中的水压力不能满足高层建筑用水的要求，除了最下几层可由城市管网供水外，较高层均需提升水压供水。由于供水的高度增大，如果采用统一供水系统，显然低层的水压将过大，过高的水压对使用材料设备、维修管理均将不利，为此必须进行合理竖向分区供水。分区供水应根据建筑物的性质、使用要求、管道材料设备的性能、维修管理等条件，结合建筑物性质划分。给水系统的形式有多种，各有其优缺点，但基本上可划分为两大类，即重力给水系统及压力给水系统。

以如图 6.5 所示的重力给水系统为例，其特点是用水泵将水提升到最高处的水箱中，以重力向给水管网配水。对楼顶水池水位的监测及当高/低水平超限时报警，根据水池（箱）的高/低水位控制水泵的启/停，监测给水泵的工作状态和故障，如果当使用水泵出现故障时，备用水泵会自动投入工作。

2．排水监控系统

智能楼宇的卫生条件要求较高，其排水系统必须通畅，保证水封不受破坏。有的建筑采用粪便污水与生活废水分流，避免水流干扰，改善卫生条件。

智能楼宇一般都建有地下室，有的深入地面下 2～3 层或更深些，地下室的污水常不能以重力排除，在此情况下，污水先集中于污水集水井，然后以排水泵将污水提升至室外排水管中。污水泵应为自动控制，保证排水安全。

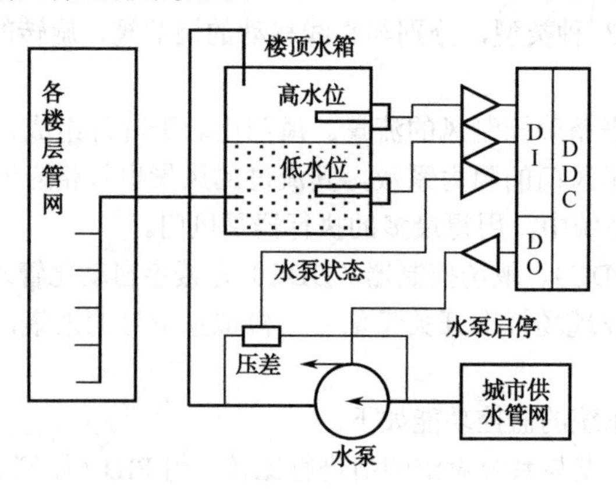

图 6.5　重力给水系统框图

智能楼宇排水监控系统的监控对象为集水井和排水泵。排水监控系统的监控功能有以下几点。

（1）污水集水井和废水集水井水位监测及超限报警。

（2）根据污水集水井与废水集水井的水位，控制排水泵的启/停。当集水井的水位达到高限时，联锁启动相应的水泵；当水位达到超高限时，联锁启动相应的备用泵，直到水位降至低限时联锁停泵。

（3）排水泵运行状态的检测以及发生故障时报警。

智能楼宇排水监控系统通常由水位开关和直接数字控制器组成，如图 6.6 所示。

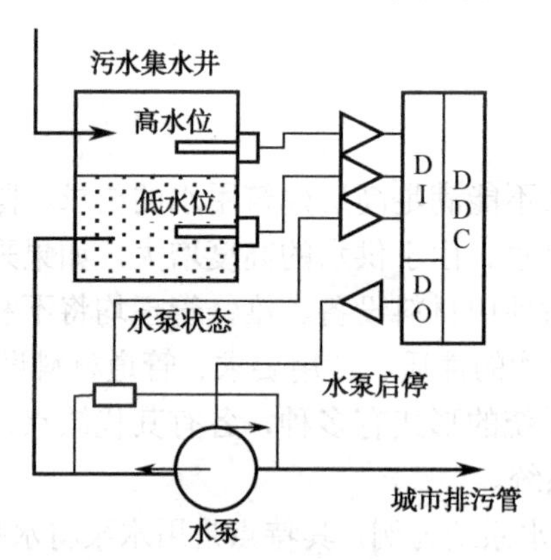

图 6.6　排水监控系统

6.2.4　供配电监控系统

供配电系统是大厦的动力系统，是保证大厦各个系统正常工作的必要条件。由监控系统对供配电设备的运行状况进行监视，并对各参量进行测量，如电流、电压、频率、有功功率、功率因数、用电量、开关动作状态及变压器油温等。管理中心根据测量所得的数据进行统计、分析，以查找供电异常情况，预先维护保养，并进行用电负荷控制及自动计费管理。

建筑供配电监控系统主要用来检测大厦供配电设备和备用发电机组的工作状态。供配电

监控系统一般可分为以下几个部分。

（1）高/低压进线、出线与中间联络断路器的状态检测和故障报警设备，电压、电流、功率、功率因数的自动测量、自动显示及报警装置。

（2）变压器二次侧电压、电流、功率、温升的自动测量、显示及高温报警设备。

（3）直流操作柜中交流电源主进线开关状态监视设备，直流输出电压、电流等参数的测量、显示及报警装置。

（4）备用电源系统，包括发电机启动及供电断路器工作状态的监视与故障报警设备，电压、电流、有功功率、无功功率、功率因数、频率、变压器油箱油位、变压器进口油压、冷却出水水温和水箱水位等参数的自动测量、显示及报警装置。

如图 6.7 所示为一个实际高低配电回路监控系统原理图。由图可见，系统只有 AI 和 DI 点而没有 AO 或 DO 点，也就是说系统只有监测功能而没有控制功能。目前国内供配电系统独立性较强，考虑到安全等多种因素，此方案常有应用。

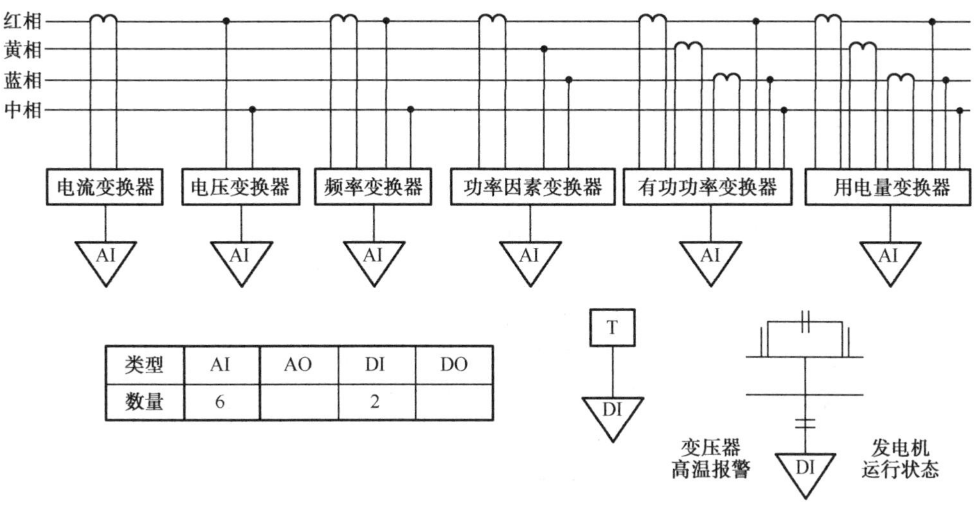

类型	AI	AO	DI	DO
数量	6		2	

图 6.7　高低配电回路监控系统原理图

任务三　安全自动化系统

学习目标

（1）掌握安全自动化系统的结构。

（2）掌握安全自动化系统的基本术语。

（3）掌握安全自动化系统的基本设备功能。

（4）具有安全自动化系统设备的识别和初步选型能力。

智能楼宇具有大型化、多功能的特点，为预防安全事故的发生，保证生命与财产安全，必须根据国家有关法律规定设置安全自动化系统。

1．安全自动化系统的功能

智能建筑有结构大、人员多的特点，为创造一个安全、舒适的环境，防范各种偷盗和暴力事件，在建筑物内设置各种安全防范设施显得尤为重要。

（1）防范。对财物、人身进行安全防范。相关设备有安全栅、门障、报警门锁和各类探测触发器。

（2）报警。当受到安全威胁时，系统应能向安保中心和有关地方发出各种特定的声光报警，并把报警信号传送到有关安保部门。

（3）监视与记录。在发生报警的同时，系统应能迅速地把出事的现场图像和声音传送到安保中心进行监视，并实时记录下来。

（4）自检和防破坏功能。一旦线路遭到破坏，系统应能发出报警信号。

2．安保系统的组成

根据安保系统应具备的功能，智能楼宇的安保系统一般应由以下 3 部分组成。

（1）门禁系统。选择性地开启或关闭门，让得到许可的人通行。

（2）防盗报警系统。利用各种探测装置对楼宇的重要地点或区域进行布防，探测非法侵入并报警。

（3）电视监视系统。系统把事故现场通过摄像机记录下来，并与报警系统实现联动。

6.3.1 门禁系统

1．门禁系统的基本结构

一般的门禁系统基本由 3 个层面的设备组成，如图 6.8 所示。最底层是与进出门的人员和车辆打交道的辨识装置、电子门锁、可视对讲、出门按钮、报警传感器、门传感器、报警喇叭等。中层为现场控制层。现场控制层把最底层发来的信号与原来存储的信号相比较并作出判断，然后发出处理信息。每个控制器管理着若干个门，可以自成一个独立的门禁系统。若多个控制器通过网络与计算机联系起来，构成全楼宇的门禁系统，则需要管理计算机对系统中的所有信息加以处理。管理计算机为顶层。

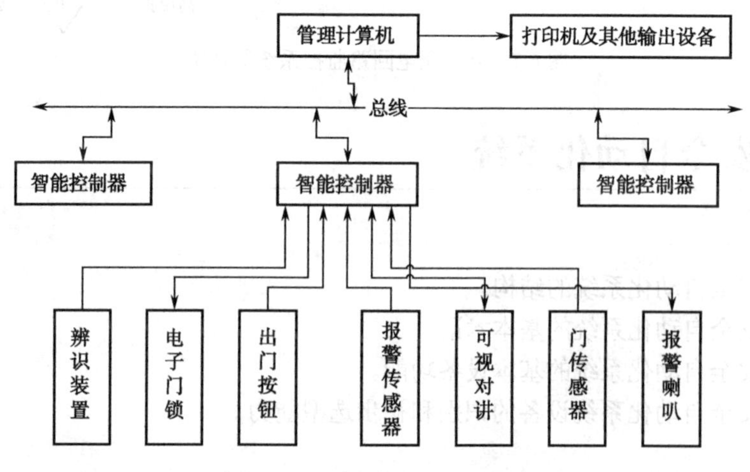

图 6.8　门禁系统的基本结构

2．门禁系统的认证装置、执行装置及系统管理

正常情况下，门禁系统对需进入人员进行身份认证，即系统把需进入人员的身份特征和预存的特征比较，若与受权人特征相同，系统允许其进入。人员的身份特征很多，可用密码，

也可用人体生物特征，如声音、指纹与掌纹、视网膜等识别。门禁系统的认证装置一般有磁卡及读卡机、智能卡及读卡机、指纹机、视网膜辨识机。

出入门禁系统的执行装置是对出入通道进行闭锁和解锁，目前常用的器件是电子门锁、电动门阀和道闸。检测通道的开闭状态常用磁性接触元件、接近开关、微动开关、干簧开关和机械触头锁等。

门禁系统将由计算机软件完成管理控制工作。计算机软件的编制应根据选择好的方案进行，其管理方案须包括以下几个方面：控制开门方式、出门卡授权等级、系统事件管理、设备数据管理和与其他系统间的通信。

6.3.2 防盗报警系统

1. 防盗报警系统的基本结构

防盗报警系统一般由探测器、区域控制器和报警控制计算机 3 个部分组成，如图 6.9 所示。最底层的是探测和执行设备，它们负责探测非法闯入等异常报警，同时向区域控制器发送信息。区域控制器再向报警控制中心计算机传送所负责区域内的报警情况。控制中心的计算机负责管理整幢楼宇的防盗报警系统。一般防盗报警系统应具有如下功能：布防与撤防、布防后延时、自检和防破坏功能。

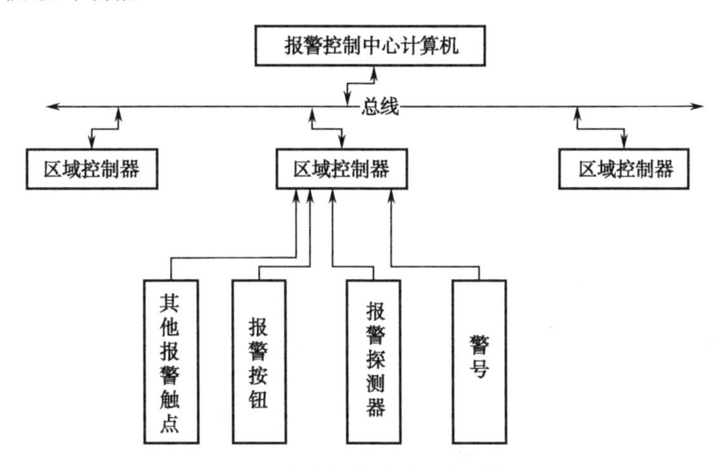

图 6.9 防盗报警系统基本结构图

2. 防盗报警装置的原理、组成和使用

防盗报警系统是根据探测器传送来的信息而发出报警的。按探测器的工作方式，可分为接触式和非接触式两大类。接触式的有干簧管、微动开关等，非接触式的有利用红外线、超声波和微波做成的探测器。

1）电磁式探测报警装置

它由一个条形永久磁铁和有一个常开触点的干簧管继电器组成，如图 6.10 所示，当条形磁铁和干簧管继电器平行放置时，干簧管两端的金属片被磁化而吸合在一起，于是电路接通。当条形磁铁与干簧管继电器分开时，干簧管触点在自身弹力的作用下，自动打开而断路。把电磁式探测器的干簧管装于被监视房门或窗门的门框边上，把永久磁铁装在门扇边上。关门后两者的距离应小于或等于 1cm，这样就能保证干簧管能在磁铁作用下接通，当门打开后，干

簧管会断开。

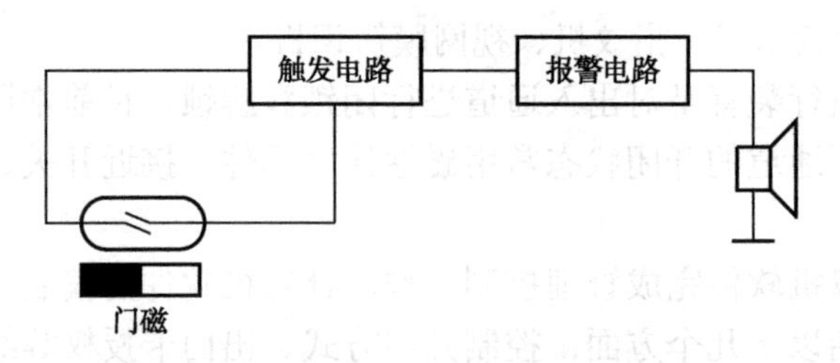

图 6.10　门磁开关防盗报警装置组成框图

2）主动红外线探测报警装置

这种报警装置由一个红外线发射器和一个红外线接收器组成，发射器与接收器以相对方式布置如图 6.11 所示。当有人从门窗进入而挡住了不可见的红外线时，即引发报警。这种报警器是本身主动发出红外线的，故属于主动式红外线探测器。它适用于各种布防范围大的场合。

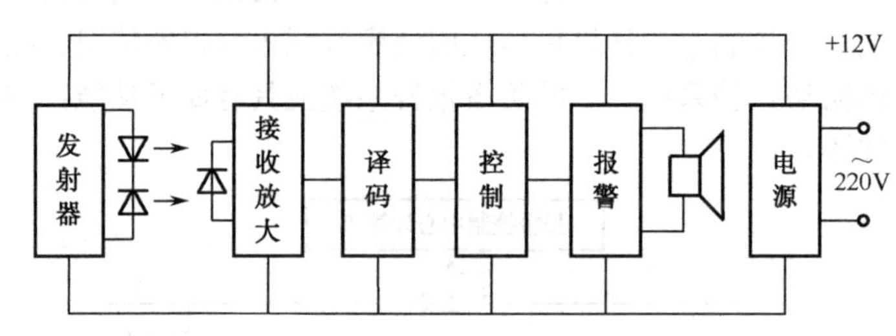

图 6.11　主动式红外线防盗报警装置组成框图

3）被动式红外线报警装置

被动式红外线报警装置采用热释红外线传感器作探测器，它对人体辐射的红外线非常敏感，配上一个菲涅尔透镜作为探头，探测中心波长约为 9～10μm 的人体发射的红外线信号，经放大和滤波后由电平比较器把它与基准电压进行比较。当输出的电信号幅值达到一定值时，比较器输出控制电压驱动记忆电路和报警电路而发出报警。

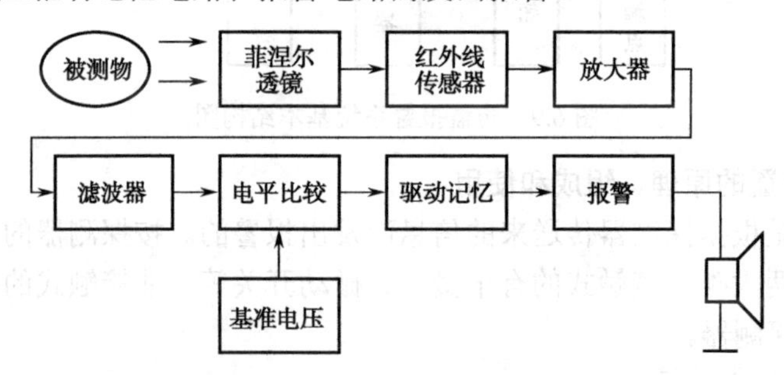

图 6.12　被动式红外线报警装置组成框图

4）微波防盗报警装置

上述的红外线探测报警装置存在红外线受气候条件（如温度等）变化的影响较大等缺点，影响了安全性。而微波探测防盗报警装置能克服这些缺点，且微波能穿透非金属物质，故可安装在隐蔽处或外加装饰物，不易被人发觉而被破坏，安全性很高。

微波防盗报警装置主要是通过探测物体的移动而发出报警的。探测器发出无线电波，同时接收反射波，当有物体在布防区移动时，反射波的频率与发射波的频率有差异，两者的频率差称多普勒频率。根据多普勒频率就可发现是否有物体在移动，如图 6.13 所示。

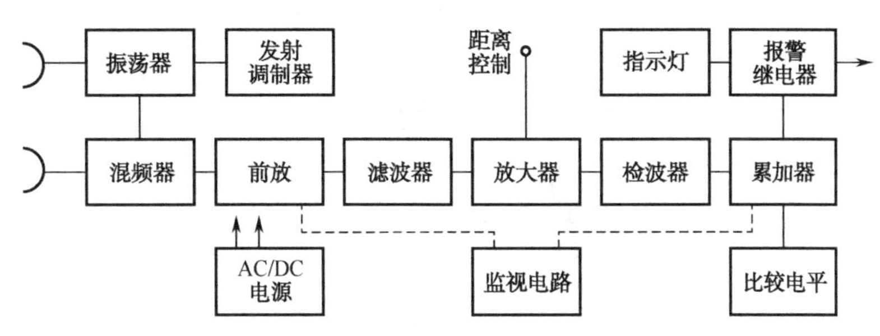

图 6.13　微波防盗报警系统框图

3. 防盗报警装置的选用

上述的各种防盗报警装置中，主要差别在于探测器，而探测器选用的主要根据有以下几点。

（1）保护对象的重要程度。例如，对于保护对象特别重要的应加多重保护等。

（2）保护范围的大小。例如，小范围可采用感应式报警装置或反射式红外线报警装置，要防止人从窗门进入可采用电磁式探测报警装置，大范围可采用遮断式红外报警器。

（3）预防对象的特点和性质。例如，主要是防人进入某区域的活动，则可采用移动探测防盗装置，可考虑微波防盗报警装置或被动式红外线报警装置，或者同时采用两者作用兼有的混合式探测防盗报警装置等。

6.3.3　闭路电视监控系统

闭路电视监控系统在智能建筑的安全自动化系统中如一对“眼睛”，由于电视技术和通信技术的飞速发展，电视监视系统在楼宇安保系统中应用越来越广泛，也越来越重要。

1. 闭路电视监控系统的基本结构

闭路电视监控系统按其工作内容可分为摄像、传输、控制、记录 4 个部分，其组成原理如图 6.14 所示。图中摄像部分包括摄像机、镜头、防护罩和云台，其作用是获取视频信号。传输部分包括线缆、调制与解调设备、线路驱动设备，其作用是传输视频信号。显示与记录部分包括监视器、视频处理器和录像机等，其作用是显示和记录视频。控制部分则负责所有设备的控制和图像信号的处理。

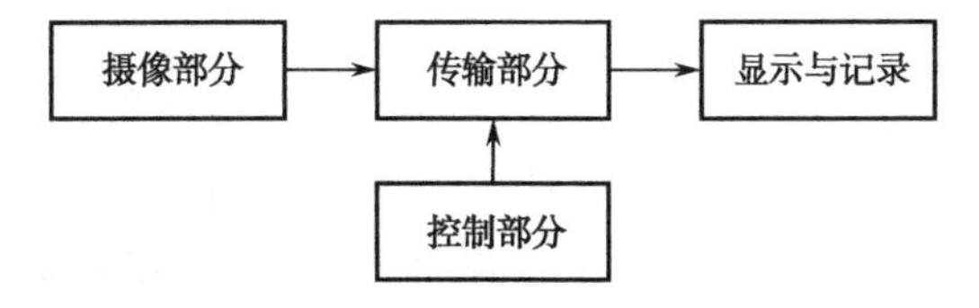

图 6.14　电视监控系统组成原理框图

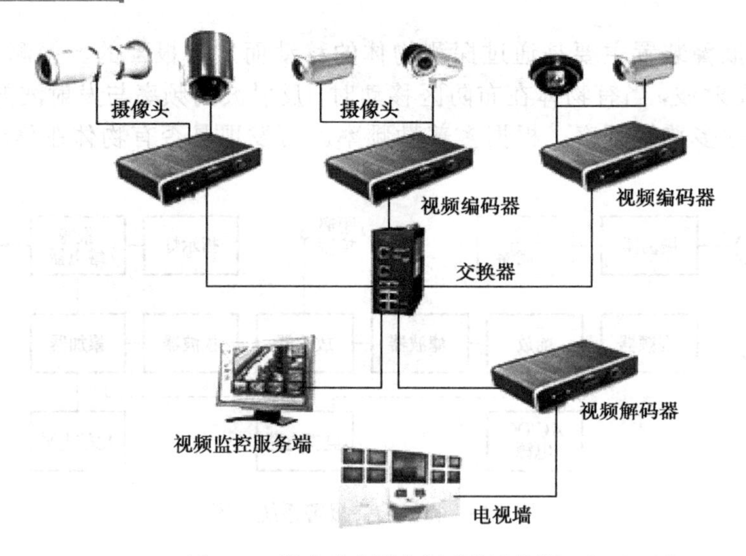

图 6.15　数字化电视监视系统连接图

2．前端摄像设备

1）摄像机

摄像机摄取视频转化为电信号发射出去。摄像机主要为模拟摄像机和数字摄像机，近几年出现了直接将视频信号转化为网络信号的网络摄像机。

2）镜头

镜头的作用是收集光信号，并成像于摄像机的光电转换面上。

3）云台

云台用于支撑摄像机并带动摄像机转动达到全方位监视监控区域。

4）防护罩

防护罩的作用主要是保护摄像机免受环境及人为损坏。

3．传输部分

监视现场和控制中心之间两种信号传输：一是由现场把视频信号传输到控制中心；二是控制中心把控制信号传输到现场。这两种信号一般由两条不同的线路传输，传输方式可分为有线式和无线式。

1）视频信号的传输

智能建筑中每路视频传输的距离多为几百米，一般采用同轴电缆传输。若超过 1200m 则需使用电缆补偿器，或将视频信息转变为网络信号传输。有条件的智能建筑为了简化安装程序，可以依托电信运营商进行无线信号传输。

2）控制信号的传输

控制中心向监控现场发射云台控制、镜头控制、设备巡检等控制信号。系统一般采用总线方式寻址控制，控制方便，成本较低，是目前智能建筑监控系统应用最多的方式。另一种方式是通过频率复用，把视频信号和控制信号叠加在一条同轴电缆上传输。

4．显示与记录

在安保控制中心安装有电视监视系统的显示与记录设备，这些设备主要有监视器、录像机和视频服务器等。

1）监视器

控制中心一般配备多个监视器组成监视墙，用于监视现场。

2）录像机

录像机用于储存视频。

3）视频服务器

视频服务器的作用是将前端传回的视频进行分发处理。

数字化电视监视系统连接图如图 6.16 所示。

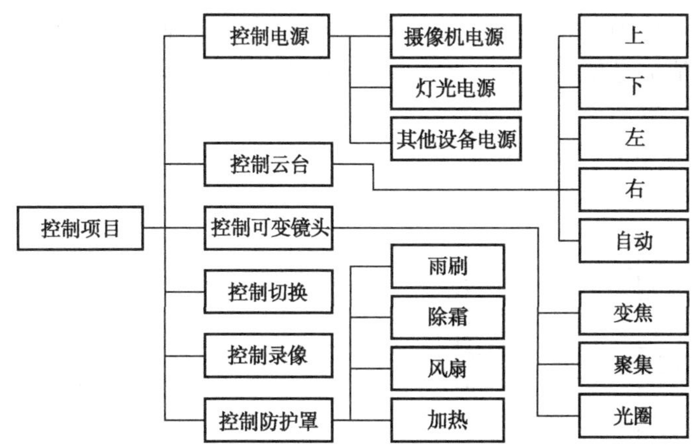

图 6.16　电视监视系统的控制项目

5．闭路电视监视系统的控制

1）控制可变镜头

“可变”指变焦、聚焦和变光圈，从而使摄像机获取清晰的图像。

2）控制云台

控制中心控制台发出信号控制电动云台上、下、左、右移动，亦可让电动云台按照编制的路线、点位移动。

3）控制电源

控制中心编制电源控制策略，根据情况开关摄像机、辅助照明、散热等设备。

4）控制联动报警

视频监控系统可与防盗报警系统实现联动，控制中心可以通过控制线路控制防盗报警系统撤防、布防和报警。

任务四　消防自动化系统

学习目标

（1）掌握消防自动化系统的构成。

（2）具有对消防自动化设备认知和选型的能力。

（3）熟悉消防自动化系统联动控制设备。

消防自动化系统作为楼宇自动化系统的子系统之一，既有独立运行的功能，又能同其他系统联网进行联动控制和系统集成。通过联网，可以达到集中监控的目的。

6.4.1 智能楼宇消防系统的基本结构

现代建筑楼层高、设备多、结构复杂、人口密度大，若发生火灾，扑救难度大，人员疏散困难，所以要求建筑配备消防及联动系统预防火灾、即时报警、控制火势、扑灭初期火灾。

消防自动化系统综合应用了自动检测技术、现代电子工程技术及计算机技术等技术。火灾自动检测技术可以准确可靠地探测到火险所处的位置，自动发出警报，计算机接收到火情信息后自动进行火情信息处理，并据此对整个建筑内的消防设备、配电、照明、广播以及电梯等装置进行联动控制。

根据国家有关建筑物防火规范的要求，一个较完整的消防系统由以下几部分组成，如图 6.17 所示。

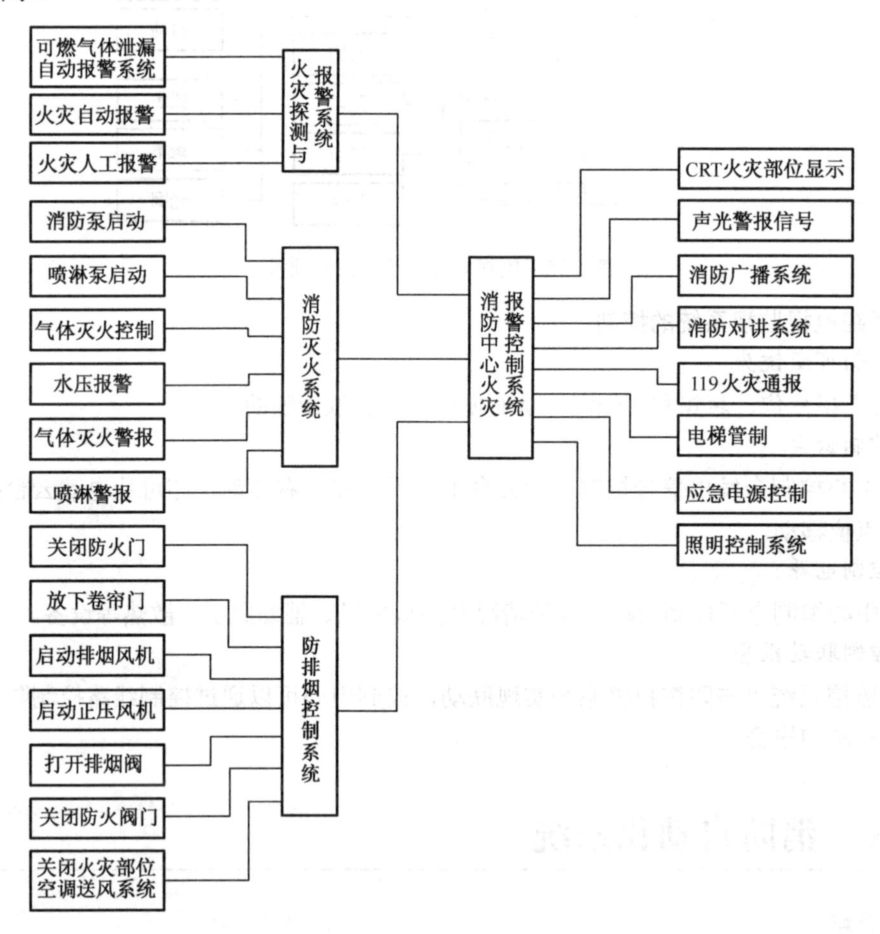

图 6.17 消防报警系统框图

1. 火灾探测与报警系统

火灾探测与报警系统主要由火灾探测器和火灾自动报警控制装置组成。

2．通报与疏散系统

通报与疏散系统由紧急广播系统、事故照明系统和避难诱导灯组成。

3．灭火控制系统

灭火控制系统由自动喷洒装置和其他灭火控制装置构成。

4．防排烟控制系统

防排烟控制系统实现对防火门、排烟风机、防烟垂壁等设备的控制。

消防系统的供电属于一级用电负荷，消防供电应确保是高可靠性的不间断供电。

6.4.2　前端感应设备

1．火灾探测器

火灾发生时，会产生出烟雾、高温、火光等理化现象，火灾探测器按其探测火灾不同的理化现象分为感烟探测器、感温探测器和感光探测器。

2．手动报警按钮

手动报警按钮安装在公共场所，当人工确认为火灾发生时，按下有机玻璃下的按钮，向火灾控制器发出报警信号。控制器显示报警按钮的编号或位置，并发出报警信号。有些手动报警按钮带有电话插孔用于现场电话报警。

3．消火栓按钮

消火栓按钮作为火灾时启动消防水泵的设备，在消防系统控制中起重要作用。消火栓按钮表面装有一有机玻璃片，当启用消火栓时，可直接按下玻璃片下的按钮，此时按钮的指示灯亮，表明已向消防控制室发出了报警信号，控制器在确认了消防水泵已启动运行后，就向消火栓按钮发出命令信号，点亮泵运行指示灯。

4．火灾显示器

火灾显示器安装于每个火灾防范区域，用于告知火灾发生的具体地点，便于组织人员消防和人员逃生。

6.4.3　火灾报警控制器

火灾探测器的选用对火灾有效探测是至关重要的，与之相配合的控制器是火灾信息处理和报警控制的关键。控制器可为火灾探测器供电、接收、处理和传递探测点的故障及报警信号，并能发出声光报警信号，同时显示及记录火灾发生的部位和时间，并能向联动控制器发出联动信号。其基本功能可以概括为以下几点：①火灾报警功能；②火灾报警控制功能；③故障报警功能；④自检、巡检功能；⑤信息显示与查询功能；⑥主、备电源转换功能。集中火灾报警控制器原理框图如图 6.18 所示。

6.4.4　消防联动控制

国家现行标准《火灾自动报警系统设计规范》中明确规定，高层建筑的火灾报警控制系统应具备对室内消火栓系统、自动喷水灭火系统、防排烟系统、气体灭火系统、防火卷帘门和电铃等的联动控制功能，如图 6.19 和图 6.20 所示。

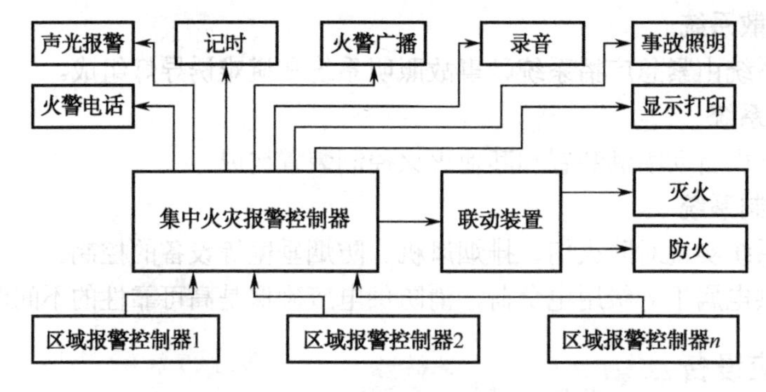

图 6.18 集中火灾报警控制器原理框图

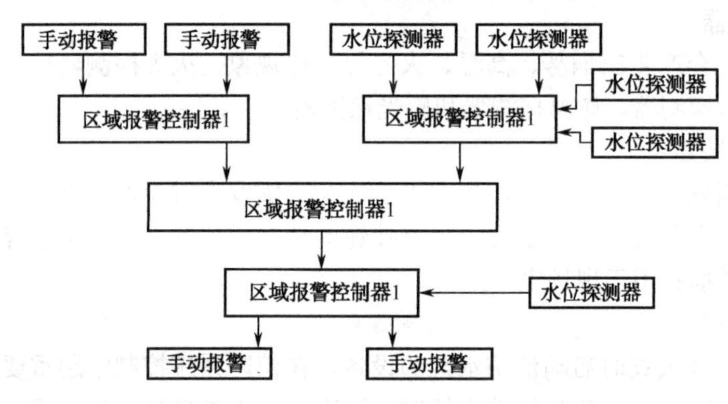

图 6.19 消防泵、喷洒泵联动控制原理框图

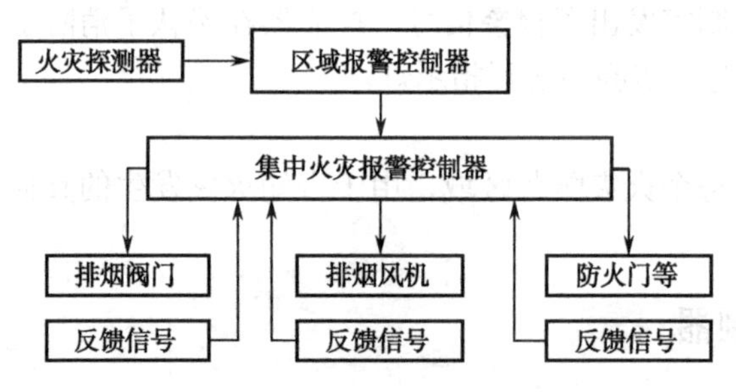

图 6.20 排烟联动集中控制框图

任务五 通信自动化系统

学习目标

（1）了解有线电视系统的组成、传输方式及应用。

（2）了解计算机网络中的 ADSL 技术、光纤接入技术、三网融合的宽带接入技术。

通信是人类社会传递信息、交流文化、传播知识的有效手段。通信网络用于将信息从一方传递给另一方，一般由信息源、发送设备、传输介质、接收设备和信息接收者组成。更确切地说，由用户终端设备、转接交换设备和传输链路共同构成了通信网络。

6.5.1 有线电视系统

有线电视系统（CATV）是采用缆线作为传输媒质来传送电视节目的一种闭路电视系统。它以有线的方式在电视中心和用户终端之间传递声像信息。所谓闭路，是指不向自由空间辐射，可供电视接收机通过无线接收方式直接接收的电磁波。

有线电视系统由接收设备、前端设备、干线传输系统、用户分配网络、用户终端、电视接收、调频广播、线缆调制解调器等组成，如图 6.21 所示。

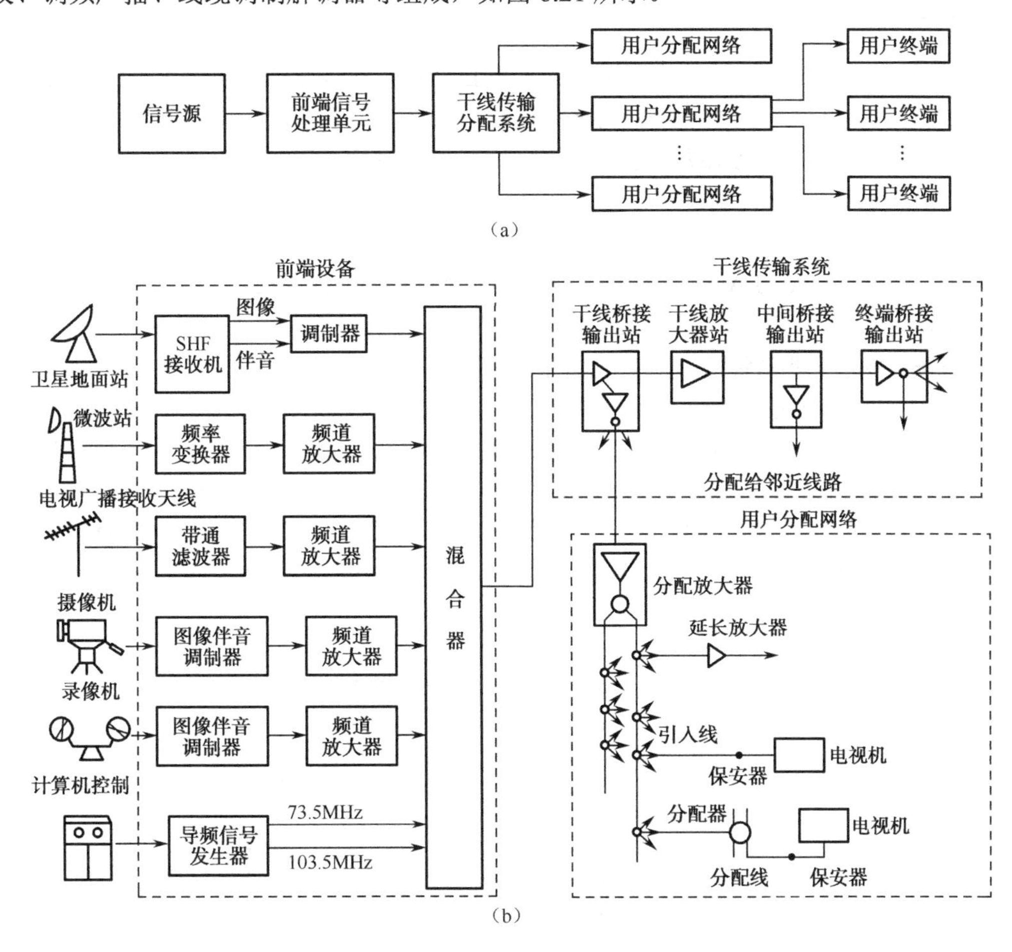

图 6.21 有线电视系统框图

1．接收设备

接收设备接收各种电视信号，包括天线接收的电视信号；卫星微波信号；地面微波电视信号；高频电视信号。

2．前端设备

有线电视系统前端设备的功能就是将来自接收设备的各种电视信号进行技术处理，使它们变成符合系统传输要求的高频电视信号，输出一个复合信号，输送至系统的干线传输网中。

3．干线传输

有线电视系统干线传输系统的功能是将前端设备输出的高频电视信号不失真地、稳定地传送到系统的分配网络输入端口，且其信号电源应满足系统分配网络的要求。在 CATV 系统中，用作系统干线传输的传输媒体包括同轴电缆、光纤和无线电缆电视系统等。

4．分配网络

分配网络就是将由前端提供、干线传输过来的高频电视信号通过电缆分配到每个用户终端，而且要保证每个用户终端得到的电平值都符合系统的要求。分配网络设备有分配器、分支器、分支串接单元、用户终端和放大器。

6.5.2 计算机网络系统

计算机网络系统是指将地理位置不同的具有独立功能的多台计算机及其外部设备通过通信线路连接起来，在网络操作系统、网络管理软件及网络通信协议的管理和协调下，实现资源共享和信息传递的计算机系统。通俗地讲，计算机网络是由多台计算机或其他计算机网络设备，通过传输介质和软件物理或逻辑连接在一起组成的。总体来说，计算机网络是由计算机、网络操作系统、传输介质以及相应的应用软件 4 部分组成的。计算机网络可划分为局域网（Local Area Network，LAN）、城域网（Metropolitan Area Network，MAN）、广域网（Wide Area Network，WAN）和互联网（Internet）4 种类型。接入技术有以下几种。

1．ADSL 技术（非对称数字用户线路系统）

ADSL 技术是充分利用现有电话网络的双绞线资源，实现高速、高带宽的数据接入的一种技术。采用 ADSL 技术可以利用现有的电话网络用户铜线，不需要对网络进行大规模改造，通过专门的调制解调，实现短距离的高速数据通信。这是一种有效的宽带接入方式。ADSL 的特点是可在现有任意双绞线、铜线上传输；误码率低；下行数字信道可传送 6～8Mbps，上行数字信道可传送 256～640kbps；模拟用户路由独享；不需拨号，专线上网。ADSL 个人端连接方式如图 6.22 所示。

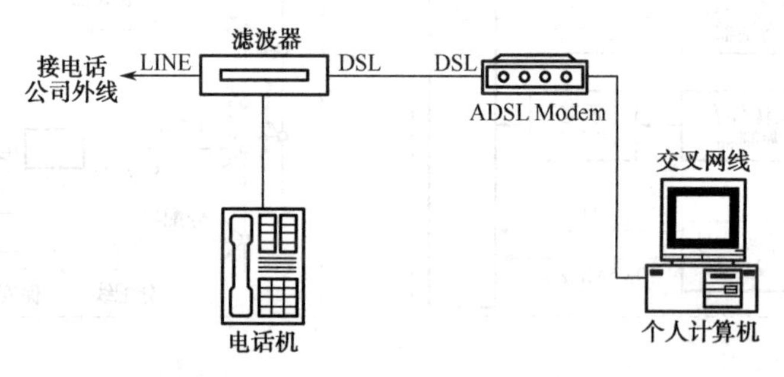

图 6.22　ADSL 个人端连接方式

2．ISDN 拨号接入

它是由电话综合业务数字网 ISDN 发展起来的一个网络。它提供端到端的数字连接以支持广泛的服务，包括声音的和非声音的。ISDN 是数字交换和数字传输的结合，其特点是高速数据传输；传输质量高；使用方便灵活。

3．光纤接入技术

光纤通信具有通信容量大、质量高、性能稳定、防电磁干扰、保密性强等优点。在干线通信中，光纤扮演着重要角色。在接入网中，光纤接入也将成为发展的重点。光纤接入网是指接入网中的传输媒质为光纤。光纤接入网从技术上可分为两大类，即有源光网络（AON）

和无源光网络（PON）。

光纤接入技术最大的优势在于可用带宽大、传输质量好、传输距离长、抗干扰能力强、网络可靠性高、节约管道资源。根据光网络单元的位置，光纤接入方式可分为：光纤到远端接点（FTTR）；光纤到大楼（FTTB）；光纤到路边（FTTC）；光纤到小区（FTTZ）；光纤到用户（FTTH）。

4．无线宽带接入技术（LMDS）

LMDS 称为本地多点配送服务，是利用无线电超高频波段，在城市内部发送信息的业务。它能够将多路电视节目、高速数据、电话等多种业务直接送到小区甚至各个家庭。系统的覆盖范围为 3～10km。

5．三网融合的宽带接入技术

三网是指有线电视网、电话网和计算机网络。目前常用的三网融合技术是利用有线电视网和电话网传送电视、电话及数据。充分利用网络资源，避免了网络的重复建设，有效地解决了网络布线的困难，降低了小区整体投资的成本。具体接入方式有基于电信基础设施的小区信息通信系统接入；基于广电基础设施的小区信息通信系统接入；基于局域网技术的小区信息通信系统接入。

三网融合网络系统的功能为提供高质量的有线广播电视 CATV 系统；提供高性能的电话通信系统；提供高速的宽带数据通信服务，可实现高速 Internet 接入，为今后可能的增值业务。

任务六　办公自动化系统

学习目标

（1）了解办公自动化系统的基本功能。

（2）学会办公自动化系统的安装和测试。

（3）了解办公自动化系统的验收步骤。

办公自动化系统是利用计算机和网络技术使信息以数字化的形式在系统中存储和流动，软件系统管理各种设备自动地按照协议配合工作，使人们能够高效率地进行信息处理、传输和利用。办公自动化技术的发展将使办公活动向着数字化的方向发展，改善办公条件 ，减轻劳动强度，实现管理和决策的科学化，减少人为的差错和失误。

6.6.1　办公自动化概述

办公自动化，即用计算机取代人工进行办公业务处理。它的主要支撑技术是计算机技术和网络通信技术。计算机技术的迅速发展，使得计算机本身具备了高速的信息处理能力、巨大的存储空间、高性能的联网能力以及多媒体的支持等。同时，支持计算机处理的系统软件技术也层出不穷，例如，数据库技术、汉字处理技术以及桌面印刷技术等。利用网络技术，可实现资源共享，信息交换和协同处理。现代企业中的许多管理都是通过网络来实现的，尤其是互联网的发展，使得用户对网络的依赖程度越来越高。

办公自动化系统应注重以下几点。

（1）办公自动化系统是建立在建筑物内通信网络系统环境基础条件之上的，因此，创造良好的通信网络系统的基本设施，是建立办公自动化系统的根本前提。

（2）办公自动化系统应能对来自建筑物内外的各种信息，进行收集、处理、存储、检索等综合处理，并能提供人们进行办公事务决策和支持的功能。

6.6.2 办公自动化系统安装和测试

1．计算机网络系统的安装和配置

1）网络系统安装环境的检查

（1）网络系统安装前，必须对其安装环境进行检查，包括供电、接地、温湿度、安全、洁净度、综合布线等。

（2）网络设备的系统性能指标应符合IEEE、ISO、ATM论坛和国际公认的其他协议标准。

（3）网络设备安装前，应做好网络规划，包括网络拓扑结构图、网络设备安装位置图、网络地址分配表、路由设置表等。

2）交换机的安装和测试

（1）安装前的检查要求。检查设备品牌、型号、规格、产地和数量是否与设计（或合同）相符。

（2）交换机的安装。交换机可以根据设计要求安装在标准机柜中或独立放置，并对广域网与本地通信设备进行配置。

3）服务器的安装和测试

（1）服务器安装前，应对服务器的安装环境，包括供电、接地、温湿度、安全、洁净度、综合布线等进行检查。

（2）服务器根据设计要求安装在标准机柜中或独立放置，并对广域网与本地通信设备进行配置。

（3）服务器的测试。执行服务器的检查程序，包括对CPU、内存、硬盘、IO设备、各类通信接口的测试。该检查程序正常运行结束后，应给出正常运行结束的报告；执行服务器主要性能的测试结束后，应给出服务器主要性能（主频。内存容量。硬盘容量等）指标的报告。

4）服务器网络接口卡的安装和测试

（1）安装前需检查网络接口卡的型号、品牌是否应符合服务器接入网络的设计要求；网络接口卡应与服务器提供的槽口相容；网络接口线缆、驱动程序及有关资料应齐全完好。

（2）安装时依据安装手册把网络接口卡安装在服务器相应的槽位上，并用螺钉紧固，保证接口卡的可靠接触；用网络接口线缆把服务器网络接口卡与相关的网络接口互连；服务器上电，自检及操作系统正常运行；安装网络接口卡驱动程序。

2．计算机外围设备的安装和测试

办公自动化系统计算机外部设备主要包括各类打印机、扫描仪、磁带机、光盘刻录机、软盘驱动器等。外围设备供电应符合相关的规定。

安装外围设备前检查设备所需的供电要求是否与供电系统相符；随机资料是否齐全、完好。

安装时需检查供电电压和电源插座，电源插座应有接地线；供电电源宜采用稳压电源或

不间断电源（UPS）供电；外围设备的数据接口与相关的计算机接口或网络设备，用指定的连接电缆互连，并用螺钉紧固。

硬件安装完毕后进行测试。运行外围设备提供的自测试程序，应正常运行并输出相应的报告信息；对外围设备按产品的技术说明书，运行相应的各类操作，确认其运行的正确性。

3．应用软件的安装验证和系统测试

在办公自动化系统中对已经产品化的应用软件和按照应用需求定制的应用软件，应按照软件工程规范的要求进行验证和测试。

安装前应制订应用软件安装的计划，包括安装时间、安装人员、安装要求、安装方法、验证标准等；应准备好应用软件安装的环境条件，包括服务器、客户机、操作系统、数据库软件/开发工具等；应提供应用软件安装的版本、介质及技术资料。

安装时应检查应用软件安装的目录及文件数是否准确；检查启动应用软件的引导程序，执行是否准确；检查用户登录过程包括用户标识及口令输入、口令修改等操作是否准确；检查应用软件主界面（主菜单）的功能是否符合“用户权限设置”的要求；抽样检查主界面（主菜单）上的应用功能是否能正常执行。

安装完毕后应对系统进行测试，包含功能测试、系统集成测试、容错性和可靠性测试、可维性、可管理性测试和可操作性测试。

4．系统验收

为保证办公自动化系统工程实施质量，在工程实施过程及其完成后，应对办公自动化系统进行阶段性和系统最终验收，办公自动化系统工程的验收分 3 个阶段进行，分别为设备到安装现场后的开箱检查验收；设备安装完成后，进行设备和子系统的性能和功能的测试检查和验收；系统的设备相互连接完成后的系统联调、测试以及应用软件安装完成并试运行后的系统验收。

系统验收应注意系统设备的安装环境应符合设计要求和有关标准；根据系统工程设计文件和合同技术文件，已完成系统全部设备的安装、测试和验收，完成系统的联调；系统试运行后的正常连续投运时间应符合合同的规定要求。

验收时应注意系统技术文件的收集保管，如合同及附件、系统设计方案、应用系统设计文件、工程技术文件、设备选型和供应商选择论证文件、设备或子系统测试记录及验收文件、施工质量检查记录、故障记录及报告、系统测试和试运行记录、系统设计报告、工程实施报告、系统测试和试运行报告以及用户报告等。

系统验收结论判定可分为单项功能测试、全部测试和抽样测试。全部测试与抽样测试的综合结论为合格，则系统验收结论为合格。

小结

本章主要介绍了智能建筑系统中的 5 个子系统。从子系统的基本结构、基本设备、基本原理讲述了系统的构成、作用和如何构建系统。知道了在智能建筑系统中集散式系统、总线式设备和综合布线对整个系统有很大的优化作用，并且现代智能化系统一般性结构都按照这种系统结构组建。

在楼宇自动化系统中我们学习到了现场控制器（DDC）可对现场传感设备、执行设备进行分区、集中控制管理。在实际操作中，我们可以根据需要选择不同厂家生产的 DDC、传感器、执行阀和管理软件，实现空调、给排水、供配电自动化的监控。

在安全自动化系统、消防自动化系统、通信自动化系统和办公自动化系统中，我们着重介绍了系统的组成、基本结构和基本设备。通过学习，让同学们能在今后的实际操作中有客观的认知，能解决基本问题，能为进一步学习打下基础。

☆ 智能建筑系统分为 BAS、CAS、OAS、FAS、SAS 系统。

☆ 智能建筑系统的目标是提供安全、舒适、便捷、高效的服务；建立先进科学的综合管理机制；节省能耗与降低人工成本。

☆ BAS 主要分为电力供应监控系统、照明监控系统、环境控制系统和运输监控系统。

☆ BAS 体系结构分为现场控制层、监督控制层、运营管理层和系统通信。

☆ 空气热湿处理控制系统主要设备为温度传感器、湿度传感器、压力传感器、压差传感器、流量传感器、电磁阀、电动调节阀、风门和现场控制器（DDC）。

☆ DDC 选择要点：输入输出类型要求、输入输出点位数量要求。

☆ 安全自动化系统由门禁系统、防盗报警系统、闭路电路系统等组成。

☆ 安全自动化系统的功能：防范、报警、监视与记录、自检和防破坏。

☆ 防盗报警系统的基本结构：探测器、区域控制器、报警控制中心机。

☆ 防盗报警系统探测器主要有电磁式探测器、主动式红外线探测器、被动式红外探测器和微波探测器。

☆ 闭路电视系统的主要功能：摄像、传输、显示与记录、控制。

☆ 闭路电视系统前端摄像设备有摄像机、镜头、云台和防护罩。

☆ 闭路电视系统控制内容有控制电源、控制云台、控制可变镜头、控制切换、控制录像和控制防护罩。

☆ 消防自动化系统是由火灾自动报警设备、自动灭火系统和消防联动系统组成的。火灾自动报警设备由各种探测器、报警器和执行机构组成。探测器按工作原理可分为感烟、感温、感光等类型，适用于不同场合。报警器除了为探测器提供电源外，还可接收、显示及传递火灾报警等信号，并输出控制指令。

☆ 自动灭火系统主要有消火栓、自动喷水、水炮等设备。

☆ 消防联动系统主要有排烟、引导疏散、火灾事故广播等设备。

☆ 通信自动化系统主要有电话通信系统、电视通信系统、计算机网络系统。

☆ 有线电视系统分为：接收设备、前端设备、干线传输系统、用户分配网络、用户终端、电视接收、调频广播和线缆调制解调器。

☆ 计算机网络接入技术有 ADSL 接入技术、ISDN 拨号接入技术、光纤接入技术、无线宽带接入技术、三网融合的宽带接入技术。

☆ 办公自动化系统安装和测试分为计算机网络系统的安装和配置、计算机外围设备的安装和测试、应用软件的安装验证、系统测试。

☆ 计算机网络系统的安装和配置分为网络系统安装环境检查、交换机的安装和测试、服务器的安装和测试、服务器网络接口卡的安装和测试。

自评表

序 号	项 目	自 评 标 准	项 目 配 分	项 目 得 分
1	认识智能建筑系统	智能建筑的定义	2 分	
		智能建筑的基本功能	2 分	
		智能建筑的目标	2 分	
		智能建筑内容分类	2 分	
		智能建筑形成的 5A 系统	2 分	
2	建筑设备自动化系统	建筑设备自动化的体系结构	5 分	
		直接数字控制器的作用	3 分	
		典型的集中式空调新风系统结构	5 分	
		中央空调的前后端监控设备	5 分	
		给排水监控系统的功能	3 分	
		供配电监控系统的功能	3 分	
3	安全自动化系统	安全自动化系统的专用术语	2 分	
		门禁系统的基本结构	5 分	
		防盗报警系统的基本结构	5 分	
		防盗报警系统探测设备的基本工作原理	3 分	
		闭路电视监控系统的基本结构	5 分	
		闭路电视监控系统摄像机、镜头、线缆的选型标准	5 分	
		闭路电视监控系统控制的内容	3 分	
4	消防自动化系统	消防自动化系统的基本结构	5 分	
		消防自动化系统探测设备的基本工作原理	3 分	
		消防自动化系统探测设备的选型标准	5 分	
		消防联动控制的内容	3 分	
5	通信自动化系统	有线电视系统的信息传输和分配方式	5 分	
		计算机网络系统 ADSL 联网的连接方式	3 分	
		光纤接入技术的优特点	3 分	
		三网融合的宽带接入技术的优点	3 分	
6	办公自动化系统	办公自动化的工作内容及特点	2 分	
		办公自动化设备的安装和测试方法	3 分	
		办公自动化系统验收的基本步骤	3 分	
合计				

习题 6

1．智能建筑 5A 系统指哪几个系统？

2．系统集散式结构有什么优点？
3．多线制和总线制系统的接线有什么特点？
4．直接数字控制器（DDC）的作用是什么？有哪些 I/O 口？连接哪类设备？
5．中央空调系统中新风系统一般有哪些监视控制量？
6．门禁系统中有哪些进入门禁的方式？
7．简述微波式移动探测器的工作原理。
8．简述视频监控系统中，近域视频传送和远程视频传送方式。
9．视频监控系统中，云台控制有哪些控制内容？
10．消防自动化系统中，前端火灾探测器分哪些种类？
11．画简图说明消防联动系统的组成和各部分的作用。
12．简述“三网融合”的可能性。
13．有线电视系统接收信号部分一般可以接收哪些信号？
14．光纤传输数据的优点是什么？
15．现代办公自动化包含了哪些应用？

项目七

建筑电气施工图识读

项目描述： 建筑电气技术人员依据电气施工图进行设计施工、购置设备材料、编制审核工程概预算，以及进行电气设备的运行、维护和检修。因此识读照明装置电气施工图、防雷装置电气施工图和建筑电气控制电路是建筑电气技术人员必备的技能之一。

教学导航

任　务	重　点	难　点	关键能力
照明工程施工图识读	照明装置标注方式； 接地装置标注方式	识读方法	电气线路在平面图上的表示方法； 照明装置、防雷装置电气施工图识读的基本内容； 照明装置、防雷装置电气施工图识读
建筑电气控制电路识读	电气控制电路绘制原则	识读方法	电气控制电路的绘制原则； 电气控制电路识读

任务一　照明工程施工图识读

任务目标

（1）了解电气施工图的特点和组成。

（2）掌握电气线路在平面图上的表示方法。

（3）了解照明装置、防雷装置电气施工图识读的基本内容。

（4）掌握常用导线的类型和规格。

（5）具有识读照明装置、防雷装置电气施工图的能力。

建筑电气技术人员依据电气施工图进行设计施工、购置设备材料、编制审核工程概预算，以及进行电气设备的运行、维护和检修。电气工程图种类很多，一般按功用可以分成电气系统图、内外线工程图、动力工程图、照明工程图、弱电工程图及各种电气控制原理图。

7.1.1　建筑电气施工图的特点

（1）连接导线在电气图中使用非常多，在施工图中为了使表达的意义明确并且整齐美观，连接线应尽可能水平和垂直布置，并尽可能减少交叉。

（2）导线可以采用多线和单线的表示方法。每根导线均绘出为多线表示，如图 7.1（a）所示。图中导线上短斜线的根数，表示导线的根数，也可用短斜线加数字的方法来表示，如图 7.1（b）所示。

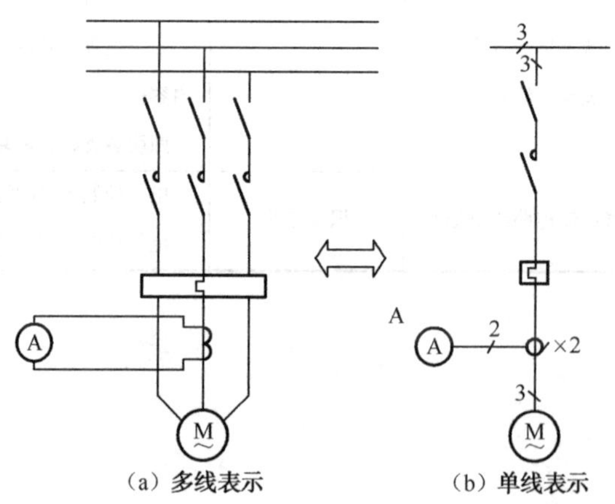

（a）多线表示　　（b）单线表示

图 7.1　导线的表示方法

（3）当用单线表示的多根导线中有导线离开或汇入时，一般可加一段短斜线来表示，如图 7.2 所示。

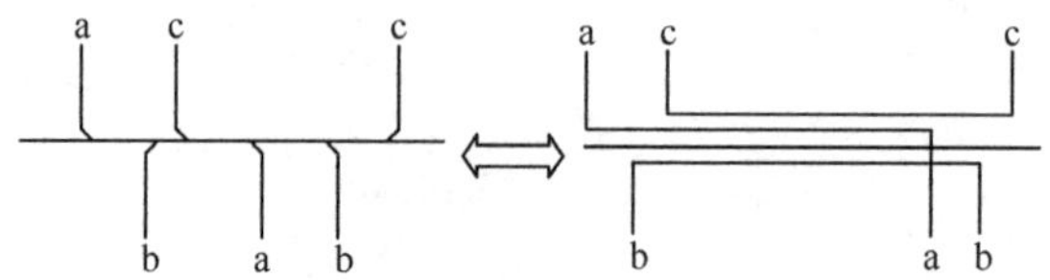

图 7.2　导线汇入或离开线组

（4）在建筑电气施工图中的电气元件和电气设备并不采用比例绘制其形状和尺寸，而是采用图形符号进行绘制。

（5）为了进一步对设计意图进行说明，在电气工程图上往往还有文字标注和文字说明，对设备的容量、安装方式、线路的敷设方法等进行补充说明。

7.1.2　建筑电气施工图的组成

1．说明

说明包括电气工程图纸目录、图例、电气材料规格说明表和施工说明。 识图首先必须核对施工图纸与图纸目录是否相符。其次，必须熟悉图例符号，才能有助于了解设计人员的意图，看懂施工图纸。再次，必须了解设计说明。设计说明主要表示系统图和平面图上未能表明而又与施工有关，必须加以说明的问题，如进户线距地面的高度、配电箱的安装高度、灯具开关和插座的安装高度、进户线重复接地的做法及其他有关问题，是补充图纸上不能运用线条、符号表示的工程特点、施工方法、线路材料、工程技术参数，施工和验收要求及其他应该注意的事项。

2．主要材料设备表

主要材料设备表列出了该工程所需的各种主要设备、管材、导线管器材的名称、型号、材质和数量。材料设备表上所列主要材料的数量，是设计人员对该项工程提供的大概数值。

3．电气系统图和主接线二次接线图

1）电气系统图

它表明电力系统设备安装、配电顺序、原理和设备型号、数量及导线规格等关系。它不表示空间位置关系，只是示意性地把整个工程的供电线路用单线连接形式来表示的线路图。通过识读系统图可以了解以下内容：整个变、配电系统的连接方式，从主干线至各分支回路的控制情况；主要变电设备、配电设备的名称、型号、规格及数量；主干线路的敷设方式、型号和规格。

（1）供电电源的种类及表达方式。

建筑照明通常采用 220V 的单相交流电源。若负荷较大，即采用 380/220V 的三相四线制电源供电。如 3N～50Hz（380/220V），即表示三相四线制电源供电（N 代表零线），电源频率为 50Hz，电源电压为 380/220V。

（2）导线的型号、截面、敷设方式和部位、穿管直径和管材种类。

导线分为进户线、干线和支线。由进户到室内总配电箱的一段线路称为进户线。进户点一般设在侧面和背面，距地 2.7m 以上，可用电缆引入，也可架空引入。多层建筑一般沿二层或三层地板引入至总配电箱。从配电箱到分配电箱的线路称为干线，干线的布置方式有放射式、树干式和混合式。在系统图中，进户线和干线的型号、截面、穿管直径和管材、敷设方式和敷设部位等都是其重要内容。

（3）配电箱。

配电箱是接受电能和分配电能的装置。根据建筑物的大小，可设置一个或多个配电箱。如果设置多个配电箱，即在某层设置总配电箱，再从总配电箱引出干线到分配电箱。配电箱较多时，应将其编号并在旁边标出产品型号。若为自制配电箱，应将内部元件布置用图表示

清楚。控制、保护和计量装置（如电表、开关等）的型号、规格标注在图上电气元件的旁边。

（4）计算负荷。

照明供电电路的计算功率、计算电流、计算时取用的需用系数等均应标注在系统图上。

2）二次接线图（控制原理图）

实现对用电设备控制和保护的电气设备，一般统称为控制电器。控制原理图是根据控制电器的工作原理，按规定的符号绘制电路展开图，一般不表示元件的空间位置。控制原理图具有线路简单、层次分明、易于掌握、便于识读和分析研究的特点，它还是二次接线的依据。它是根据控制电器的工作原理按规格绘制成的电路展开图，不是每套施工图都有，只有当工程需要时才绘出。看控制原理图应掌握哪些控制元件和控制线路不在控制盘上，应与平面图核对，以免漏项。

3）平面图

平面图描述的主要对象是照明电气线路和照明设备，通常包括下列内容。

（1）电气设备及供电总平面图。

它是以建筑平面图为依据绘出架空线路或地下电缆的位置，并注明所需线材设备和做法的一种图纸。一般的工程都有外线总平面图。

（2）照明平面图和动力平面图。

照明平面图和动力平面图又分各层平面图，表明各种设备、器具的平面位置、导线的走向、根数、从盘引出的回路数、上下管径、导线截面。

（3）防雷接地平面图。

它是表明电气设备的防雷或接地装置布置及构造的一种图纸。

7.1.3 电气线路在平面图上的表示方法

电气施工图一般都绘制在简化了的土建平面图上，为了突出重点，土建部分用细实线表示，电气管线用粗实线表示。导线的文字标注形式为：

$$a\text{-}b(c\times d)e\text{-}f$$

式中 a——线路的编号；

b——导线的型号；

c——导线的根数；

d——导线的截面积（mm^2）；

e——敷设方式；

f——线路的敷设部位。

线路敷设方式及敷设部位的文字符号见表 7.1 和表 7.2。

表 7.1 线路敷设方式的文字符号

序 号	中文名称	英文名称	旧 符 号	新 符 号	备 注
1	暗敷	Concealed	A	C	
2	明敷	Exposed	M	E	
3	铝皮线卡	Aluminum clip	QD	AL	
4	电缆桥架	Cable tray		CT	

续表

序号	中文名称	英文名称	旧符号	新符号	备注
5	金属软管	Flexible metallic conduit		F	
6	水煤气管	Gas tube（pipe）		G	
7	瓷绝缘子	Porcelain insulator（knob）	G	G	
8	钢索敷设	Supported messenger wire	S	M	
9	金属线槽	Metallic raceway		MR	
10	电线管	Electrical metallic tubing	DG	T（MT）	
11	塑料管	Plastic conduit	SG	P（PC）	
12	塑料线卡	Plastic clip		PL（PCL）	含尼龙线卡
13	塑料线槽	Plastic raceway		PR	
14	钢管	Steel conduit	GG	S（SC）	
15	半硬塑料管	Semi flexible P.V.C.conduit		FPC	
16	直接埋设	Directs burial		DB	

表 7.2 线路敷设部位的文字符号

序号	中文名称	英文名称	旧符号	新符号	备注
1	沿梁或跨梁敷设	Along or across beam	L	B（AB）	
2	沿柱或跨柱敷设	Along or across column	Z	A（AC）	
3	沿墙面敷设	On wall surface	Q	W（WC）	
4	沿天棚或顶板面敷设		P	CE	
5	吊顶内敷设		R	SCE	
6	暗敷在梁内	Concealed in beam		BC	
7	暗敷在柱内			CLC	
8	墙内敷设	In wall		W	
9	地板或地面下敷设	In floor ground	D	F（FR）	
10	暗敷在层面或顶板内	Concealed in ceiling or slab		CC	

例如：WP1-BV（3×50+1×35）CT CE 表示：1 号动力线路，导线型号为铜芯塑料绝缘线，3 根 $50mm^2$、1 根 $35mm^2$，沿顶板面用电缆桥架敷设。又如：WL2-BV（3×2.5）SC15WC 则表示：2 号照明线路，3 根 $2.5mm^2$ 铜芯塑料绝缘导线穿钢管沿墙暗敷。

7.1.4 照明及动力设备在平面图上的标注方法

1. 用电设备的文字标注

$$\frac{a}{b}或\frac{a}{b}+\frac{a}{d}$$

其中 a——设备编号；

b——额定功率（kW）；

c——线路首端熔断器或断路器整定电流（A）；

d——安装标高（m）。

2．配电箱的文字标注

$$ab/c \text{ 或 } a\text{-}b\text{-}c$$

当需要标注引入线的规格时，则标注为

$$a\frac{b-c}{d(e\times f)-g}$$

例如：AP4（XL-3-2）/40 表示 4 号动力配电箱，其型号为 XL-3-2，功率为 40kW。又如：AL4-2（XRM-302-20）/10.5 表示第 4 层的 2 号配电箱，其型号为 XRM-302-20，功率为 10.5kW。

3．照明灯具的标注形式

$$a-b\frac{c\times d\times l}{e}f$$

灯具的安装方式标注文字符号的意义见表 7.3。

例如：$10-\text{YG}2-2\frac{2\times 40}{2.5}\text{ch}$ 表示 10 盏型号为 YG2-2 的双管荧光灯，采用链吊式安装方式，高度为 2.5m。

表 7.3　照明灯具安装方式标注文字符号

序　号	中文名称	英文名称	旧符号	新符号	备　注
1	链吊	Chain pendant	L	C	
2	管吊	Pipe（conduit）	G	P（DS）	
3	线吊	Wire（cord）pendant	X	WP	
4	吸顶	Ceiling mounted		— （C）	高度处绘制
5	嵌入	Recessed in		R	
6	壁装	Wall mounted		W	

7.1.5　照明工程施工图

1．识图步骤

阅读建筑电气工程图，除了应该了解建筑电气工程图的特点外，还应该按照一定的阅读程序进行阅读，这样才能比较迅速、全面地读懂图纸，以完全实现读图的意图和目标。一套建筑电气工程图所包括的内容比较多，图纸往往有很多张，一般应按以下顺序依次阅读，有时还有必要进行对照阅读。

1）看图纸目录及标题栏

了解工程名称、项目内容、设计日期、工程全部图纸数量、图纸编号等。

2）看总设计说明

了解工程总体概况及设计依据，了解图纸中未能表达清楚的各有关事项，如供电电源的来源、电压等级、线路敷设方式，设备安装高度及安装方式，补充使用的非国标图形符号，施工时应注意的事项等。有些分项局部问题在各分项工程的图纸上说明，看分项工程图纸时，

要先看设计说明。

3）看电气系统图

各分项工程的图纸中都包含有系统图，如变配电工程的供电系统图、电力工程的电力系统图、电气照明工程的照明系统图以及电缆电视系统图等。看系统图的目的是了解系统的基本组成，主要电气设备、元件等连接关系以及它们的规格、型号、参数等，掌握该系统的基本概况。

4）看电路图和接线图

了解各系统中用电设备的电气自动控制原理，用来指导设备的安装和控制系统的调试工作。因电路图多是采用功能布局法绘制的，看图时应依据功能关系从上至下或从左至右一个回路、一个回路地阅读。若能熟悉电路中各电器的性能和特点，对读懂图纸将会有很大的帮助。在进行控制系统的配线和调校工作中，还可配合阅读接线图和端子图进行。

5）看电气平面布置图

平面布置图是建筑电气工程图纸中的重要图纸之一，如变配电所设备安装平面图（还应有剖面图）、电力平面图、照明平面图、防雷与接地平面图等，它们都是用来表示设备安装位置，线路敷设部位、敷设方法以及所用导线型号、规格、数量，管径大小的，是安装施工、编制工程预算的主要依据图纸。

6）看安装大样图

安装大样图是按照机械制图方法绘制的用来详细表示设备安装方法的图纸，也是用来指导施工和编制工程材料计划的重要图纸。特别是对于初学安装的人员更显重要，甚至可以说是不可缺少的。

7）看设备材料表

设备材料表提供了该工程所使用的主要设备、材料的型号、规格和数量。严格地说，阅读工程图纸的顺序并没有统一的硬性规定，可以根据需要，自己灵活掌握，并应有所侧重。有时一张图纸需反复阅读多遍。为更好地利用图纸指导施工，使之安装质量符合要求，阅读图纸时，还应配合阅读有关施工及检验规范、质量检验评定标准以及全国通用电气装置标准图集，以详细了解安装技术要求及具体安装方法。

2．读图实例

1）基本知识

（1）照明电气平面图的识读。

电气平面图的特点是将同一层内不同安装高度的电气设备及线路都放在同一平面上来表示。通过电气平面图的识读，可以了解以下内容。

① 建筑物的平面布置、各轴线分布、尺寸以及图纸比例。

② 电源进线和电源配电箱的形式、安装位置，以及电源配电箱内的电气系统。

③ 照明线路中导线根数、线路走向。而支线导线的规格、型号、截面积、敷设方式在平面图上一般不加标注，而是在设计说明里加以说明。这是因为支线条数多，如一一标注，图面拥挤，不易辨别，反易出错。

④ 照明灯具的类型、灯泡及灯管功率、灯具的安装方式、安装位置等。

⑤ 照明开关的型号、安装位置及接线等。

⑥ 插座及其他日用电气的类型、容量、安装位置及接线。

（2）常用导线。

① 裸导线。

裸导线一般为架空线路的主体，输送电能。常用裸导线有 a．裸单线：TY 铜质圆单线、LY 铝质圆单线；b．裸绞线：TJ 铜绞线、LJ 铝绞线、LGJ 钢芯铝绞线。

② 绝缘导线。

绝缘导线一般为电气设备连接用，形成回路，传输电能或信号。例如，BV-2.5、BVV-4、ZRBLV-25 和 NHBX-10，其中，2.5、4、25、10 为导线标称截面（mm^2），BV 为铜芯塑料绝缘线，BX 为铜芯橡胶绝缘线，BLV 为铝芯塑料绝缘线，BVV 为铜芯塑料绝缘护套线，BLVV 为铝芯塑料绝缘护套线。V 表示聚氯乙烯塑料绝缘，X 表示橡胶绝缘，L 表示导体材料为铝芯，铜芯省略，ZR 表示导线的性能为阻燃，NH 为耐火。

③ 电缆。

多芯导线在电路中起着输送和分配电能的作用，电缆由电缆线芯、绝缘层、保护层等部分组成。电缆按用途可分为以下几种。

a．电力电缆：用来输送和分配大功率电能。

聚氯乙烯绝缘、聚氯乙烯护套电力电缆为 VV、VLV，例如：VV22-4×120+1×50 表示 4 根截面为 $120mm^2$ 和 1 根截面为 $50mm^2$ 的铜芯聚氯乙烯绝缘，钢带铠装聚氯乙烯护套五芯电力电缆。

交联聚乙烯绝缘、聚氯乙烯护套电力电缆为 YJV、YJLV，例如：YJV22-4×120 表示 4 根截面为 $120mm^2$ 的铜芯交联聚乙烯绝缘，钢带铠装聚氯乙烯护套四芯电力电缆。

b．控制电缆：用于传输控制电流。常用控制电缆为 KVV、KVLV。

c．通信电缆：用于传输信号和数据。常用的有电话电缆（如 HYY 、HYV）、同轴射频电缆（如 STV-75-4）。

④ 电缆附件。

电缆终端头在电缆与配电箱的连接处，一根电缆两个电缆头。电缆中间头用于电缆的延长，每隔 250m 设置一个。

⑤ 母线。

a．软母线：用于 35kV 以上的高压配电装置中。

b．硬母线：用于高低压配电所 ，TMY 为硬铜母线，LM 为硬铝母线。

（3）电气工程施工图纸幅面及其内容表示。

① 图幅、图框及标题栏。

a．图幅。图纸幅面是指图纸宽度与长度组成的图面。绘制图样时，应采用规定的图纸基本幅面尺寸，尺寸单位为 mm。基本幅面代号有 A0、A1、A2、A3、A4 五种。必要时，也可以加长图纸的幅面，但必须按要求的格式加长。

b．图框。会签栏是建筑图纸上用来表明信息的一种标签栏，其尺寸应为 100mm×20mm，栏内应填写会签人员所代表的专业、姓名、日期（年、月、日）；一个会签栏不够时，可以另加一个，两个会签栏应该并列，不需要会签的图纸可以不设置会签栏。

c．标题栏。建筑图纸中的标题栏会根据工程的需要选择确定其尺寸（长边为 180mm，短边为 40mm、30mm、50mm）、格式及分区。涉外工程的标题栏内，各项主要内容的中文下方应附有译文，设计单位的上方或左方，应加“中华人民共和国”字样。

② 绘图比例、线型。

大部分电气图都是采用图形符号绘制的（如系统图、电路图等），是不按比例的。但位置图即施工平面图、电气构件详图一般是按比例绘制的，且多用缩小比例绘制。通常用的缩小比例系数为 1∶10、1∶20、1∶50、1∶100、1∶200、1∶500。最常用的比例为 1∶100，即图纸上图线长度为 1，其实际长度为 100。

图线的宽度一般有 0.25mm、0.35mm、0.5mm、0.7mm、1.0mm、1.4mm 六种。但在同一张图纸上，一般只选用两种宽度的图线，并且粗线为细线的 2 倍。一般粗线多用于表示一次线路、母线等，细线多用于表示二次线路、控制线等。

图面上的字体有汉字、字母和数字等。根据图纸幅面的大小，字体的高度有 1.8mm、2.5mm、3.5mm、5mm、7mm、10mm、14mm、20mm 八种。

③ 标高及方位。

标高表示建筑物某一部位相对于基准面（标高的零点）的竖向高度，是竖向定位的依据。标高按基准面选取的不同分为绝对标高和相对标高，绝对标高是以一个国家或地区统一规定的基准面作为零点的标高的，我国规定以青岛附近黄海的平均海平面作为标高的零点，所计算的标高称为绝对标高；相对标高以建筑物室内首层主要地面高度为零点作为标高的起点，所计算的标高称为相对标高。标高标注的注意事项如下。

a．总平面图室外整平地面标高符号为涂黑的等腰直角三角形，标高数字注写在符号的右侧、上方或右上方。

b．底层平面图中室内主要地面的零点标高注写为+0.000。低于零点标高的为负标高，标高数字前加“-”号，如-0.450。高于零点标高的为正标高，标高数字前可省略“+”号，如 3.000，标高的单位为 m。

电力、照明和电信平面布置图等类图纸一般是按上北下南、左西右东表示电气设备或建筑物、构筑物的位置和朝向，但在许多情况下，都用方位标记表示其方向，其箭头方向表示正北方向（N）。

④ 定位轴线。

用以确定主要结构位置的线，如确定建筑的开间或柱距，进深或跨度的线称为定位轴线。定位轴线编号的基本原则如下。

a．平面图上定位轴线的编号，宜标注在图样的下方与左侧。横向编号应用阿拉伯数字，从左至右顺序编写，竖向编号应用大写拉丁字母，从下至上顺序编写。

b．拉丁字母的 U、O、Z 不得用做轴线编号。如字母数量不够用时，可增用双字母或单字母加数字注脚，如 AA、BA…、YA 或 A1、B1…、Y1。

2）照明工程图的识读

以一栋三单元、六层砖混结构，现浇混凝土楼板为例，说明照明工程图的识读过程如图 7.3～图 7.8 所示。为便于理解如图 7.4 所示的接线关系，以从客厅到卧室的支线为例画出了接线原理图，如图 7.9 和图 7.10 所示，不得在管线中间进行导线接头，而只能在接线盒或灯头盒及开关盒内进行。

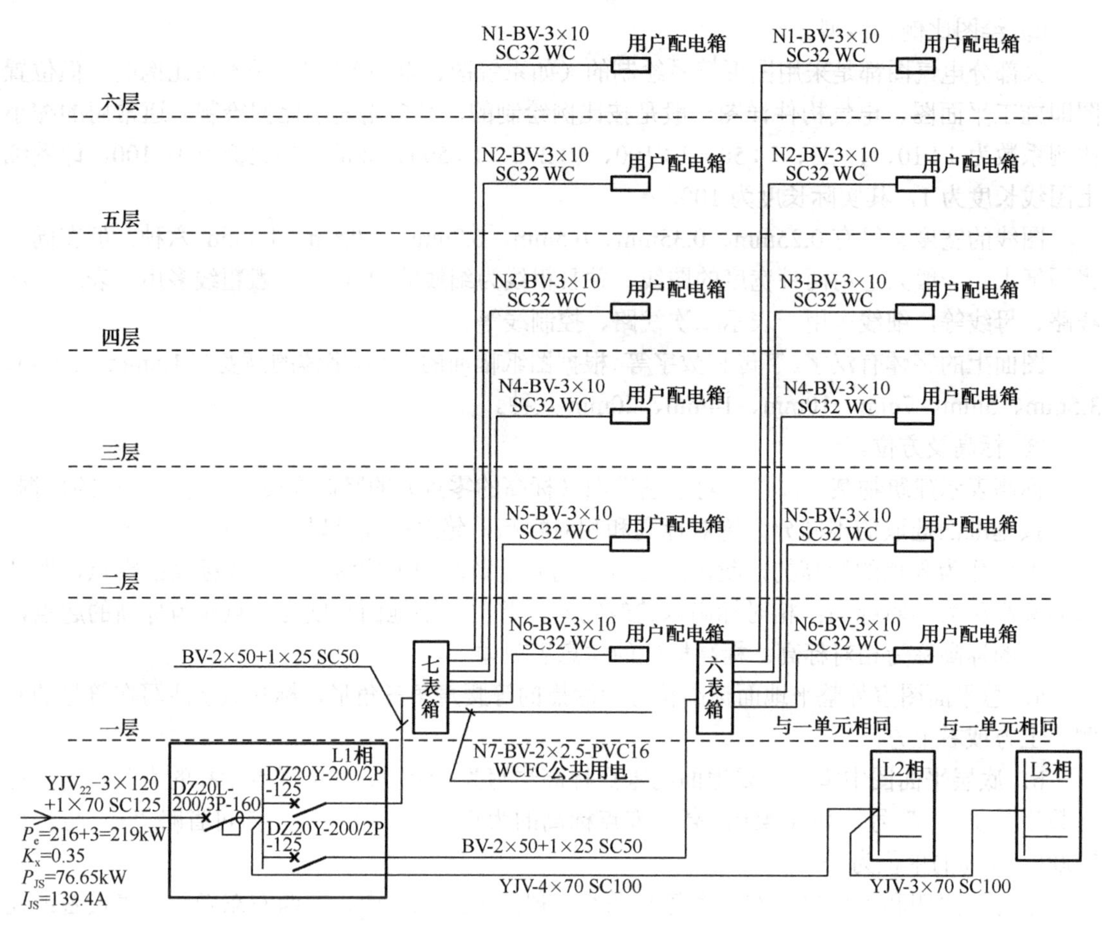

图 7.3　配电系统图

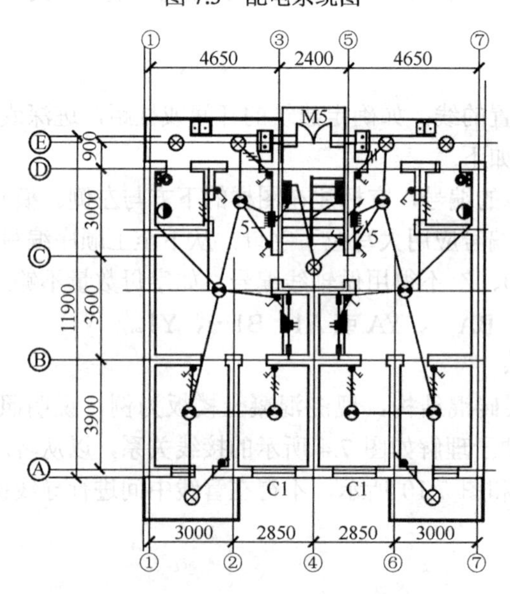

图 7.4　一层照明平面图

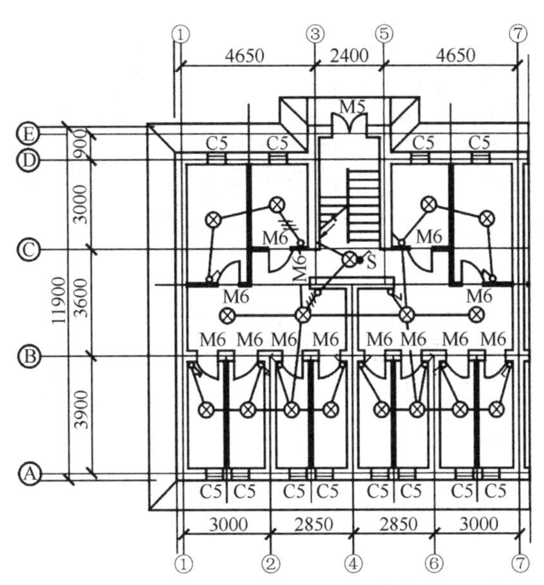

图 7.5　地下室照明平面图

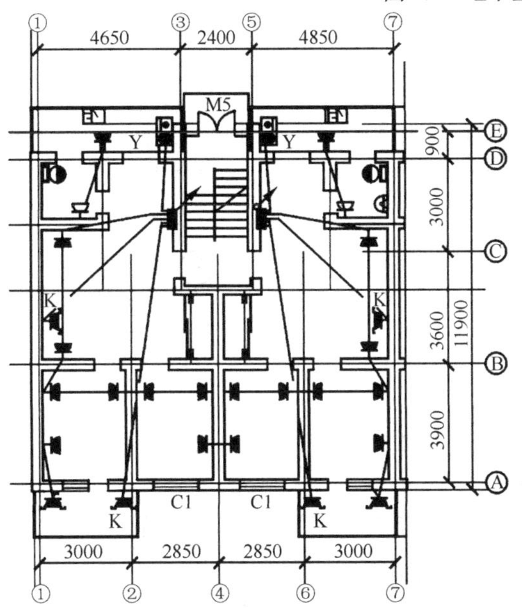

图　例	说　明
	一般插座距地0.3m
	卫生间防水插座距地1.8m
K	空调插座距地1.8m
Y	油烟机插座距顶0.2m 防溅型
	阳台插座距地1.8m 带开关
	炊具插座距地0.5m 带熔断器

图 7.6　一层插座平面图

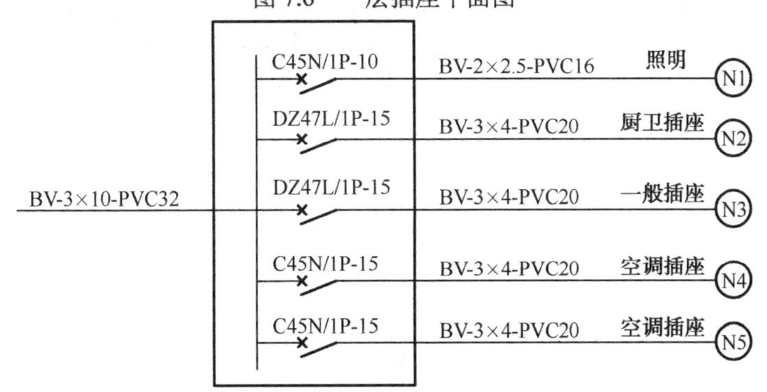

图 7.7　用户配电箱接线方案图

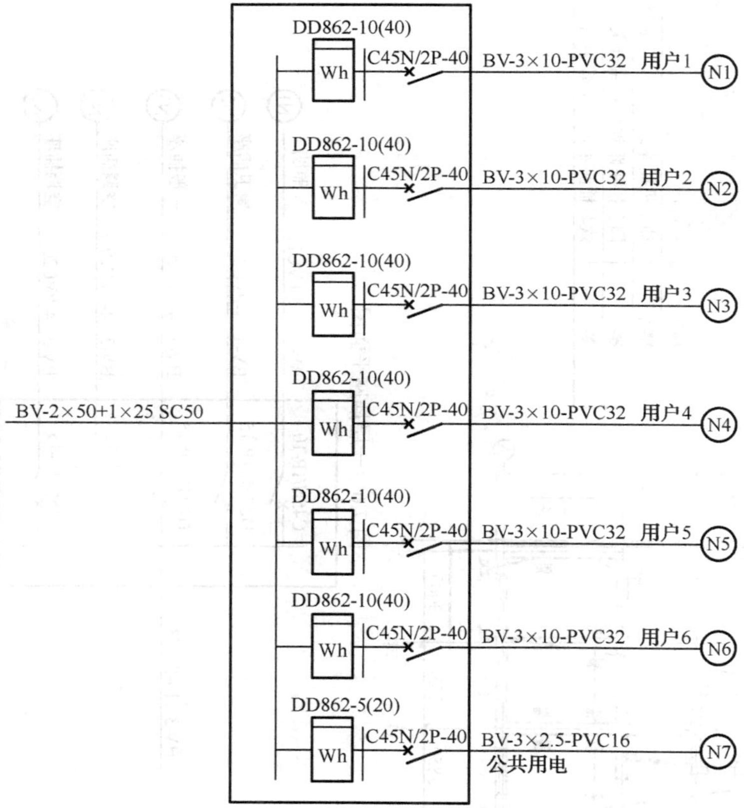

主要设备材料表

序号	图例	名称	规格	备注
1		照明电表箱	SFBX-q/7	700×600×180 距地1.5m
2		照明电表箱	SFBX-q/6	550×600×180 距地1.5m
3	π	电缆π接箱	非标准型	500×600×180 距地0.5m
4		户配电箱	XMR23-1	400×260×120 距地2.0m
5		电视分配器箱	非标准型	250×300×150 距地2.2m
6		电话组线箱	MXF604-30型	300×200×160 距地2.2m
7		花灯	200W	由甲方定型
8		吸顶灯	40W	由甲方定型
9		壁灯	40W	距顶0.2m留出线口
10		局部照明灯	15W	吸顶密闭型
11		暗装四极开关	250V 10A	距地1.3m
12		暗装三极开关	250V 10A	安装高度见平面图
13		暗装双极开关	250V 10A	安装高度见平面图
14		暗装单极开关	250V 10A	安装高度见平面图
15		安装型三极暗装插座	250V 10A	安装高度见平面图
16		带开关三极暗装插座	250V 16A	安装高度见平面图
17		安全型带开关单相暗装插座	250V 10A	安装高度见平面图
18		密闭接地单相插座	250V 10A	安装高度见平面图
19		暗装接地五孔单相插座	250V 10A	安装高度见平面图
20		暗装接地五孔带熔断器插座	250V 10A	
21		电视插座		距地0.3m
22		电话插座		距地0.3m
23		对讲防护门系统	由甲方定型	
24		呼叫户内话机		

图 7.8　七表箱接线方案图

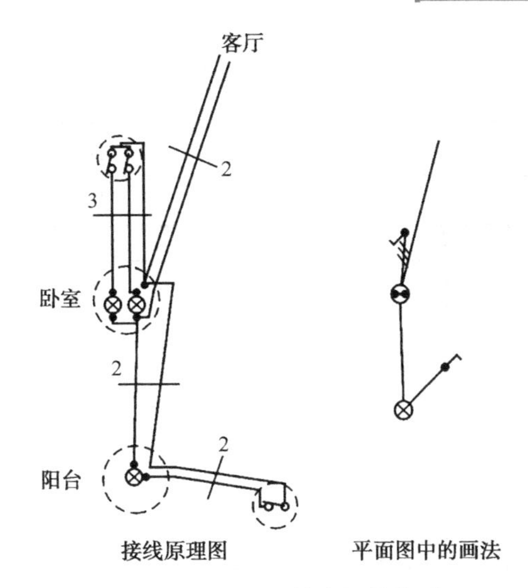

图 7.9　照明灯具接线根数关系

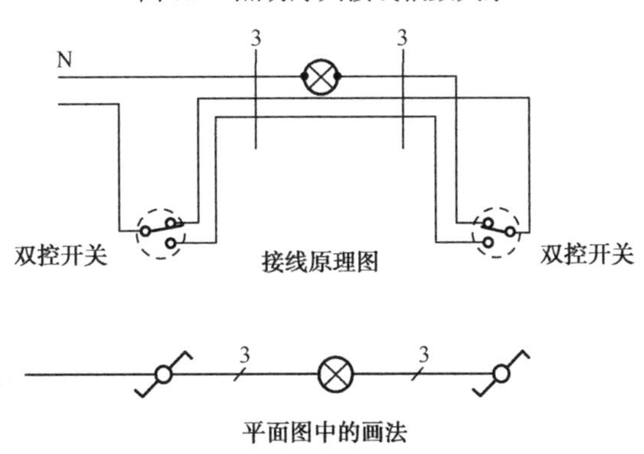

图 7.10　两地控制同一照明灯具接线关系

3）防雷接地平面图读图示例

（1）防雷工程平面图。

设计说明如下。

① 本建筑防雷按三类防雷建筑物考虑，用ϕ10 镀锌圆钢在屋顶周边设置避雷网，每隔 1m 设置一处支持卡子，做法见国标 98D10-9 图集。

② 利用构造柱内主筋作为防雷引下线，共分 8 处分别引下，要求作为引下线的构造柱主筋自下而上通长焊接，上面与避雷网，下面与基础钢筋网连接，施工中注意与土建密切配合。

③ 在建筑物四角设接地测试点板，接地电阻小于 10Ω，若不满足应另设人工接地体，做法见国标 98D13-35 图集。

④ 所有凸出屋面的金属管道及构件均应与避雷网可靠连接。

如图 7.11 所示为一住宅楼的屋顶防雷平面图。

（2）接地平面图。

如图 7.12 所示为总等电位连接平面图，由于整个连接体都与作为接地体的基础钢筋网相连，可以满足重复接地的要求，故没有另外再做重复接地。大部分做法采用标准图集，图中给出了标准图集的名称和页数。

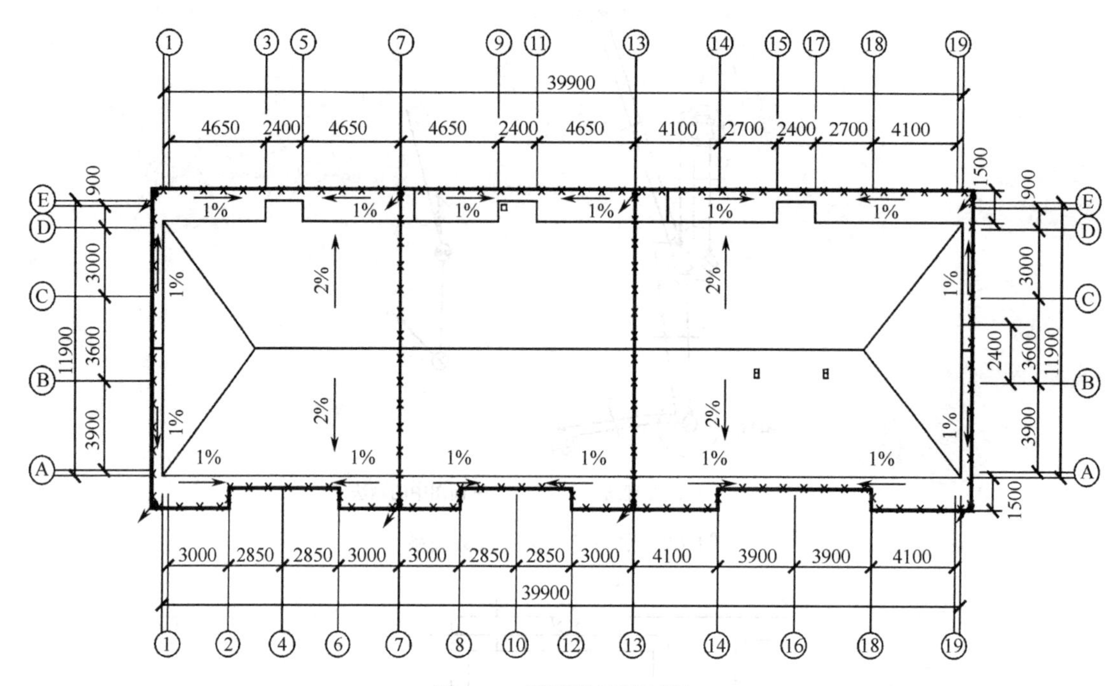

图 7.11　屋顶防雷平面图

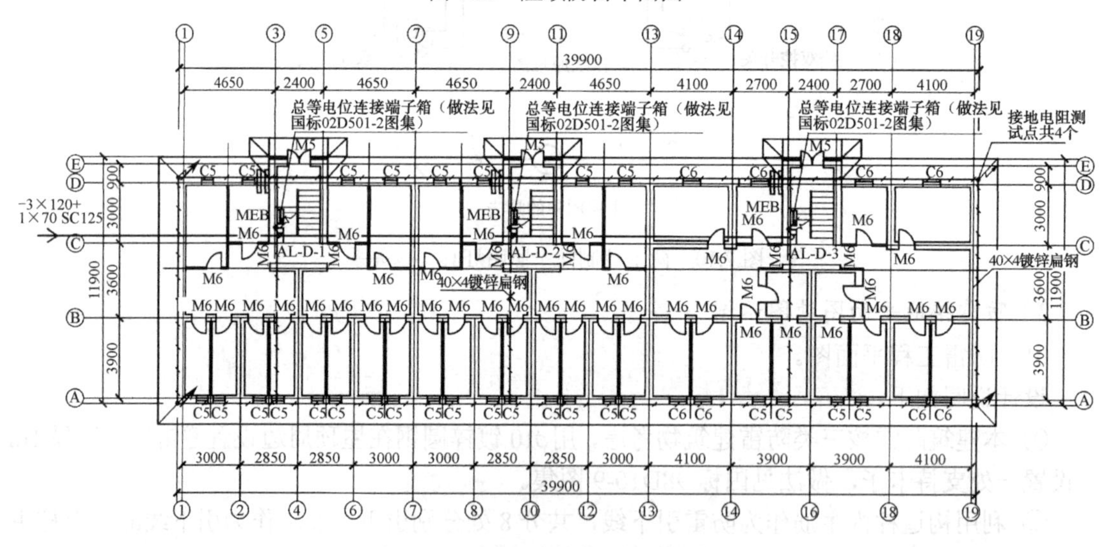

图 7.12　干线及总等电位接地平面图

任务二　建筑电气控制电路识读

任务目标

（1）知道符号的类型、含义及使用注意事项。

（2）知道电气控制电路的绘制原则。

（3）能够识读电气控制电路。

7.2.1 基本知识

1. 电气控制系统图的组成

电气控制系统图由电气原理图、电气安装图和框图组成。电气原理图由主电路、控制电路、照明和显示电路组成；电气安装图由电气位置图和电气互连图组成。

2. 电气控制线路

电气控制线路由各种有触点的接触器、继电器、按钮、行程开关等按不同连接方式组合而成，它能够实现对电力拖动系统的启动、正反转、制动、调速和保护，满足生产工艺要求，实现生产过程自动化。

3. 图形符号和文字符号

1）图形符号

图形符号通常包括符号要素、一般符号和限定符号 3 种形式，通常用于图样或其他文件，用以表示一个设备或概念的图形、标记或字符。

符号要素是具有确定意义的简单图形，必须同其他图形组合构成一个设备或概念的完整符号，如接触器常开主触点符号，它由接触器触点功能符号和常开触点符号组合而成。

一般符号表示一类产品和此类产品特征的一种简单的符号，如旋转电机可用一个圆圈表示。

限定符号提供附加信息的一种加在其他符号上的符号。

2）文字符号

文字符号包括基本文字符号、辅助文字符号和补助文字符号 3 种形式，用于电气技术领域中技术文件的编制，表示电气设备、装置和元件的名称、功能、状态和特征。

（1）基本文字符号。

基本文字符号又分为单字母符号和双字母符号，单字母符号按拉丁字母顺序将各种电气设备、装置和元器件划分为 23 大类，每一类用一个专用单字母符号表示，如“C”表示电容器类，“R”表示电阻器类等。双字母符号由一个表示种类的单字母符号与另一个字母组成，且以单字母符号在前，另一字母在后的次序列出，如“F”表示保护器件类，“FU”则表示为熔断器。

（2）辅助文字符号。

辅助文字符号表示电气设备、装置和元器件以及电路的功能、状态和特征，如“RD”表示红色，“L”表示限制等。

（3）补充文字符号。

当规定的基本文字符号和辅助文字符号不够使用时，可按国家标准中文文字符号组成规律和下述原则予以补充。

补充文字符号原则：在优先采用基本和辅助文字符号的前提下，可补充国家标准中未列出的双字母文字符号和辅助文字符号；使用文字符号时，应按电气名词术语国家标准或专业技术标准中规定的英文术语缩写而成；基本文字符号不得超过两位字母，辅助文字符号一般不超过三位字母；文字符号采用拉丁字母大写正体字，且拉丁字母中“I”和“O”不允许单独作为文字符号使用。

7.2.2 绘制、识读电气控制系统图的原则

1. 电气原理图

电气原理图是用图形符号和项目代号表示电路各个电气元件连接关系和工作原理的图，如图 7.13 所示。绘制原则如下。

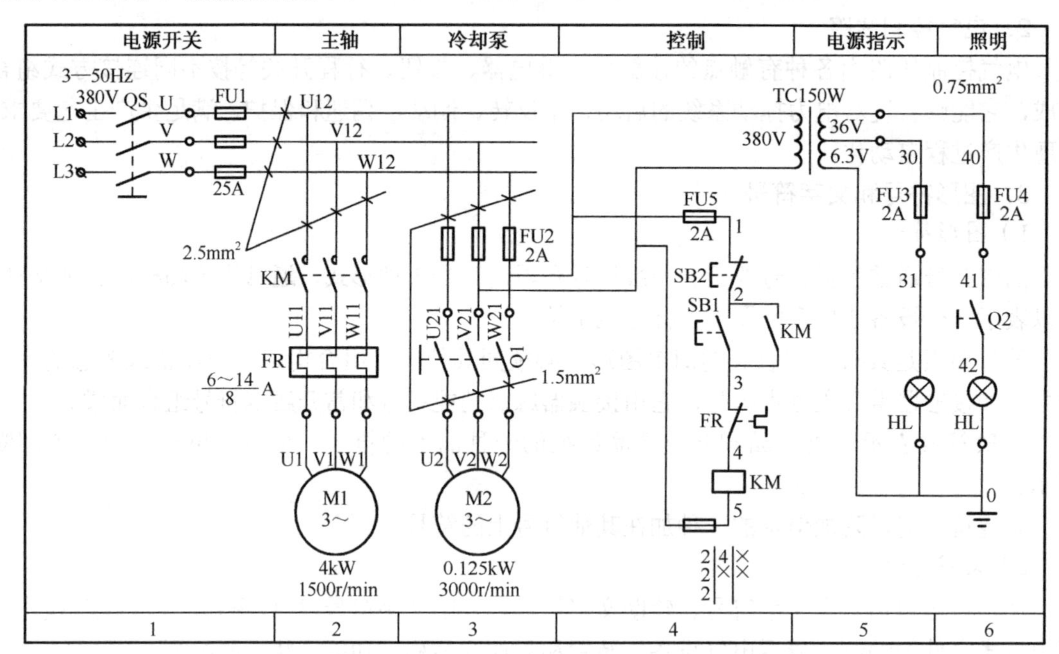

图 7.13 电气原理图示例

（1）主电路、控制电路和信号电路应分开绘出。

（2）表示出各个电源电路的电压值、极性、频率及相数。

（3）主电路的电源电路一般绘制成水平线，受电的动力装置（电动机）及其保护电器支路用垂直线绘制在图的左侧，控制电路用垂直线绘制在图面的右侧，同一电器的各元件采用同一文字符号表明。

（4）所有电路元件的图形符号，均按电器未接通电源和没有受外力作用时的状态绘制。

（5）循环运动的机械设备，在电气原理图上绘出工作循环图。

（6）转换开关、行程开关等绘出动作程序及动作位置示意图表。

（7）由若干元件组成具有特定功能的环节，用虚线框括起来，并标注出环节的主要作用，如速度调节器、电流继电器等。

（8）电路和元件完全相同并重复出现的环节，可以只绘出其中一个环节的完整电路，其余的可用虚线框表示，并标明该环节的文字号或环节的名称。

（9）外购的成套电气装置，其详细电路与参数绘在电气原理图上。

（10）电气原理图的全部电机、电气元件的型号、文字符号、用途、数量、额定技术数据，均应填写在元件明细表内。

（11）为阅图方便，图中自左向右或自上而下表示操作顺序，并尽可能减少线条和避免线

条交叉。

（12）将图分成若干图区，上方为该区电路的用途和作用，下方为图区号。在继电器、接触器线圈下方列有触点表以说明线圈和触点的从属关系。

（13）电气原理图中导线编号原则：三相交流电源采用 L1、L2、L3 标记相序，主电路电源开关后的相序按 U、V、W 顺序标记，分级电源在 U、V、W 前加数字 1、2、3 来标记，分支电路在 U、V、W 后加数字 1、2、3 来标记，控制电路用不多于 3 位的阿拉伯数字编号。

2. 电气安装图

表示电气控制系统中各电器元件的实际位置和接线情况，包括电气位置图和电气互连图两种形式。

1）电气位置图

电气位置图详细绘制出了电气元件安装位置，如图 7.14 所示。

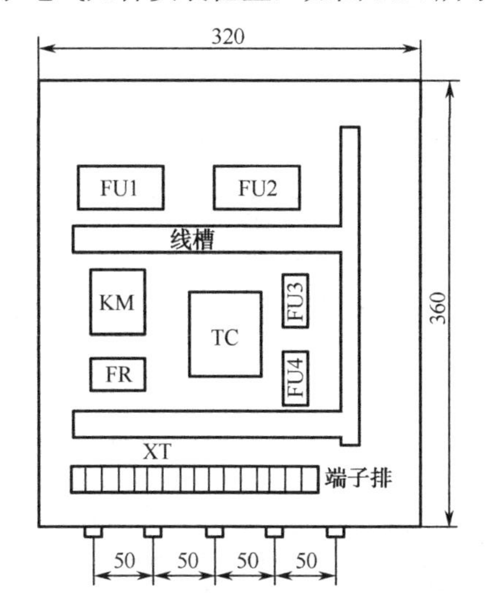

图 7.14　CW6132 型普通车床电气位置图

2）电气互连图

电气互连图表明了电气设备外部元件的相对位置及它们之间的电气连接，是实际安装接线的依据，如图 7.15 所示。绘制原则：同一电器的各部件画在一起，其布置尽可能符合电器的实际情况；各电气元件的图形符号、文字符号和回路标记均以电气原理图为准，并保持一致；不在同一控制箱和同一配电盘上的各电气元件的连接，必须经接线端子板进行。互连图中的电气互连关系用线束表示，连接导线应注明导线规格（数量、截面积），一般不表示实际走线途径；对于控制装置的外部连接线应在图上或用接线表表示清楚，并注明电源的引入点。

7.2.3　单台水泵直接启动控制线路

如图 7.16 所示为一单台水泵直接启动液位控制装置，它除了可以进行低液位（补水 B 型）自动启动水泵外，还可以实现高液位（排水 P 型）自动启动水泵进行排水。此外，还可以进行超高低液位的报警。液位测试信号可以根据所选传感器的类型及现场具体情况进行线路的敷设。

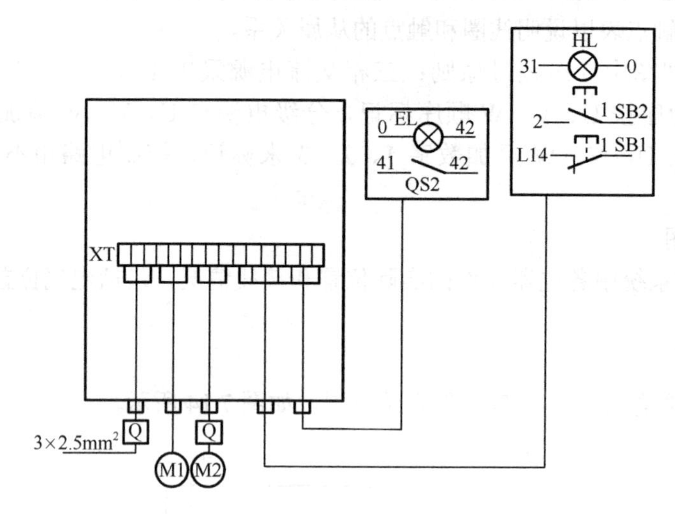

图 7.15　CW6132 型普通车床电气互连图

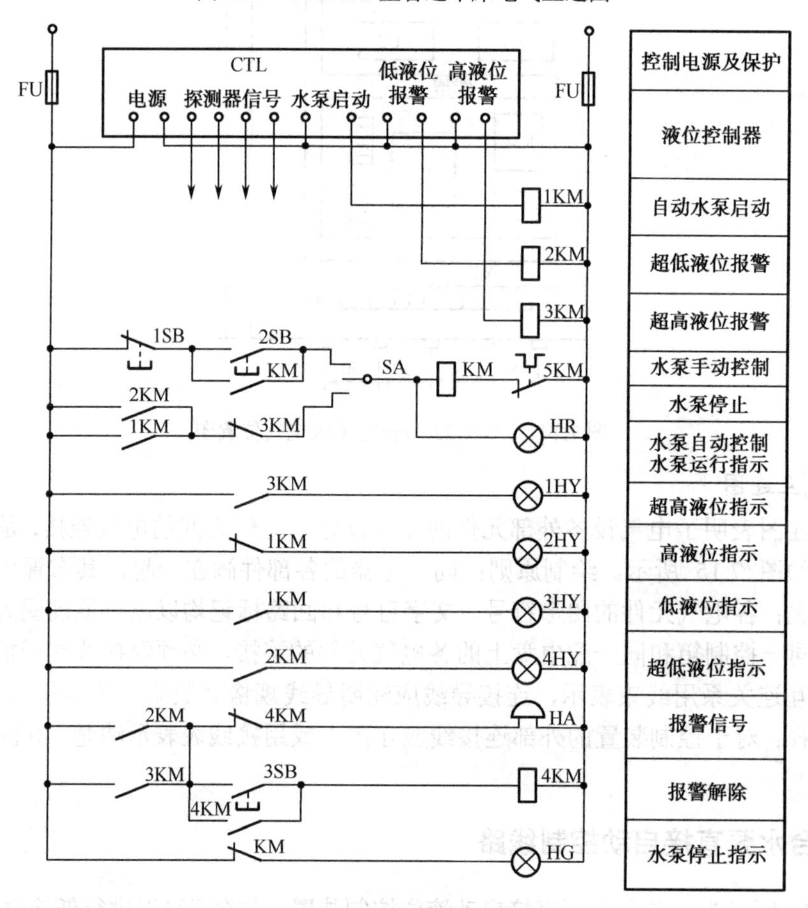

图 7.16　水泵液位自动控制原理图

小结

☆ 连接导线应尽可能水平和垂直布置，并尽可能减少交叉。

☆ 导线可以采用多线和单线的表示方法。

☆ 当用单线表示的多根导线，其中有导线离开或汇入时，一般可加一段短斜线来表示。

☆ 建筑电气施工图中的电气元件和电气设备，均采用图形符号进行绘制。

☆ 使用文字标注和文字说明，对设备的容量、安装方式、线路的敷设方法等进行补充说明。

☆ 说明是补充图纸上不能运用线条、符号表示的工程特点、施工方法、线路材料、工程技术参数，施工和验收要求及其他应该注意的事项。

☆ 主要材料设备表表示工程所需的各种主要设备、管材、导线管器材的名称、型号、材质和数量。

☆ 电气系统图表明电力系统设备安装、配电顺序、原理和设备型号、数量及导线规格等关系，它不表示空间位置关系，只是示意性地把整个工程的供电线路用单线连接形式来表示的线路图。二次接线图具有线路简单、层次分明、易于掌握、便于识读和分析研究的特点，它是二次接线的依据。平面图描述的主要对象是照明电气线路和照明设备，通常包括电气设备及供电总平面图、照明平面图和动力平面图、防雷接地平面图等内容。

☆ 电气施工图一般都绘制在简化了的土建平面图上，土建部分用细实线表示，电气管线用粗实线表示。导线的文字标注形式为：$a-b(c\times d)e-f$

☆ 用电设备的文字标注为：$\frac{a}{b}$或$\frac{a}{b}+\frac{c}{d}$

☆ 配电箱的文字标注为：ab/c 或 a-b-c，当需要标注引入线的规格时，则标注为：$a\frac{b-c}{d(e\times f)-g}$

☆ 照明灯具的标注形式为：$a-b\frac{c\times d\times l}{e}f$

☆ 照明工程施工图识图步骤：①看图纸目录及标题栏；②看总设计说明；③看电气系统图；④看电路图和接线图；⑤看电气平面布置图；⑥看安装大样图；⑦看设备材料表。

☆ 电气控制系统图由电气原理图、电气安装图和框图组成。电气原理图由主电路、控制电路、照明和显示电路组成，它是用图形符号和项目代号表示电路各个电气元件连接关系和工作原理的图；电气安装图表示电气控制系统中各电气元件的实际位置和接线情况，包括电气位置图和电气互连图两种形式，电气位置详细绘制出电气元件的安装位置，电气互连图表明了电气设备外部元件的相对位置及它们之间的电气连接，是实际安装接线的依据。

15.符号包括文字符号和图形符号，图形符号有符号要素、一般符号和限定符号 3 种形式；文字符号有基本文字符号、辅助文字符号和补充文字符号 3 种形式，因此符号必须按照相关标准，绘制正确、规范和完整。

自评表

序　号	自评项目	自评标准	项目配分	项目得分	自评成绩
1	照明工程施工图识读	建筑电气施工图的特点、组成	5分		
		电气系统图	4分		
		二次接线图	4分		
		照明平面图	4分		
		导线的文字标注形式	4分		
		用电设备的文字标注形式	4分		
		配电箱的文字标注形式	4分		
		照明灯具的标注形式	4分		
		照明工程施工图识图	10		
		防雷接地平面图识图	10		
2	建筑电气控制电路识读	电气控制系统图的组成	4分		
		图形符号三种形式和作用	4分		
		文字符号三种形式和作用	4分		
		补充符号的补充原则	4分		
		电气原理图绘制、识读原则	10分		
		电器安装图绘制、识读原则	10分		
		电气互连图绘制、识读原则	10分		
合计					

习题 7

1．电气控制系统图由哪些部分组成？
2．什么是电气控制线路？
3．图形符号有哪些形式？限定符号起什么作用？
4．文字符号有哪些形式？单字母符号起什么作用？
5．补充文字符号的原则是什么？
6．电气原理图绘制原则是什么？
7．电气安装图有哪些形式？电气互连图绘制原则有哪些？
8．建筑电气施工图由哪些部分组成？首页内容包括哪些？
9．电气系统图的作用是什么？通过识读系统图可以了解到哪些内容？
10．建筑电气工程施工图有哪些特点？
11．识读建筑电气工程施工图的一般程序有哪些？
12．通过电气平面图的识读，可以了解哪些内容？
13．电气工程图按功用分有哪些类型？
14．导线在电气线路平面图上如何进行文字标注？
15．用电设备在照明及动力设备平面图上如何进行文字标注？
16．配电箱、照明装置、灯具的标注形式是什么？
17．照明工程施工图的识图步骤有哪些？

附录 A

附录 A.1　用电设备的需要系数 K_x、cosφ及 tanφ

用电设备组名称分类	K_x	cosφ	tanφ
单独传动的金属加工机床			
小批生产的金属冷加工机床	0.12～0.16	0.50	1.73
大批生产的金属冷加工机床	0.17～0.20	0.50	1.73
小批生产的金属热加工机床	0.20～0.25	0.55～0.60	1.51～1.33
大批生产的金属热加工机床	0.25～0.28	0.65	1.17
锻锤、压床、剪床及其他锻工机械	0.25	0.60	1.33
木工机械	0.20～0.30	0.50～0.60	1.73～1.33
液压机	0.30	0.60	1.33
生产用通风机	0.75～0.85	0.80～0.85	0.75～0.62
卫生用通风机	0.65～0.70	0.80	0.75
泵、活塞型压缩机、电动发电机组	0.75～0.85	0.80	0.75
球磨机、破碎机、筛选机、搅拌机等	0.75～0.85	0.80～0.85	0.75～0.62
电阻炉（带调压器或变压器）			
非自动装料	0.60～0.70	0.95～0.98	0.33～0.20
自动装料	0.70～0.80	0.95～0.98	0.33～0.20
干燥箱、加热器等	0.40～0.60	1.00	0
工频感应电炉（不带无功补偿装置）	0.80	0.35	2.68
高频感应电炉（不带无功补偿装置）	0.80	0.60	1.33
焊接和加热用高频加热设备	0.50～0.65	0.70	1.02
熔炼用高频加热设备	0.80～0.85	0.80～0.85	0.75～0.62
表面淬火电炉（带无功补偿装置）			
电动发电机	0.65	0.70	1.02
真空管振荡器	0.80	0.85	0.62
中频电炉（中频机组）	0.65～0.75	0.80	0.75
氢气炉（带调压器或变压器）	0.40～0.50	0.85～0.90	0.62～0.48
真空炉（带调压器或变压器）	0.55～0.65	0.85～0.90	0.62～0.48
电弧炼钢炉变压器	0.90	0.85	0.62
电弧炼钢炉的辅助设备	0.15	0.50	1.73

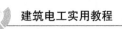

续表

用电设备组名称分类	K_x	cosφ	tanφ
点焊机、缝焊机	0.35，0.20[①]	0.60	1.33
对焊机	0.35	0.70	1.02
自动弧焊变压器	0.50	0.50	1.73
单头手动弧焊变压器	0.35	0.35	2.68
多头手动弧焊变压器	0.40	0.35	2.68
单头直流弧焊机	0.35	0.60	1.33
多头直流弧焊机	0.70	0.70	1.02
金属、机修、装配车间、锅炉房用起重机（ε=25%）	0.10～0.15	0.50	1.73
铸造车间用起重机（ε=25%）	0.15～0.30	0.50	1.73
联锁的连续运输机械	0.65	0.75	0.88
非联锁的连续运输机械	0.50～0.60	0.75	0.88
一般工业用硅整流装置	0.50	0.70	1.02
电镀用硅整流装置	0.50	0.75	0.88
电解用硅整流装置	0.70	0.80	0.75
红外线干燥设备	0.85～0.90	1.00	0
电火花加工装置	0.50	0.60	1.33
超声波装置	0.70	0.70	1.02
X 光设备	0.30	0.55	1.52
电子计算机主机	0.60～0.70	0.80	0.75
电子计算机外部设备	0.40～0.50	0.50	1.73
试验设备（电热为主）	0.20～0.40	0.80	0.75
试验设备（仪表为主）	0.15～0.20	0.70	1.02
磁粉探伤机	0.20	0.40	2.29
铁屑加工机械	0.40	0.75	0.88
排气台	0.50～0.60	0.90	0.48
老炼台	0.60～0.70	0.70	1.02
陶瓷隧道窑	0.80～0.90	0.95	0.33
拉单晶炉	0.70～0.75	0.90	0.48
赋能腐蚀设备	0.60	0.93	0.40
真空浸渍设备	0.70	0.95	0.33

① 点焊机的需要系数 0.2 仅用于电子行业。

附录 A.2　民用建筑用电设备的需要系数 K_x、cosφ及 tanφ

序　号	用电设备分类	K_x	cosφ	tanφ
1	通风和采暖用电			
	各种风机、空调器	0.7～0.8	0.8	0.75
	恒温空调器	0.6～0.7	0.95	0.33
	冷冻机	0.85～0.9	0.8	0.75
	集中式电热器	1.0	1.0	0
	分散式电热器（20kW 以下）	0.85～0.95	1.0	0
	分散式电热器（100kW 以上）	0.75～0.85	1.0	0
	小型电热设备	0.3～0.5	0.95	0.33
2	给排水用电			
	各种水泵（15kW 以下）	0.75～0.8	0.8	0.75
	各种水泵（17kW 以上）	0.6～0.7	0.87	0.57
3	起重运输用电			
	客梯（1.5t 及以下）	0.35～0.5	0.5	1.73
	客梯（2t 及以上）	0.6	0.7	1.02
	货　梯	0.25～0.35	0.5	1.73
	输送带	0.6～0.65	0.75	0.88
	起重机械	0.1～0.2	0.5	1.73
4	锅炉房用电	0.75～0.85	0.85	0.62
5	消防用电	0.4～0.6	0.8	0.75
6	厨房及卫生用电			
	食品加工机械	0.5～0.7	0.80	0.75
	电饭锅、电烤箱	0.85	1.0	0
	电炒锅	0.70	1.0	0
	电冰箱	0.60～0.7	0.7	1.02
	热水器（淋浴用）	0.65	1.0	0
	除尘器	0.3	0.85	0.62
7	机修用电			
	修理间机械设备	0.15～0.20	0.5	1.73
	电焊机	0.35	0.35	2.68
	移动式电动工具	0.2	0.5	1.73
8	打包机	0.20	0.60	1.33
	洗衣房动力	0.65～0.75	0.50	1.73
	天窗开闭机	0.1	0.5	1.73
9	通信及信号设备			
	载波机	0.85～0.95	0.8	0.75
	收讯机	0.8～0.9	0.8	0.75
	发讯机	0.7～0.8	0.8	0.75
	电话交换台	0.75～0.85	0.8	0.75
	客房床头电气控制箱	0.15～0.25	0.6	1.33

附录 A.3　民用建筑照明负荷需要系数 K_x

建筑类别	K_x	建筑类别	K_x
一般旅馆、招待所	0.7～0.8	一般办公楼	0.7～0.8
高级旅馆、招待所	0.6～0.7	高级办公楼	0.6～0.7
旅游宾馆	0.35～0.45	科研楼	0.8～0.9
电影院、文化馆	0.7～0.8	发展与交流中心	0.6～0.7
剧场	0.6～0.7	教学楼	0.8～0.9
礼堂	0.5～0.7	图书馆	0.6～0.7
体育练习馆	0.7～0.8	托儿所、幼儿园	0.8～0.9
体育馆	0.65～0.75	小型商业、服务业用房	0.85～0.9
展览厅	0.5～0.7	综合商业、服务楼	0.75～0.85
门诊楼	0.6～0.7	食堂、餐厅	0.8～0.9
一般病房楼	0.65～0.75	高级餐厅	0.7～0.8
高级病房楼	0.5～0.6	火车站	0.75～0.78
锅炉房	0.9～1	博物馆	0.82～0.92
单身宿舍楼	0.6～0.7		

附录 A.4　旅馆宾馆需要系数 K_x 和 $\cos\varphi$

序号	负荷名称	需要系数 K_x		自然平均功率因数 $\cos\varphi$	
		平均值	推荐值	平均值	推荐值
1	全馆总负荷	0.45	0.4～0.5	0.84	0.8
2	全馆总照明	0.55	0.5～0.6	0.82	0.8
3	全馆总电力	0.4	0.35～0.45	0.9	0.85
4	冷冻机房	0.65	0.65～0.75	0.87	0.8
5	锅炉房	0.65	0.65～0.75	0.8	0.75
6	水泵房	0.65	0.6～0.7	0.86	0.8
7	风　机	0.65	0.6～0.7	0.83	0.8
8	电　梯	0.2	0.18～0.22	直流 0.5 交流 0.8	直流 0.4 交流 0.8
9	厨　房	0.4	0.35～0.45	0.7～0.75	0.7
10	洗衣机房	0.3	0.3～0.35	0.6～0.65	0.7
11	窗式空调	0.4	0.35～0.45	0.8～0.85	0.8
12	总同时系数 K_Σ	0.92～0.94			

附录 A.5 照明用电设备的 cosφ 与 tanφ

光源类别	cosφ	tanφ	光源类别	cosφ	tanφ
白炽灯、卤钨灯	1.0	0	高压钠灯	0.45	1.98
荧光灯（无补偿）	0.55	1.52	金属卤化物灯	0.4～0.61	2.29～1.29
荧光灯（无补偿）	0.9	0.48	灯	0.52	1.6
高压水银灯（50～175W）	0.45～0.5	1.98～1.73	氙灯	0.9	0.48
高压水银灯（200～1000W）	0.65～0.67	1.16～1.10	霓虹灯	0.4～0.5	2.29～1.73

附录 A.6 500V 铝芯绝缘导线长期连续负荷允许载流量表

导线截面mm²	导线明敷				塑料绝缘导线多根穿同一根管内												橡皮绝缘导线多根穿同一根管内											
	25℃		35℃		25℃						35℃						25℃						35℃					
					金属管			塑料管			金属管			塑料管			金属管			塑料管			金属管			塑料管		
	橡皮	塑料	橡皮	塑料	2根	3根	4根	2根	3根	4根	2根	3根	4根	2根	3根	4根	2根	3根	4根	2根	3根	4根	2根	3根	4根	2根	3根	4根
2.5	27	25	25	23	20	18	15	18	16	14	19	17	14	17	15	13	21	19	16	19	17	15	20	18	15	18	16	14
4	35	32	33	30	27	24	22	24	22	19	25	22	21	22	21	18	28	25	23	25	23	20	26	23	22	23	22	19
6	45	42	42	39	35	32	28	31	27	25	33	30	26	29	25	23	37	34	30	33	29	26	35	32	28	31	27	24
10	65	59	61	55	49	44	38	42	38	33	46	41	36	39	36	31	52	46	40	44	40	35	49	43	37	41	37	33
16	85	80	79	75	63	56	50	55	49	44	59	52	47	51	46	41	66	59	52	58	52	46	62	55	49	54	49	43
25	110	105	103	98	80	70	65	73	65	57	75	66	61	68	61	53	86	76	68	77	68	60	80	71	64	72	64	56
35	138	130	129	121	100	90	80	90	80	70	94	84	75	84	75	65	106	94	83	95	84	74	99	88	78	89	79	69
50	175	165	163	154	125	110	100	114	102	90	117	103	94	106	95	84	133	118	105	120	108	95	124	110	98	112	101	89
70	220	205	206	192	155	143	127	145	130	115	145	133	119	135	121	107	165	150	133	153	135	120	154	140	124	143	126	112
95	265	250	248	234	190	170	152	175	158	140	177	159	142	163	148	131	200	180	160	184	165	150	187	168	150	172	154	140
120	310	285	290	266	220	200	180	200	185	160	206	187	168	187	173	154	230	210	190	210	190	170	215	196	177	196	177	159
150	360	325	336	303	250	230	210	240	215	185	234	215	196	224	201	182	260	240	220	250	227	205	241	224	206	234	212	192
185	420	380	392	355	285	255	230	265	235	212	266	238	215	247	219	216	295	270	250	282	255	232	275	252	233	263	238	216
	注：导电线芯最高工作温度+65℃																											

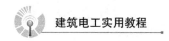

附录 A.7　500V 铜芯绝缘导线长期连续负荷允许载流量表

导线截面 mm²	导线明敷				塑料绝缘导线多根穿同一根管内												橡皮绝缘导线多根穿同一根管内											
	25℃		30℃		25℃						30℃						25℃						30℃					
	橡皮	塑料	橡皮	塑料	金属管			塑料管			金属管			塑料管			金属管			塑料管			金属管			塑料管		
					2根	3根	4根	2根	3根	4根	2根	3根	4根	2根	3根	4根	2根	3根	4根	2根	3根	4根	2根	3根	4根	2根	3根	4根
1	21	19	20	18	14	13	11	12	11	10	13	12	10	11	10	9	15	14	12	13	12	11	14	13	11	12	11	10
2	27	24	25	22	19	17	16	16	15	13	18	16	15	15	14	12	20	18	17	17	16	14	19	17	16	16	15	13
3	35	32	33	30	26	24	22	24	21	19	24	22	21	22	20	18	28	25	23	25	22	20	26	23	22	23	21	19
4	45	42	42	39	35	31	28	31	28	25	33	29	26	29	26	23	37	33	30	33	30	26	35	30	28	31	28	24
6	58	55	54	51	47	41	37	41	36	32	44	38	35	38	34	30	49	43	39	43	38	34	46	40	36	40	36	32
10	85	75	79	70	65	57	50	56	49	44	61	53	47	52	46	41	68	60	53	59	52	46	64	56	50	55	49	43
16	110	105	103	98	82	73	65	72	65	57	77	68	61	67	61	53	86	77	69	76	68	60	80	72	65	71	64	56
25	145	138	135	128	107	95	85	95	85	75	100	89	80	89	80	70	113	100	90	100	90	80	106	94	84	94	84	75
35	180	170	168	159	133	115	105	120	105	93	124	107	98	112	98	87	140	122	110	125	110	98	131	114	103	117	103	92
50	230	215	215	201	165	146	130	150	132	117	154	136	121	140	123	109	175	154	137	160	140	123	163	144	128	150	131	115
70	285	265	266	248	205	183	165	185	167	148	192	171	154	173	156	138	215	193	173	195	175	155	201	180	162	182	163	145
95	345	320	322	304	250	225	200	230	205	185	234	210	187	215	192	173	260	235	210	240	215	195	241	220	197	224	201	182
120	400	375	374	350	285	266	230	265	240	215	266	248	215	248	224	201	300	270	245	278	250	227	280	252	229	260	234	212
150	470	430	440	402	320	295	270	305	280	250	299	276	252	285	262	234	340	310	280	320	290	265	318	290	262	299	271	248
185	540	490	504	458	380	340	300	355	375	280	355	317	280	331	289	261	385	355	320	360	330	300	359	331	299	336	308	280
	注：导电线芯最高工作温度+65℃																											

附录 A.8　YG1-1 型 40W 荧光灯具的利用系数表（ρ_f=0.2）

顶棚有效反射比 ρ_c	0.70				0.50				0.30				0.10				0
墙反射比 ρ_w	0.70	0.50	0.30	0.10	0.70	0.50	0.30	0.10	0.70	0.50	0.30	0.10	0.70	0.50	0.30	0.10	0
室空间比 *RCR*																	
1	0.75	0.71	0.67	0.63	0.67	0.63	0.60	0.57	0.59	0.56	0.54	0.52	0.52	0.50	0.48	0.46	0.43
2	0.68	0.61	0.55	0.50	0.60	0.54	0.50	0.46	0.53	0.48	0.45	0.41	0.46	0.43	0.40	0.37	0.34
3	0.61	0.53	0.46	0.41	0.54	0.47	0.42	0.38	0.47	0.42	0.38	0.34	0.41	0.37	0.34	0.31	0.28
4	0.56	0.46	0.39	0.34	0.49	0.41	0.36	0.31	0.43	0.37	0.32	0.28	0.37	0.33	0.29	0.26	0.23
5	0.51	0.41	0.34	0.29	0.45	0.37	0.31	0.26	0.39	0.33	0.28	0.24	0.34	0.29	0.25	0.22	0.20
6	0.47	0.37	0.30	0.25	0.41	0.33	0.27	0.23	0.36	0.29	0.25	0.21	0.32	0.26	0.22	0.19	0.17
7	0.43	0.33	0.26	0.21	0.38	0.30	0.24	0.20	0.33	0.26	0.22	0.18	0.29	0.24	0.20	0.16	0.14
8	0.40	0.29	0.23	0.18	0.35	0.27	0.21	0.17	0.31	0.24	0.19	0.16	0.27	0.21	0.17	0.14	0.12
9	0.37	0.27	0.20	0.16	0.33	0.24	0.19	0.15	0.29	0.22	0.17	0.14	0.25	0.19	0.15	0.12	0.11
10	0.34	0.24	0.17	0.13	0.30	0.21	0.16	0.12	0.26	0.19	0.15	0.11	0.23	0.17	0.13	0.10	0.09

附录 A.9　$\rho_f \neq 0.2$ 时的修正系数

顶棚有效反射比 ρ_c	0.70				0.50				0.30			0.10		
墙反射比 ρ_w	0.70	0.50	0.30	0.10	0.70	0.50	0.30	0.10	0.50	0.30	0.10	0.50	0.30	0.10
有效地板空间反射率 ρ_f=0.3 时														
室空间比 *RCR*														
1	1.092	1.082	1.075	1.068	1.077	1.070	1.064	1.059	1.049	1.044	1.040	1.028	1.026	1.023
2	1.079	1.066	1.055	1.047	1.068	1.057	1.048	1.039	1.041	1.033	1.027	1.026	1.021	1.017
3	1.070	1.054	1.042	1.033	1.061	1.048	1.037	1.028	1.034	1.027	1.020	1.024	1.017	1.012
4	1.062	1.045	1.033	1.024	1.055	1.040	1.029	1.021	1.030	1.022	1.015	1.022	1.015	1.010
5	1.056	1.038	1.026	1.018	1.050	1.034	1.024	1.015	1.027	1.018	1.012	1.020	1.013	1.008
6	1.052	1.033	1.021	1.014	1.047	1.030	1.020	1.012	1.024	1.015	1.009	1.019	1.012	1.006
7	1.047	1.029	1.018	1.011	1.043	1.026	1.017	1.009	1.022	1.013	1.007	1.018	1.010	1.005
8	1.044	1.026	1.015	1.099	1.040	1.024	1.015	1.007	1.020	1.012	1.006	1.017	1.009	1.004
9	1.040	1.024	1.014	1.007	1.037	1.022	1.014	1.006	1.019	1.011	1.005	1.016	1.009	1.004
10	1.037	1.022	1.012	1.006	1.034	1.020	1.012	1.005	1.017	1.010	1.004	1.015	1.009	1.003

有效地板空间反射率ρ_f=0.1 时														
室空间比 *RCR*														
1	0.923	0.929	0.935	0.940	0.933	0.939	0.943	0.948	0.956	0.960	0.963	0.973	0.976	0.979
2	0.931	0.942	0.950	0.958	0.940	0.949	0.957	0.963	0.962	0.968	0.974	0.976	0.980	0.985
3	0.939	0.951	0.961	0.969	0.945	0.957	0.966	0.973	0.967	0.975	0.981	0.978	0.983	0.988
4	0.944	0.958	0.969	0.978	0.950	0.963	0.973	0.980	0.972	0.980	0.986	0.980	0.986	0.991
5	0.949	0.964	0.976	0.983	0.954	0.968	0.978	0.985	0.975	0.983	0.989	0.981	0.988	0.993
6	0.953	0.969	0.980	0.986	0.958	0.972	0.982	0.989	0.977	0.985	0.992	0.982	0.989	0.995
7	0.957	0.973	0.983	0.991	0.961	0.975	0.985	0.991	0.979	0.987	0.994	0.983	0.990	0.996
8	0.960	0.976	0.986	0.993	0.963	0.977	0.987	0.993	0.981	0.988	0.995	0.984	0.991	0.997
9	0.963	0.978	0.987	0.994	0.965	0.979	0.989	0.994	0.983	0.990	0.996	0.985	0.992	0.998
10	0.965	0.980	0.989	0.995	0.967	0.981	0.990	0.995	0.984	0.991	0.997	0.86	0.993	0.998
有效地板空间反射率ρ_f=0 时														
室空间比 *RCR*														
1	0.859	0.870	0.879	0.886	0.873	0.884	0.893	0.901	0.916	0.923	0.929	0.948	0.954	0.960
2	0.871	0.887	0.903	0.919	0.886	0.902	0.916	0.928	0.926	0.938	0.949	0.954	0.963	0.971
3	0.882	0.904	0.915	0.942	0.898	0.918	0.934	0.947	0.936	0.950	0.964	0.958	0.969	0.979
4	0.893	0.919	0.941	0.958	0.908	0.930	0.948	0.961	0.945	0.961	0.974	0.961	0.974	0.984
5	0.903	0.931	0.953	0.969	0.914	0.939	0.958	0.970	0.951	0.967	0.980	0.964	0.977	0.988
6	0.911	0.940	0.961	0.976	0.920	0.945	0.965	0.977	0.955	0.972	0.985	0.966	0.979	0.991
7	0.917	0.947	0.967	0.981	0.924	0.950	0.970	0.982	0.959	0.975	0.988	0.968	0.981	0.993
8	0.922	0.953	0.971	0.958	0.929	0.955	0.975	0.986	0.963	0.978	0.991	0.970	0.983	0.995
9	0.928	0.958	0.975	0.988	0.933	0.959	0.980	0.989	0.966	0.980	0.993	0.971	0.985	0.996
10	0.933	0.962	0.979	0.991	0.937	0.963	0.983	0.992	0.969	0.982	0.995	0.973	0.987	0.997

附录 A.10　圆球型灯单位面积安装功率（W/m²）

计算高度（m）	房间面积（m^2）	白炽灯照度（lx）					
		5	10	15	20	30	40
2～3	10～15	4.9	8.8	11.6	15.2	20.9	27.6
	15～20	4.1	7.5	10.1	12.9	17.7	23.1
	25～50	3.6	6.4	8.8	10.7	14.8	19.3
	50～150	2.9	5.1	7.0	8.8	11.8	15.7
	150～300	2.4	4.3	5.7	6.9	9.9	12.9
	300 以上	2.2	3.9	5.2	6.2	8.9	11.5
3～4	10～15	6.2	10.4	13.8	17.1	24.7	30.9
	15～20	5.1	8.7	11.2	14.3	21.4	26.9
	20～50	4.3	7.3	9.9	12.5	18.4	23.5
	25～50	3.7	6.2	8.8	10.7	15.2	19.5
	50～120	3.0	5.3	7.2	9.0	12.4	16.2
	120～300	2.3	4.1	5.7	7.3	9.7	12.6
	300 以上	2.0	3.5	4.7	5.9	8.5	10.8
4～6	10～17	7.8	12.4	17.1	21.9	30.4	40.0
	17～25	6.0	9.7	13.3	17.1	24.7	31.8
	25～35	4.9	8.3	11.0	14.5	20.4	26.4
	35～50	4.0	7.0	9.4	12.3	16.9	22.2
	50～80	3.3	5.8	8.2	10.6	14.0	18.4
	80～150	2.9	4.9	7.0	8.8	11.9	15.9
	150～400	2.3	4.0	5.7	7.1	9.9	12.9

附录 A.11　带反射罩荧光灯单位面积安装功率（W/m²）

计算高度（m）	房间面积（m^2）	荧光灯照度（lx）					
		30	50	75	100	150	200
2～3	10～15	3.2	5.2	7.8	10.4	15.6	21.0
	15～25	2.7	4.5	6.7	8.9	13.4	18.0
	25～50	2.4	3.9	5.8	7.7	11.6	15.4
	50～150	2.1	3.4	5.1	6.8	10.2	13.6
	150～300	1.9	3.2	4.7	6.3	9.4	12.5
	300 以上	1.8	3.0	4.5	5.9	8.9	11.0
3～4	10～15	4.5	7.5	11.3	15.0	23	30.0
	15～20	3.8	6.2	9.3	12.4	19	25.0
	20～30	3.2	5.3	8.0	10.6	15.9	21.2
	30～50	2.7	4.5	6.8	9.0	13.6	18.1
	50～120	2.4	3.9	5.8	7.7	11.6	15.4
	120～300	2.1	3.4	5.1	6.8	10.2	13.5
	300 以上	1.9	3.2	4.8	6.3	9.5	12.6

附录 A.12　广照型灯一般均匀照明单位功率值（W/m²）

计算高度（m）	房间面积（m²）	白炽灯照度（lx）			白炽灯/荧光高压汞灯照度（lx）		
		5	10	20	30	50	75
2～3	10～15	3.3	6.2	11	15/5	22/7.3	30/10
	15～25	2.7	5	9	12/4	18/6	25/8.3
	25～50	2.3	4.3	7.5	10/3.3	15/5	21/7
	50～150	2	3.8	6.7	9/3	13/4.3	18/6
	150～300	1.8	3.4	6	8/2.7	12/4	17/5.7
	300 以上	1.7	3.2	5.8	7.5/2.5	11/3.7	16/5.3
3～4	10～15	4.3	7.5	12.7	17/5.7	26/8.7	36/12
	15～20	3.7	6.4	11	14/4.7	22/7.3	31/10.3
	20～30	3.1	5.5	9.3	13/4.3	19/6.3	27/9
	30～50	2.5	4.5	7.5	10.5/3.5	15/5	22/7.3
3～4	50～120	2.1	3.8	6.3	8.5/2.8	13/4.3	18/6
	120～300	1.8	3.3	5.5	7.5/2.5	12/4	16/5.3
	300 以上	1.7	2.9	5	7/2.3	11/3.7	15/5
4～6	10～17	5.2	8.9	16	21/7	33/11	48/16
	17～25	4.1	7	12	16/5.3	27/9	37/12.3
	25～35	3.4	5.8	10	14/4.7	22/7.3	32/10.7
	35～50	3	5	8.5	12/4	19/6.3	27/9
	50～80	2.4	4.1	7	10/3.3	15/5	22/7.3
	80～150	2	3.3	5.8	8.5/2.8	12/4	17/5.7
	150～400	1.7	2.8	5	7/2.3	11/3.7	15/5
	400 以上	1.5	2.5	4.5	6.3/2.1	10/3.3	14/4.7

附录 A.13　普照型灯一般均匀照明单位功率值（W/m²）

计算高度（m）	房间面积（m²）	白炽灯照度（lx）			白炽灯/荧光高压汞灯照度（lx）		
		5	10	20	30	50	75
3～4	10～15	4.3	7.3	12.1	16.2/	25.2/8.4	35.2/11.7
	15～25	3.7	6.4	10.5	13.8/	21.8/7.3	30.8/10.3
	25～30	3.1	5.5	8.9	12.4/4.1	18.4/6.1	26.4/8.8
	30～50	2.5	4.5	7.3	10/3.3	14.5/4.8	21.5/7.2
	50～120	2.1	3.8	6.3	8.3/2.8	12.8/4.3	17.8/5.9
	120～300	1.7	3.3	5.5	7.3/2.4	11.8/3.9	15.8/5.3
	300 以上	1.3	2.9	5.0	6.8/2.3	10.8/3.6	14.8/4.9

续表

计算高度（m）	房间面积（m^2）	白炽灯照度（lx）			白炽灯/荧光高压汞灯照度（lx）		
		5	10	20	30	50	75
4～6	10～17	5.2	8.6	14.3	20/6.7	32/10.7	47/15.7
	17～25	4.1	6.8	11.4	15.7/5.2	26.7/8.9	36.7/12.3
	25～35	3.4	5.8	9.5	13.3/4.4	21.3/7.1	31.3/10.4
	35～50	3.0	5.0	8.3	11.4/3.8	18.4/6.1	26.4/8.8
	50～80	2.4	4.1	6.8	9.5/3.2	14.5/4.8	21.5/7.2
	80～150	2.0	3.3	5.8	8.3/2.8	11.8/3.9	16.8/5.6
	150～400	1.7	2.8	5.0	6.8/2.3	10.8/3.6	14.8/4.9
	400 以上	1.5	2.5	4.5	6.3/2.1	10/3.3	14/4.6
6～8	25～35	4.2	6.9	11.7	16.6/5.5	27.6/9.2	37.6/12.6
	35～50	3.4	5.7	10.0	14.7/4.9	22.7/7.6	31.7/10.5
	50～65	2.9	4.9	8.7	12.4/4.1	18.4/6.1	26.4/8.8
	65～90	2.5	4.3	7.8	10.9/3.6	16.4/5.1	22.4/7.5
	90～135	2.2	3.7	6.5	8.6/2.9	12.1/4	17.1/5.7
	135～250	1.8	3.0	5.4	7.3/2.4	11.8/3.9	15.8/5.3
	250～500	1.5	2.6	4.6	6.5/2.2	10.2/3.4	14.2/4.7
	500 以上	1.4	2.4	4.0	5.5/1.6	9.8/3.1	13.8/4.6

附录 A.14　深照型灯一般均匀照明单位功率值（W/m^2）

计算高度（m）	房间面积（m^2）	白炽灯照度（lx）			白炽灯/荧光高压汞灯照度（lx）		
		5	10	20	30	50	75
6～8	25～35	4.2	7.2	12.8	18/6	28/9.3	40/13.3
	35～50	3.5	6	10.8	15/5	23/7.7	34/11.3
	50～65	3	5	9.1	13/4.3	20/6.7	29/9.7
	65～90	2.6	4.4	8	11.5/3.8	18/6	25/8.3
	90～135	2.2	3.8	6.8	10/3.3	15/5	21/7
	135～250	1.9	3.3	5.8	8.2/2.7	12.5/4.2	17/5.7
	250～500	1.7	2.8	5.1	7.2/2.4	11/3.7	15/5
	500 以上	1.4	2.5	4.4	6.2/2.1	9.5/3.2	13/4.3
8～12	50～70	3.7	6.3	11.5	17/5.7	27/9	40/13.3
	70～100	3	5.3	9.7	15/5	23/7.7	34/11.3
	100～130	2.5	4.4	8	12/4	19/6.3	28/9.3
	130～200	2.1	3.8	6.9	10/3.3	16/5.3	23/7.7
	200～300	1.8	3.2	5.8	8.2/2.7	13/4.3	19/6.3
	300～600	1.6	2.8	5	7/2.3	11/3.7	17/5.7
	600～1500	1.4	2.4	4.3	6/2	9.5/3.2	15/5
	1500 以上	1.2	2.2	3.8	5.2/1.7	8.5/2.8	12.5/4.2

附录 A.15　民用建筑照明负荷需要系数

建筑物名称		需要系数 K_X	备　注
一般住宅楼	20 户以下	0.6	单元式住宅，多数为每户两室，两室户内插座为 6～8 个，装户表
	20～50 户	0.5～0.6	
	50～100 户	0.4～0.5	
	100 户以上	0.4	
高级住宅楼		0.6～0.7	
集体宿舍楼		0.6～0.7	一开间内 1～2 盏灯，2～3 个插座
一般办公室		0.7～0.8	一开间内 2 盏灯，2～3 个插座
高级办公室		0.6～0.7	
科研楼		0.8～0.9	一开间内 2 盏灯，2～3 个插座
发展与交流中心		0.6～0.7	
教学楼		0.8～0.9	三开间内 6～11 盏灯，1～2 个插座
图书馆		0.6～0.7	
托儿所、幼儿园		0.8～0.9	
小型商业、服务业用房		0.85～0.9	
综合商业、服务楼		0.75～0.85	
食堂、餐厅		0.8～0.9	
高级餐厅		0.7～0.8	
一般旅馆、招待所		0.7～0.8	一开间内 1 盏灯，2～3 个插座，集中卫生间
高级宾馆、招待所		0.6～0.7	带卫生间
旅游宾馆		0.35～0.45	单间客房 4～5 盏灯，4～6 个插座
电影院、文化馆		0.7～0.8	
剧场		0.6～0.7	
礼堂		0.5～0.6	
体育练习馆		0.7～0.8	
体育馆		0.65～0.75	
展览馆		0.5～0.7	
门诊楼		0.6～0.7	
一般病房楼		0.65～0.75	
高级病房楼		0.5～0.6	
锅炉房		0.9～1	

附录 A.16　单位建筑面积照明负荷

建筑物名称	计算负荷（W/m^2）		建筑物名称	计算负荷（W/m^2）	
	白炽灯	荧光灯		白炽灯	荧光灯
一般住宅楼	6～12		餐厅	8～16	
单身宿舍		5～7	高级餐厅	15～30	
一般办公楼		8～10	旅馆、招待所	11～18	
高级办公楼	15～23		高级宾馆、招待所	20～35	
科研楼	20～25		文化馆	15～18	
技术交流中心	15～20		电影院	12～20	
图书馆	15～25		剧场	12～27	
托儿所、幼儿园	6～10		体育练习馆	12～24	
大、中型商场	13～20		门诊楼	12～15	
综合服务楼	10～15		病房楼	12～25	
照相馆	8～10		服装生产车间	20～25	
服装店	5～10		工艺品生产车间	15～20	
书店	6～12		库房	5～7	
理发店	5～10		车间	5～7	
浴室	10～15		锅炉房	5～8	
粮店、副食店、邮政所、洗染店、综合修理店		8～12			

附录 A.17　BV、BLV、BVR 型单芯电线单根敷设载流量（在空气中敷设）

导线截面（mm^2）	长期连续负荷允许载流量（A）		相应电缆表面温度（℃）	导线截面（mm^2）	长期连续负荷允许载流量（A）		相应电缆表面温度（℃）
	铜芯	铝芯			铜芯	铝芯	
0.75	16		60	25	138	105	60
1.0	19		60	35	170	130	60
1.5	24	18	60	50	215	165	60
2.5	32	25	60	70	265	205	60
4	42	32	60	95	325	250	60
6	55	52	60	120	375	285	60
10	75	59	60	150	430	325	60
16	105	80	60	185	490	380	60

附录 A.18　RV、RVV、RVB、RVS、RFB、RFS、BVV、BLVV 型塑料软线和护套线单根敷设载流量

导线截面（mm^2）	长期连续负荷允许载流量（A）					
	一　芯		二　芯		三　芯	
	铜　芯	铝　芯	铜　芯	铝　芯	铜　芯	铝　芯
0.12	5		4		3	
0.2	7		5.5		4	
0.3	9		7		5	
0.4	11		8.5		6	
0.5	12.5		9.5		7	
0.75	16		12.5		9	
1.0	19		15		11	
1.5	24		19		12	
2	28		22		17	
2.5	32	25	26	20	20	16
4	42	34	36	26	26	22
6	55	42	47	33	32	25
10	75	50	65	51	52	40

附录 A.19　BV、BLV 型单芯电线穿钢管敷设载流量

导线截面（mm^2）	长期连续负荷允许载流量（A）					
	一　芯		二　芯		三　芯	
	铜　芯	铝　芯	铜　芯	铝　芯	铜　芯	铝　芯
1.0	14		13		11	
1.5	19	15	17	12	16	12
2.5	26	20	24	18	22	15
4	35	27	31	24	28	22
6	47	35	41	32	37	28
10	65	49	57	44	50	38
16	8	63	73	56	65	50
25	107	80	95	70	85	65
35	133	100	115	90	105	80
50	165	125	140	110	130	100
70	205	155	183	143	165	127
95	250	190	225	170	200	152
120	300	220	260	195	230	172
150	350	250	300	225	265	200
185	380	285	340	255	300	230

附录 A.20　BV、BLV 型单芯电线穿塑料管敷设载流量

导线截面（mm^2）	长期连续负荷允许载流量（A）					
	一　芯		二　芯		三　芯	
	铜　芯	铝　芯	铜　芯	铝　芯	铜　芯	铝　芯
1.0	12		11		10	
1.5	16	13	15	11.5	13	10
2.5	24	18	21	16	19	14
4	31	24	28	22	25	19
6	41	31	36	27	32	25
10	56	42	49	38	44	33
16	72	55	65	49	57	44
25	95	73	85	65	75	57
35	120	90	105	80	93	70
50	150	114	132	102	117	90
70	185	145	167	130	148	115
95	230	175	205	158	185	140
120	270	200	240	180	215	160
150	305	230	275	207	250	185
185	355	265	310	235	280	212

参考文献

1．刘润华．电工电子学[M]．山东：石油大学出版社，2003
2．宋红．电工电子技术简明教程[M]．北京：高等教育出版社，2008
3．曹建林．电工学[M]．北京：高等教育出版社，2010
4．喻建华．建筑应用电工（第二版）[M]．武汉：武汉理工大学出版社，2011
5．范同顺．建筑配电与照明[M]．北京：高等教育出版社， 2009
6．黄德民，郭福雁，季中．建筑电气照明[M]．北京：中国建筑工业出版社，2008
7．赵德申．供配电技术[M]．北京：电子工业出版社，2004
8．何军．电工电子技术实用教程（第二版）[M]．北京：电子工业出版社，2014
9．孙飞龙．楼宇自动化技术[M]．北京：北京师范大学出版社，2010
10．何军．电气控制与PLC[M]．成都：西南交通大学出版社，2014

《建筑电工实用教程》读者意见反馈表

尊敬的读者：

感谢您购买本书。为了能为您提供更优秀的教材，请您抽出宝贵的时间，将您的意见以下表的方式（可从 http://www.hxedu.com.cn 下载本调查表）及时告知我们，以改进我们的服务。对采用您的意见进行修订的教材，我们将在该书的前言中进行说明并赠送您样书。

姓名：________________　　电话：______________________________

职业：________________　　E-mail：_____________________________

邮编：________________　　通信地址：___________________________

1．您对本书的总体看法是：

☐很满意　☐比较满意　☐尚可　☐不太满意　☐不满意

2．您对本书的结构（章节）：☐满意　☐不满意　改进意见____________________

____

____

3．您对本书的例题：　☐满意　☐不满意　改进意见____________________

____

____

4．您对本书的习题：　☐满意　☐不满意　改进意见____________________

____

____

5．您对本书的实训：　☐满意　☐不满意　改进意见____________________

____

____

6．您对本书其他的改进意见：

____

____

____

____

7．您感兴趣或希望增加的教材选题是：

____

____

____

请寄：100036　北京市万寿路 173 信箱华信大厦 1107　郝黎明　收

电话：010–88254565　　E-mail：hlm@phei.com.cn

反侵权盗版声明